食用菌栽培与加工技术

陈君琛　翁敏劼　沈恒胜　编著

中国海洋大学出版社

·青岛·

图书在版编目（CIP）数据

食用菌栽培与加工技术/陈君琛，翁敏劼，沈恒胜
编著. --青岛：中国海洋大学出版社，2022.10
ISBN 978-7-5670-3319-1

Ⅰ. ①食… Ⅱ. ①陈… ②翁… ③沈… Ⅲ. ①食用菌
－蔬菜园艺②食用菌－蔬菜加工 Ⅳ. ①S646

中国版本图书馆 CIP 数据核字（2022）第 201386 号

SHIYONGJUN ZAIPEI YU JIAGONG JISHU
食用菌栽培与加工技术

出版发行	中国海洋大学出版社
社　　址	青岛市香港东路 23 号　　邮政编码　266071
出 版 人	刘文菁
网　　址	http://pub.ouc.edu.cn
电子信箱	116333903@qq.com
订购电话	0532-82032573（传真）
责任编辑	矫恒鹏　　　　　　电　　话　0532-85902349
印　　刷	北京虎彩文化传播有限公司
版　　次	2022 年 10 月第 1 版
印　　次	2022 年 10 月第 1 次印刷
成品尺寸	185mm×260mm
印　　张	15.25
字　　数	371 千
印　　数	1—1000
定　　价	60.00 元

如出现印装问题，请致电 010-84720900 与印刷厂联系

/前 言/

食用菌产品是介于肉类和蔬菜之间的一种优质食品，其蛋白质含量高，脂肪含量低，富含维生素和膳食纤维，还含有多糖、酚类等生理活性物质。食用菌产品不仅营养丰富，而且还具有重要的保健价值，有益于人类健康，国内外市场非常广阔。食用菌产业具有投入少、产出高、周期短、见效快等优点，是农民等生产经营者快速致富的好项目。目前，我国虽然已成为世界上食用菌生产和出口量最大的国家，但在今后一个相当长的时期内，大力发展食用菌产业对我国仍具有重要的现实意义。

随着现代农业、生物技术、设施环境控制等领域的发展，食用菌栽培的实践性、操作性、创新性和规范性日渐突出，技术日臻完善，朝着专业化、机械化、集约化、规模化、工厂化的方向发展，使得广大食用菌从业者迫切需要了解、认识和掌握食用菌栽培的新品种、新技术、新工艺、新方法，以解决实际生产中遇到的技术难题，提高食用菌栽培的技术水平和经济效益。为此，我们深入生产一线，调查食用菌生产中存在的难点、疑点，总结经验，结合我们的教学科研成果和多年来在指导食用菌生产中积累的心得体会，并参阅大量的食用菌相关文献，使本书内容丰富、新颖，具有较强的实用性和技术性，同时注重理论联系实际，在介绍与食用菌生产有着直接联系的基础知识的同时，也注重对目前应用比较广泛的食用菌加工技术进行详细讲解。另外，本书还加入了近年来食用菌行业涌现出的新技术，以期对广大食用菌生产者和经营者有所帮助，提高他们的理论及技术水平。

本书适用于广大食用菌生产者及加工企业。此外，在本书编写过程中借鉴了许多前人的研究成果，参考了国内外食用菌加工方面的诸多文献资料。在此，谨向各位专家、学者表示诚挚的谢意！

由于著者的水平所限，书中难免有不足之处，敬请各位读者不吝赐教。

著　者

2022 年 5 月

/目 录/

第一章 认识食用菌

第一节 食用菌概述

一、食用菌概念

食用菌又称食用真菌。通常人们习惯把蘑菇称为食用菌，其实这种说法不够准确。蘑菇通常指具有肥大子实体的担子菌或子囊菌，而一些有毒的蘑菇就不算食用菌。广义的食用菌是指一切可以食用的真菌，它不仅包括大型真菌，还包括小型的食用真菌，如酵母菌、丝状真菌等，它们是用肉眼难以看清的。狭义的食用菌是指可供人类食用的，具有肉质或胶质大型子实体的大型真菌，通常它们的形体较大，多为肉质、胶质，常被人称为菇、菌、蘑、蕈、耳，主要包括担子菌和子囊菌中的一些种类。

我们平时所说的食用菌实际上是指狭义的食用菌，大约有 90% 的食用菌属于担子菌亚门，常见的有香菇、草菇、蘑菇、木耳、银耳、猴头、竹荪、松口蘑（松草）、口蘑、红菇和牛肝菌等；少数属于子囊菌亚门，其中有羊肚菌、马鞍菌、块菌等。食用菌也常被人们称为食用菌草或食用草菌，因为我国古代把生于木上的食用菌称为菌，生于地上的称为草。

大自然中蕴藏着丰富的食用菌资源，据估计，自然界中食用菌的品种可能有 5000 多种，目前已发现的食用菌有 2000 多种。我国疆域辽阔，跨寒带、温带、亚热带和热带，有着复杂的生态环境，孕育了大量具有经济价值的野生食用菌类，是世界上拥有食用菌品种最多的国家之一。目前，我国已有记载的食用菌品种有 980 多种，隶属于 48 科，136 属。仅云南省境内已发现 850 种食用菌，约占全国已发现食用菌种类的 85.7%。现有 70 余种可人工栽培，30 余种可进行大规模生产，随着人工驯化的研究及其开拓，其数目将会不断增多。食用菌既是一类重要的菌类蔬菜，又是食品及制药工业的重要资源。

食用菌栽培是现代生态农业的重要组成部分。食用菌的菌丝对复杂有机物有很强的分解吸收能力，生长发育速度很快，在自然界的物质转化中显示着很强的优势。因此在农业生产中形成了菌物生产、植物生产和动物生产的三大格局，使人类的膳食形成了有益健康的植物蛋白、动物蛋白及菌物蛋白的饮食结构，因此，食用菌生产愈来愈受到人们的重视。

二、食用菌的功用价值和产业优势

（一）食用菌是功能性食品

食用菌味道鲜美、口感柔嫩、富含营养。随着人类对食用菌的认识不断加深，食用菌已被联合国推荐为 21 世纪的理想健康食品。因此，食用菌将成为人类未来的重要食品来源，利用真菌生产高质量的食用菌类食品，被称为 21 世纪"白色农业"的发展方向。它的价值主要体现在以下几个方面。

1. 营养价值

评价食物的营养价值主要在于蛋白质及其氨基酸组成、糖类、脂肪、维生素、矿物质和膳食纤维六大营养要素的含量和比例。而食用菌具有高蛋白、低脂肪、低糖、无淀粉、无胆固醇、多维生素、氨基酸、矿物质元素及膳食纤维素，且比例平衡、结构合理等特点，被誉为"山珍""上帝的食品""长寿食品""植物肉""健康食品"等。

（1）蛋白质。

食用菌的最大优点就是不仅蛋白质含量高，且蛋白质的质量好。鲜菇含约 4% 的蛋白质，比蔬菜和水果的蛋白质含量高出 4～12 倍。干菇一般含 20%～25% 的蛋白质。双孢蘑菇的某些品种，蛋白质含量到 40% 左右。不同科、属、种的食用菌，其蛋白质含量有较大差异，例如，银耳为 4.6%、木耳为 8.1%、香菇为 17.5%、双孢蘑菇为 26.3%、凤尾菇为 26.6%、草菇为 30.1%。食用菌在不同的发育阶段，蛋白质含量也不相同，例如：草菇在纽扣期蛋白质含量为 30%；伸长期下降为 20%。蛋白质含量还受培养基质的影响，在以废棉壳为培养基质，并加入 15% 鸡粪时，草菇蛋白质含量为 32%；而没有加入鸡粪的草菇蛋白质含量仅为 25%。

（2）氨基酸。

评价蛋白质质量的标准是蛋白质中必需的氨基酸（指人体无法合成，必须从食物中摄取的，分别为异亮氨酸、亮氨酸、赖氨酸、蛋氨酸、苯丙氨酸、苏氨酸、缬氨酸和色氨酸）含量的多少，及蛋白质中各种氨基酸的比例。食用菌中的氨基酸含量高，一般人体所需的 8 种必需氨基酸，在食用菌蛋白质中大部分存在，同时还含有一些其他食品所缺少的稀有氨基酸。食用菌中的氨基酸有 25%～35% 呈游离状态，其余则结合成蛋白质，其中人体必需的氨基酸占总的氨基酸的 25%～40%。

（3）维生素。

食用菌还含有丰富的维生素，如维生素 B_1、维生素 B_2、维生素 B_{12}、维生素 D、维生素 C 等。食用菌中的维生素含量是蔬菜的 2～8 倍。一般每人每天吃 100 g 鲜菇可满足维生素的需要。食用菌中的维生素 D 的含量是很高的，每 100 g 草菇中的维生素 D 含量达 0.4 g、每 100 g 香菇的维生素 D 含量达 0.27 g、每 100 g 双孢蘑菇中的维生素 D 含量达 0.23 g；食用菌中的维生素 C 含量也较高，每 100 g 草菇中的维生素 C 含量达 0.2 g，是橘子中维生素 C 含量的 7 倍。食用菌中也普遍含有 B 族维生素，蘑菇、香菇、木耳中均含有维生素 B_1，香菇中含有维生素 B_2，且蘑菇、香菇、木耳中均含有维生素 B_{12}。一般植物都不含维生素 B_{12}。因此，蘑菇、香菇、木耳中能含有维生素 B_{12}，是很值得重视的。此外，鸡油菌、木耳等食用菌中还含有维生素 A（或类胡萝卜素）。除上述维生素外，有些食用菌中还含有维生素 PP（烟草酸）、叶酸，可预防皮肤病、贫血等。

（4）矿物质。

不少矿物质元素是人体不可缺少的物质，如钙、磷、铁。这些元素均存在于食用菌中，有的含量还相当高，如铁在木耳中的含量远远高于一般食物中的铁含量。食用菌是人类膳食所需矿物质的良好来源。食用菌含有丰富的矿物质，其含量最高的矿物质是钾，约占总灰分的 45%。其次是磷、硫、钠、钙，还有人体必需的铜、铁、锌等。此外，食用菌都不同程度地含有被称为"当代最神奇的元素"——硒元素。

（5）核酸。

核酸与生物遗传及蛋白质合成有关，是当前分子生物学研究的主要内容之一，它对阐明遗传和变异的本质是十分重要的。据测定，食用菌中的核酸含量为 5.4%～8.3%。

除此之外，食用菌脂肪含量很低，占干品质量的 0.2%～3.6%，而其中的 74%～83% 是对人体健康有益的不饱和脂肪酸。不饱和脂肪酸对人体的健康是十分有利的，其中的油酸、亚油酸、亚麻酸等可有效清除人体血液中的垃圾，还能降低胆固醇含量和血液黏稠度，预防高血压、脑血栓等心脑血管系统疾病。另外，食用菌不但不含胆固醇，而且含丰富的类甾醇。

2. 药用价值

食用菌子实体中含有种类齐全的氨基酸和丰富的维生素，能降低胆固醇，防治心血管病；含有各种酶，能利尿、助消化；含有能强身滋补、清热解毒、抗病毒和抗癌等的药效成分，具有较高的药用价值，如灵芝、天麻、木耳、冬虫夏草等在古代就被当成药物。我国利用食用菌作药物已有两千多年历史，是最早利用食用菌治病的国家。随着科学技术的发展，食用菌的药用价值日益受到重视，许多新产品如食用菌的煎剂、片剂、糖浆、胶囊、针剂、口服液等应用于临床治疗和日常保健。

（1）食用菌主要药效。

①防治心血管病。食用菌不含胆固醇，低糖、低脂肪，具有降血脂、降胆固醇、降血压、净化血液、改善血液循环等作用。

②增强免疫力。食用菌有增强机体免疫功能，以防治或消灭细菌、病毒。主要活性物质是真菌多糖和糖蛋白，目前已在临床应用的有多种食用菌多糖，如香菇多糖、云芝多糖、猪苓多糖、灰树花多糖等，可作为医治癌症的辅助药物。食用菌已成为抗肿瘤药物的重要来源。

③抗菌、抗病毒。目前已从食用菌中分离出几十种抗生素，这些抗生素毒性低，副作用小。如侧耳素，具有广谱性，对革兰阳性菌、革兰阴性菌、分枝杆菌、噬菌体等具有较高的抗菌活性。食用菌对病毒亦有一定的抑制作用。如含有的蘑菇核糖核酸干扰素诱导剂，能强烈抑制病毒的复制。

现在随着医疗卫生事业的发展，大型真菌的药用价值日益受到重视。

（2）食用菌药用价值。

①抗生素。不少食用菌中含有抗菌消炎物质，主要有香菇菌素、野菇菌素、鸡油菌素、火菇菌素、乳菇菌素、多孔蕈酸、蜜环菌甲素和乙素、茯苓酸、马勃素、马勃菌酸、小皮伞菌素、小皮伞菌酸等。

②多糖。多糖是食用菌抗肿瘤的主要成分。不同食用菌含有不同的多糖，一般统称为担子菌多糖。这些多糖是食用菌抗肿瘤的主要成分，通过提高机体免疫机能而达到防治肿瘤效果，没有副作用，是值得开发的抗肿瘤药源。

③干扰诱导剂。这种诱导剂可促使人体产生干扰素，从而起到抑制病毒增殖的作用。

④维生素。主要用于治疗各种维生素缺乏症。其中香菇的维生素 D 源经阳光（紫外线）照射后，可转化为维生素 D，对防治佝偻病具有十分重要的作用。

⑤氨基酸。一般认为氨基酸的主要作用在于补充营养，实际上氨基酸的作用远远不止

于此。近代医学研究证明，不少疾病的发生往往是由于人体内缺乏某种氨基酸所致。因此，氨基酸目前已成为治病的新药源。

3．常见食用菌营养与保健功能

（1）平菇。

平菇别名为侧耳、蚝菌、冻菌、北风菌、鲍鱼菌、耳菇等。平菇味道鲜美，营养丰富，既能食用又能药用。

鲜平菇蛋白质含量高达 3.63%，接近牛奶；含有 18 种氨基酸，包括人体所必需的 8 种氨基酸，还含有多种维生素（维生素 B_1、维生素 B_2、维生素 C、尼克酸、胡萝卜素等），并含有磷、钾、钙、铁、钼、锌、铜、钴等元素。而且鲜菇脂肪含量只有 0.2%，远远低于肉类（牛肉脂肪含量为 10%，羊肉为 28%，猪肉更高）。因此，常吃平菇可补充人体营养要素，有益健康。

根据中医理论，平菇以子实体入药，性微温，味甘，具有追风散寒、舒筋活络、预防动脉硬化的功效，用于治疗腰腿疼痛、手足麻木、筋络不通等病症。平菇中的蛋白多糖体对癌细胞有很强的抑制作用，能增强机体免疫功能。平菇还对预防癌症、调节妇女更年期综合征、改善人体的新陈代谢、增强体质也有益。经常食用平菇可以减少血液中的胆固醇、降低高血压、追风祛湿等作用。

（2）香菇。

香菇又名香蕈、花菇、香信、椎耳、香菌、厚菇、香荪、冬荪等，常用香菇、冬菇名。香菇鲜嫩可口，干香菇香气袭人，受到人们的青睐。每 100 g 香菇干品中含有蛋白质 20 g、膳食纤维 31.6 g、糖类 30.9 g、胡萝卜素 20 mg 和亚油酸、海藻糖、腺嘌呤、各种维生素及微量元素，因而，自古以来就有"山珍""健康食品""植物性食品的顶峰"等美称。

中医记载，香菇性平味甘，具有益气补虚、健脾胃、托痘疹的功效，适用于久病体虚、食欲不振、小便频繁、高血压、糖尿病、贫血、肿瘤、动脉硬化等病症。其保健作用主要体现在两方面：降低血液中的胆固醇，是高血压、动脉硬化及糖尿病患者的食疗佳品。同时，对缓解便秘、消化不良症有一定疗效。香菇能调解内分泌系统，防治神经衰弱。香菇中的多糖物质，有明显的抗癌作用，还能防治因放射性治疗引起的头痛、呕吐、下痢等症状。香菇防治癌症的范围很广泛，对白血病、肺癌、胃癌、食管癌、宫颈癌都有辅助治疗作用。香菇还可增强人体抵抗力，并有助于儿童骨骼和牙齿的成长，防止老年人患骨质疏松症。

（3）双孢菇。

双孢菇又称蘑菇、洋蘑菇，含有 40 种以上人体必需的营养素。双孢菇干粉的蛋白质含量高达 42%，共含有 18 种氨基酸，其中有 8 种人体必需的氨基酸，而且消化率可达 70%～90%，是一种理想的高蛋白食品。双孢菇还含有许多核苷酸、维生素和矿物质等。据测定，每 100 g 鲜菇中含有维生素 B_1 0.12 mg、维生素 B_2 0.52 mg、维生素 B_3 2.38 mg、维生素 B_5 5.85 mg、维生素 B_6 0.45 mg、维生素 B_{11} 0.98 mg、维生素 C 8.60 mg、钙 8.7 mg、磷 50.8 mg、铁 3.6 mg 等，其营养丰富不逊于一般果蔬及肉类。

双孢菇味甘、性微寒，具有补脾益气，润燥化痰等功效。可用于辅助治疗体虚痰多、腹胀、恶心腹泻等症状。动物实验证明，双孢菇具有调节新陈代谢、降低胆固醇含量的功效，可以辅助治疗高血压、高血脂、糖尿病等多种疾病。双孢菇还被称为"天然抗癌良药"，所含的多糖体和异蛋白具有一定的抗癌活性，对小白鼠肉瘤 S-180 和艾氏癌的抑制率分别为 90% 和 100%。目前，以双孢菇为原料制成的药物有"711"片剂、蘑菇糖浆、肝血康复片和健肝片等，对防治迁延性肝炎、慢性肝炎、肝肿大、早期肝硬化以及白血病等均有较好的效果。

（4）金针菇。

金针菇又名金钱菇、构菇、冬菇、朴菇、构菌、冻菌、黄耳蕈。也因其金黄细嫩的柄如金针而得名金针菌，又因其赤褐色、小细扣状近似金币而得名金钱菇。金针菇清鲜宜人、黏滑脆嫩、味道爽口，而且营养十分丰富。据分析，每 100 g 金针菇干品中含有蛋白质 31.23 g、脂肪 5.78 g、粗纤维 3.34 g、糖类 60.2 g、钙 16 mg、磷 280 mg、铁 9.8 mg、尼克酸 23.4 mg。此外，还含有维生素 B_2、维生素 C 以及胡萝卜素等。金针菇还含有 8 种人体所必需的氨基酸，其中赖氨酸和精氨酸的含量特别丰富。金针菇性寒、味咸，滑润，有利肝脏、益肠胃、抗癌、抗衰老等功效。医学研究证明，金针菇的保健和药用价值是很高的。

（5）木耳。

木耳俗称黑木耳、光木耳、细木耳等。木耳生于桑、槐、柳、渝、楮等朽树上，故又称五木耳。木耳是世界著名的四大食用菌（双孢菇、平菇、香菇、木耳）之一，是人们所喜食的食用菌。其形似人耳、质地细嫩、口感清脆爽滑。据现代科学分析木耳中的营养成分，每 100 g 木耳干品中含蛋白质 10.6 g、脂肪 0.2 g、糖类 65 g、粗纤维 7 g、钙 375 mg、磷 201 mg、铁 185 mg，此外还含有维生素 B_1 0.15 mg、维生素 B_2 0.55 mg、烟酸 2.7 mg。其中蛋白质、维生素和铁的含量分别比白木耳高出 1 倍、2 倍和 5 倍。在蛋白质中含有多种氨基酸，尤以赖氨酸和亮氨酸的含量最为丰富。木耳因为营养丰富，所以被誉为"素中之荤"。

木耳历来深受广大人民的喜爱，常作为烹调各式中西名菜佳肴的配料；或和红枣、莲子加糖炖熟，作为四季皆宜的佳美点心，有增加食欲和滋补强身的作用。木耳的保健功效有清涤胃肠、补血、降低血脂和血黏度、预防治疗冠心病及高血压、美容黑发、减肥、防癌、治便秘、化解结石、提供人体必需的纤维素等。

（6）银耳。

银耳为我国特产，是一种经济价值极高的珍贵食药两用真菌。银耳的营养价值很高，每 100 g 干银耳中含蛋白质 5 g、脂肪 0.6 g、糖类 78.3 g、钙 380 mg、磷 250 mg、铁 30.4 mg、维生素 B_1 0.002 mg、维生素 B_2 0.14 mg、尼 g 酸 1.5 mg、核黄素 0.14 mg、抗坏血酸 4 mg。

银耳是一种久负盛名的良药。我国历代的医学家认为银耳具有滋阴清热、润肺止咳、养胃生津、益气和血、补肾强心、健脑提神、消除疲劳的功效。据张仁安《本草诗解药性注》云："此物有麦冬之润而无其寒，有玉竹之甘而无其腻，诚润肺滋阴之要品，为人参、鹿茸、燕窝所不及。"据《中国药物大辞典》云："本品入肺、脾、胃、肾、大肠五经，主治肺热咳嗽、肺燥干咳、久咳喉痒、咳痰带血或痰中血丝或久咳络伤肋痛、肺痿、妇人月经不调、肺热胃炎、大便秘结、大便下血。"

近代医学认为银耳多糖具有多种药理活性，能降低血脂、增强吞噬细胞对癌变细胞的吞噬功能，间接抑制肿瘤发生，同时对实验动物的移植性肿瘤有抑制作用，是一种抗癌食品。银耳多糖还可增强有机体免疫功能，有持正固本作用，能促进肝细胞、蛋白质、核酸的合成和代谢作用，提高肝脏解毒能力，起到保护肝脏的作用，对中老年人易患的慢性支气管炎、肺源性心脏病有一定疗效，并能改善肾功能，降低血胆固醇、甘油三酯，对高血压和高血脂患者都有疗效，还可辅助治疗胃溃疡。此外，银耳多糖还可增强有机体对放射线的防护能力，减轻其他理化因素如辐射等对骨髓、血、组织的损伤，促进骨髓造血功能。银耳对乙肝病毒虽无直接抑制作用，但可增强免疫力，使食用者不易受到感染。银耳含有丰富的胶质，对皮肤角质层有良好滋养和延缓老化作用，中老年妇女长期服用可使皮肤洁白细嫩，柔软富弹性，面部皱纹减少。此外，银耳还是一种含粗纤维的减肥食品。

（7）白灵菇。

白灵菇经分析，每 100 g 白灵菇子实体含蛋白质 15.72 g，粗脂肪 11.06 g，灰分 5.63 g，粗纤维 3.54 g。每 1 kg 白灵菇所含的蛋白质相当于 6 kg 的瘦猪肉、9 kg 的鸡蛋或者 3 kg 牛奶。

据天津农科院分析，白灵菇含有 20 种氨基酸，子实体干品含量高达 11.016 g/100 g，其中赖氨酸、精氨酸能促进儿童智力体力发育，比世界公认的增智菇（金针菇）高 1～6 倍。精氨酸能保护肝脏，具有预防和治疗肝炎的作用。白灵菇所含粗脂肪中，不饱和脂肪酸含量丰富，如亚油酸、亚麻酸等。这些脂肪酸被专家誉为"美肌酸"，经常食用会使人的肌肤变得细腻光滑，丰满润泽，头发也会变得乌黑发亮，而且对中老年人防止动脉硬化和降低胆固醇、降低血压具有显著疗效。白灵菇含有多种维生素，特别是维生素 D 的含量丰富，对儿童的佝偻病和软骨病有明显的预防和治疗作用。白灵菇含有多种矿物质元素，所含的多糖具有防癌抗癌的作用。因此，白灵菇为药食两用食用菌，不仅是营养丰富的珍稀食用菌，而且在医学上也有很重要的药用价值，具有补肾、壮阳、补脑、提神、预防感冒、增强人体免疫力等功效。民间常用白灵菇治疗胃病、伤寒、高血压等多种疾病，有清热解毒、消积化瘀等功效；以鸡肉烹调食用，对妇女产后化瘀血、补气虚等有非常好的疗效。

（8）灵芝。

灵芝是一种很名贵的药用及食用菌，俗称"灵芝草"，古代称为长生不老的"仙草"。灵芝含有多种人体必需的氨基酸，20 多种微量元素和多种多糖核苷、甾醇和生物碱。据现代医学研究表明和有关资料记载，灵芝对肝炎、肝硬化、肾炎、风湿性关节炎、慢性支气管炎、哮喘、胃病、十二指肠溃疡、心脑血管疾病、心肌炎、神经衰弱、鼻炎、糖尿病、前列腺肥大、高山病、心悸、手足冰冷、高血压、低血压、湿疹、汗疹、寒症瘀血、尿急尿频、盗汗、脑震荡后遗症、失眠、痔疮、便血、盆腔炎、子宫内膜炎、宫颈糜烂、营养不良等疾病有疗效。灵芝还具有嫩肤美容白净皮肤的作用，特别是在消除面部雀斑、色斑、黄褐斑、粉刺及调节内分泌方面有很好的效果，长期食用可清除人体血中杂质，降低胆固醇，促进血液循环，治疗更年期疾病，对提高人体免疫力、防止阿尔兹海默症都有一定的作用。灵芝是一种具有食药双重功能的菌类，男女老少都可食用，是人类理想的天然药品和保健食品之一。

（9）猴头菇。

猴头菇又名猴头菌、猴菌，土名叫猴头，是一种极其珍贵的菌类食品。它与飞龙、犴鼻、熊掌并称为我国"四大山珍"。猴头菇味道鲜美、营养丰富。经科学分析，猴头菇含有蛋白质、脂肪、纤维素、糖类、胡萝卜素、烟酸、维生素 B 及钙、磷、铁等矿物营养成分，猴头菇含有 17 种氨基酸，包括人体必需的 8 种氨基酸。由于它的蛋白质含量高（干品，26.3%），脂肪含量低（干品，4.2%），故营养学家称它是典型的高蛋白、低脂肪食物。古人有曰："山中猴头，海味燕窝。"

《中国药用真菌》记载：猴头菇性平味甘，有扶正固本作用，具有助消化、利五脏、益气补心、化瘀养肝、补血益神及降血脂、降血糖等功能，可治疗消化不良、胃溃疡、十二指肠溃疡、神经衰弱等疾病。近年来，医学界把猴头菇列为抗癌食物，发现猴头菇中含有多肽、多糖和脂肪族的酰胺类物质，能使人体腹腔巨噬细胞的吞噬能力提高。专家发现，猴头菇不同于一般的抗癌药物，不是直接抑制或杀伤癌细胞，而是通过提高机体抑制癌症的能力，加强抗癌作用。此外，猴头菇的药用价值还体现为抗溃疡和抗炎症、保肝护肝、抗衰老、降血糖、降血脂和血压等，可以提高机体耐缺氧能力，增加心脏血液输出量，加速机体血液循环。

（10）灰树花。

灰树花又名贝叶多孔菌，俗名云蕈。其形态婀娜如云，肉质柔嫩，味道鲜美，香味独特，所含人体必需氨基酸含量高，维生素及矿物质含量丰富。灰树花还具有很高的药用价值，所含的 β-葡聚糖具有抗癌作用。另外，灰树花还具有抗艾滋病毒、抑制高血压和肥胖症、预防肝硬化、提高人体免疫力等功效。开发灰树花保健食品有广阔的前景。

（11）滑子菇。

滑子菇又名滑菇，菌肉细嫩、味道鲜美、营养丰富，可食用也可药用，是汤料的良好添加品。由于其属于低温型菌类，受资源、气候、技术限制，目前世界上只有日本和中国的北方省市可以生产，因此其市场空间广阔。

（12）阿魏蘑菇。

阿魏蘑菇色泽洁白，菇体肥厚，风味独特，鲜嫩脆俱全。阿魏蘑菇含有 17 种氨基酸，含量达 20 g/100 g 左右。尤其阿魏蘑菇还具有久煮不烂，保持完整外观的良好加工特性，十分有利于罐藏加工操作，是食用菌和食品加工中不可多得的优良品种。

（13）真姬菇。

真姬菇又名玉蕈、蟹味菇、海鲜菇，是近年来新开发的珍稀食用菌。该菇质地脆嫩，菇形美，口感佳，并有独特的海蟹味，为高蛋白、低脂肪、低热量的食品，近年来风靡日本及东南亚等地。

（14）虫草。

虫草是我国名贵的中药材之一。据我国古书记载：冬虫夏草除含有大量的蛋白质、脂肪、糖类外，还含有虫草酸、冬虫夏草素以及维生素 B_2 等成分，对多种病原体，尤其是对结核菌有明显的抑制力，并且具有扩张支气管、加强肾上腺素的作用。

冬虫夏草是一味强壮滋补药，有保肺补肾、止咳化痰和补虚损、治虚喘和咯血等功能。新的医学科学研究发现：冬虫夏草还有针对心脏病、肝病，甚至抗癌等多方面的药用价值。

（15）鸡腿菇。

鸡腿菇又名毛头鬼伞，因其形如鸡腿、味似鸡丝而得名。据分析测定，每 100 g 鸡腿菇干品中的蛋白质含量高达 25.4%，并含有 8 种人体必需的氨基酸，总含糖量为 58.8%，并含有钙、镁、铁、锌等多种矿物质。鸡腿菇不仅营养丰富，同时也是一种药用菌，其味甘滑性平，具有清神、益脾、治痔、降血糖、降血脂等功效。药理实验证明，鸡腿菇还有提高机体免疫功能、抑制肿瘤生长、改善血液循环等效果，并对糖尿病有明显的辅助疗效。

（16）竹荪。

竹荪又名竹参、竹笙、网沙菌和竹菌等。竹荪实体酥脆可口，香味浓郁，别具风味。竹荪具有很高的营养价值，不仅富含氨基酸和维生素，而且含有具有生物活性的竹荪多糖。研究表明：竹荪多糖具有抗肿瘤、降低血压和胆固醇的保健功能，且能防止壁脂肪的积累。

（17）草菇。

草菇又名兰花菇、南华菇，是热带和亚热带高温多雨地区广泛栽培的食用菌，一年四季均有供应，生产成本相对较低。

草菇鲜品肥嫩脆滑，鲜美爽口。干品浓郁芳香，被视为宴席珍品。草菇中含有多种氨基酸、微量元素等，其营养丰富且含多种药效成分。现代医学肯定草菇有强身壮骨、发乳肥孩、护肝健胃、解毒之功效。特别是草菇多糖对抗感染、增强免疫力、抗肿瘤有明显的效果。草菇所含有的含氮浸出物和嘌呤碱对癌细胞的生长有一定的抑制作用。

（18）杏鲍菇。

杏鲍菇又名刺芹侧耳。杏鲍菇菌肉肥厚，质地脆嫩，状如鸡腿，菌柄洁白，具有杏仁香味，其味道是平菇中最好的一种，被称为"平菇王"。

杏鲍菇营养丰富，含有 18 种氨基酸和多种维生素及钙、磷、铁等矿物质，但热量却很低，其不饱和脂肪酸含量远远高于猪肉、鸡肉和啤酒，是人类理想的高蛋白、低脂肪食品。中医认为，杏鲍菇有益气、杀虫和美容作用，可促进人体对脂类物质的消化吸收和对胆固醇的吸收，对肿瘤也有一定的预防和抑制作用，能调节人体的新陈代谢，增强免疫力，降低血压，增进人体健康。

（19）姬松茸。

姬松茸又名巴西蘑菇、小松菇等，子实体脆嫩爽口，是一种有神奇药用功效的、美味的药食用菌。姬松茸具有杏仁香味，日本研究者已从新鲜或干燥的姬松茸子实体中提取出具有明显抗肿瘤活性的多糖物质。姬松茸具有防癌、降血压、降血脂和改善动脉硬化症的功效。

（二）食用菌产业优势

1. 产业生态效益

食用菌产业是一个高效、生态、环保的产业，能将种植业、养殖业、加工业和沼气生产有机结合起来，综合利用，变废为宝，形成了一个多层次利用物质及能量的自然平衡的生态系统，大大提高了整个生态系统的生产能力。

食用菌生产所需原料都是农副产品的下脚料，如农作物秸秆、木屑、玉米芯、棉籽壳、麸皮、米糠等。这些原料含有各种碳源、氮源、矿物质以及各种微生物代谢产物。农作物秸秆，全世界每年产量有 20 多亿吨，大约有 36％被烧掉，一些发达国家甚至白白烧掉 60％，对环境造成污染。这些作物秸秆可用来栽培食用菌，是一种取之不尽、用之不竭的可再生的生物资源。在荒地不可再垦伐、单产和复种指数还难以获得大幅度提高的今天，利用农作物秸秆来发展食用菌生产有着重要意义。

我国是一个农业大国，每到收割季节，大量下脚料堆积在农村的房前屋后，用作肥料、饲料、燃料或者烂掉，这是极大的污染和浪费。若用来栽培食用菌就会变废为宝。这些广泛存在的下脚料对人类而言是废弃料，也是很大的污染源，而对食用菌来说却是营养来源。菌丝分解纤维素、木质素等复杂有机物的能力很强，在常温常压下，将人类不能利用的粗纤维转化成可食用的优质菌体蛋白。而且，培养料经食用菌菌丝体一系列转化，粗蛋白含量明显提高，粗纤维含量大大下降，含有丰富的氨基酸、维生素、矿物质元素、真菌多糖等物质，有浓重的菇香味，有很高的再利用价值。若用作饲料，可减少精料，增强家畜抗病力。若用作肥料，既能改良土壤，又是可溶性养分高的超级堆肥。若用于沼气生产，产量比一般沼气原料多产气 70％以上。还可在菌糠中加入 20％的新料，再用于栽培多数食用菌。

2. 产业经济效益

食用菌生产完全可以利用庭院空地、闲散劳动力，不会与农业生产发生矛盾。食用菌不与人争粮，不与粮争地，不与地争肥，不与农争时。食用菌的生长期短，从种到收一般 30～40 d，草菇仅需十几天，是理想的短、平、快的项目，流出的汗水很快就变成财富。栽培技术易学、易懂，生产设备简单，投入值低，产出值高，体现出良好的经济效益。

3. 产业市场广阔

随着我国经济的发展，人们生活水平的提高，人们对食用菌的需求越来越大，21 世纪，食用菌更是供不应求。而经济的发展必然会使食物结构发生变化，营养学家提倡科学的饮食结构应是"荤—素—菌"搭配。欧美不少国家把人均食用菌的消费量当作衡量生活水平的标准。从 2000 年开始，我国民众对食用菌的消费量逐年提高，平均年增长 30％以上，人均食用菌消费量近 10 kg，已是世界第一大食用菌消费大国。中国人口众多，居民膳食结构逐步向营养、抗病、保健、无公害方向发展，食用菌无论是作为食品还是作为保健品在我国消费潜力巨大。国际市场上食用菌及其加工品的交易日趋活跃，我国食用菌产品的出口量也逐年上升。无论是在国际市场还是在国内市场，食用菌销路都非常宽，属于供不应求的紧俏品。

第二节　生产概况及发展趋势

一、生产概况

（一）世界生产概况

20 世纪 30 年代栽培食用菌的国家有 10 余个，总产量 5.5 万吨，主要栽培双孢菇。20 世纪 50 年代，世界经济战后复兴，食用菌产业的发展很快，60 年代飞速发展，主要产地是欧洲及北美，产量达到 13.6 万吨。70 年代栽培食用菌的国家发展到 80 多个，总产量 100 万吨。70 年代，欧洲食用菌生产开始滑坡，亚洲发展很快，年增长约 10%，主产地由欧洲变成亚洲，如中国、韩国等的发展速度超过了美国和欧洲国家，其产量约占世界总产量的 20%。到 20 世纪 90 年代中期，世界食用菌生产总量超过 500 万吨。

（二）我国生产概况

我国是具有悠久历史的文明古国，地大物博，有宜人的气候条件，是食用菌资源最丰富的国家，也是世界上食用菌开发及利用最早的国家。对食用菌的研究和食用古籍早有记载，如东汉王充的《论衡》中就谈到菇类可以像豆类一样在地里进行栽培。秦汉以后，种植技术渐趋完善。当今世界五大食用菌中，除了双孢菇为法国 1707 年首先栽培外，其余 4 种都是我国首先栽培成功的。我国自 1935 年从法国引进双孢菇开始进行人工栽培。20 世纪 70 年代前基本是半人工栽培，70 年代后进行全人工栽培。栽培最广的是平菇，遍及全国 20 多个省区。全国食用菌总产值仅次于粮、棉、油、果、菜，位居第六位，超过了茶叶及蚕桑。据中国食用菌协会统计，1978 年中国食用菌产量还不足 10 万吨，产值不足 1 亿元，而到 2007 年全国食用菌总产量已达 1682 万吨，在不足 30 年的时间内扩大了近 170 倍，占全世界上总产量的 70% 以上，总产值突破 600 亿元人民币，其中，出口数量为 71.47 万吨，出口金额 14.25 亿美元。

我国的食用菌重点产区主要分布在河北、河南、山东、浙江、江苏、福建、云南和四川等省，这些种植大省年产量均达上百万吨，食用菌产业县已有 500 多个，产值超亿元的县有 100 多个。全国已有福建古田、浙江庆元及河南泌阳 3 个食用菌专业批发市场，全国从事菇业人数近 3000 万人。我国食用菌生产现正以 15% 的年增长速度发展，其中香菇、平菇、草菇、木耳、银耳、猴头等食用菌产量均居世界第一位，金针菇、双孢菇产量居于世界第二位，成为世界上名副其实的食用菌生产大国及出口大国。但我国与发达国家相比食用菌的栽培技术水平和消费水平还有一定的差距，所以还不是食用菌的生产强国。

二、发展趋势

从食用菌产业发展趋势看，将来的菌业可能成为一个独立产业。从食用菌价值上来看，食用菌将成为主要蛋白质来源，如凤尾菇和牛肉、猪肉所含的各种成分基本相似。从消费情况看，食用菌的消费量大幅度增加，如日本近20年消费量增加了223倍。因此，食用菌销售前景广阔，发展空间很大，加之地方各级政府重视，栽培原料丰富，技术容易掌握，未来的食用菌产业将成为一个独立的产业，成为广大农民朋友脱贫致富的好项目。食用菌产业的发展趋势如下。

（1）由单一品种向多品种发展。20世纪50年代前，我国以栽培双孢菇为主，现在应根据市场需求，发展新、优、珍稀菌类，尤其是市场畅销的品种，只有这样才能保证菇农的收入。菇农要适应市场要求，一种品种销量不好，另外的品种可以补充，提高生产积极性。

（2）生产方式由人工向机械化发展。因为人工的代价会越来越高，加之难以保证质量，近几年，我国已有不少食用菌专业机械应用到生产当中，大大提高了生产效率及产品质量。

（3）从小规模向大规模发展。我国食用菌生产多以零星作坊式的农户栽培为主，规模较小，难以适应市场需要，今后主产方式将由零星栽培逐渐转向区域化布局，规模化发展，专业化生产，产业化推进。生产主体将由企业逐步取代农户。就是群众经常所说的"生意要成桩"，这样才能吸引大量的客商来本地收购，才能保证市场上的产品不积压。

（4）从产量型向质量型发展。菇农不仅生产大量产品，而且要保证质量，如香菇要多产花菇和厚菇、农药含量不能超标等。要振兴食用菌产业，必须按照国际、国家、行业标准体系及市场需求组织生产经营活动。菌种培育要实行生产许可证制度，并用新技术、新材料来培育菌种，大力推广利于标准化、工厂化、周年化生产的液体菌种。生产中应减少农药及激素的使用，提高产品安全性，对病虫害的防治要多采用物理及生物防治法。菌种质量和菌品质量都要按照行业标准进行检验，菌品要建立注册商标，零售要有包装，树立名牌意识。

（5）从季节性栽培到全年型栽培。为了提高经济收入，一年只在旺季生产很难保证菇农的效益，而且大量的机械设备闲置，相对减少了收入，可以采取多品种、多季节的栽培方法，保证每年各个季节都有菇出售。

（6）从平地向立体化栽培。食用菌不只在地面上种植，而要搭架分层立体栽培，以便充分利用空间。

（7）从木材、料食向农副产品、下脚料和菌草上发展。根据《中华人民共和国森林法》，木材的砍伐要限量并要有计划，所以以木材和锯末为原料的品种要及时更换，可用农副产品下脚料和种植菌草来满足菌类生产的需要。

（8）向增值化发展。食用菌发展精深加工，向保健食品、药品方向开拓新产品。如各种类型的菇类食品、饮料、滋补品等，其生产工艺较简单，但其产品身价倍增。食用菌以原料形式进入市场，效益低。加工技术、层次越高，升值倍数越大。此外，菌丝体与子实体的化学成分无本质区别，在生产上获取菌丝体比子实体要容易得多，以菌丝体的发酵液制备所需的药品、食品及保健品已成为人们关注的热点，这方面的产品开发潜力还很大。

食用菌还有较强的观赏性，是天然的艺术品。如形态奇特、质地坚硬不腐的灵芝盆景是古朴典雅的工艺品。食用菌产业因其劳动密集和资源密集的行业优势，促进农业可持续发展的生态优势及其以美味、保健、绿色、安全为特点的产品优势而成为一个颇具生命力的朝阳产业。

21世纪是生物世纪，食用菌是生物中的生力军，如何以种类优势、规模优势、加工优势、质量优势和品牌优势打开国内外市场，需要不懈的努力及探索。这毕竟是一个新兴行业，在科研、开发、生产、加工、销售及管理等方面还存在很多问题。但国家已把食用菌产业列为发展特色农业、高效农业、创汇农业和农业结构调整的重要发展产业。随着政策到位、科技投入以及众人对食用菌的作用、效益、前景认识程度的提高，食用菌产业会不断克服自身的困难，保持健康有序的发展，实现在今后的5～15年将我国发展成为食用菌生产强国的目标。

第三节 形态结构与生活史

一、形态结构

自然界中的食用菌种类繁多，大小不一，形状、颜色各异。食用菌的形态特征因种类而异，同时还与其生长所处的环境密切相关，但其基本结构大致相同。成熟的食用菌主要由生长于基质内部的菌丝体和生长于基质表面的子实体两部分组成。

（一）菌丝体

孢子是食用菌的繁殖单位，相当于植物的种子，它在适宜的条件下萌发形成管状的丝状体，称之为菌丝。菌丝量少时看不见，积聚多时呈白色绒毛状。菌丝的生长点在其顶端，反复分枝，形成菌丝群，通称菌丝体。菌丝体生活于基质内部，是食用菌的营养器官，相当于植物的根、茎、叶。它分解基质中的有机物，从基质中吸收养分和水分进行生长繁殖。当菌丝体达到生理成熟时，条件适合就扭结分化形成子实体。子实体成熟后又会形成孢子，孢子萌发又形成菌丝体。

菌丝是组成菌丝体的基本单位，源于孢子的萌发。食用菌的菌丝都是有隔菌丝，即由横隔膜将菌丝隔成单核、双核或多核的多细胞结构。根据菌丝发育顺序和细胞中细胞核的数目不同，可分为初生菌丝、次生菌丝和三生菌丝。

1. 初生菌丝（一次菌丝）

刚从孢子萌发而成的菌丝称为初生菌丝，又称一次菌丝。刚萌发时为单细胞多核菌丝，但很快产生横隔膜，使每个细胞内只含有一个细胞核，变为多细胞单核菌丝。单核菌丝生长期短且比较纤细，一般不能形成子实体，只有两条初生菌丝质配形成双核菌丝，才会产生子实体。

2. 次生菌丝（二次菌丝）

由两条初生菌丝经质配而成的双核菌丝称为次生菌丝，又称二次菌丝。质配是指两初生菌丝细胞接触处细胞壁溶解，其细胞质发生融合，但两个细胞核独立存在于一个细胞中，所以次生菌丝又可称为双核菌丝。双核菌丝要比初生菌丝生长期长且粗壮，而且只有双核菌丝才能形成子实体，是食用菌菌丝存在的主要形式，生产上使用的菌种都是双核菌丝。

3. 三生菌丝（三次菌丝）

次生菌丝在不良条件下或到达生理成熟时，就要进一步发育成一些特殊化的组织，即组织化的次生菌丝称为三生菌丝，又称三次菌丝，如菌核、菌索、子实体中的菌丝。

（二）子实体

1. 概况

由成熟的次生菌丝扭结分化形成的，能产生有性孢子的肉质或胶质的大型菌丝组织体，称为子实体。它是食用菌的繁殖器官，也是人们的食用部位，也就是人们常称之为"菇、菌、蘑、耳、蕈"的那部分。一般都生长在基质表面，如土表、腐殖质上、朽木或活立木的表面，但也有极少数食用菌的子实体在地下土壤中，如子囊菌中的块菌，担子菌中的黑腹菌、层腹菌。

2. 结构

子实体包括担子果和子囊果。子囊菌纲的子实体能产生子囊和子囊孢子，称为子囊果。担子菌纲的子实体能产生担子和担孢子，称为担子果。目前可以人工栽培的食用菌基本上是担子菌纲中伞菌类的食用菌。伞菌子实体一般由菌盖、菌柄、菌环、菌托等组织组成。

菌盖下面的菌褶及菌管是产生担孢子的部位。孢子是食用菌繁殖的基本单位，如同高等植物的种子。孢子分为有性孢子和无性孢子两类。有性孢子如担孢子、子囊孢子等，无性孢子如分生孢子、厚担孢子等。孢子形状、颜色、大小、表面饰纹等因种类不同而有较大差异。形状多为球形、卵形、腊肠形等。

子实体的寿命仅占其生活史 1/3 的时间。一旦形成，就意味着一个生活周期即将结束。从诞生到采收需 3～5 d 或者 7～8 d，有的朝生暮死，昙花一现。鬼伞属食用菌，成熟后几小时即水解自溶，多数子实体形成几天内萎缩死亡，少数长寿。随着子实体的长大，大量担孢子相继形成。

二、生活史

食用菌完整生活史包括无性及有性两个阶段，主要进行从担孢子萌发再到新一代担孢子产生的有性繁殖过程（图 1-1），其间要经过质配、核配及减数分裂三大步骤。

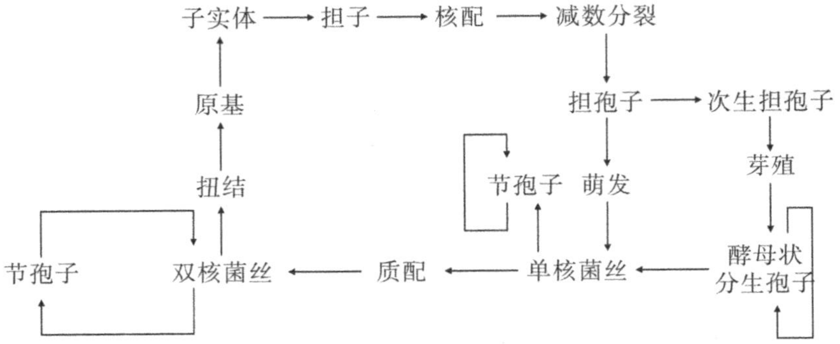

子实体 → 担子 → 核配 → 减数分裂

原基　　　　　　　担孢子 → 次生担孢子

扭结　　　　节孢子　萌发　　　芽殖

节孢子　双核菌丝 ← 质配 ← 单核菌丝　酵母状分生孢子

图 1-1　食用菌有性繁殖过程

除了有性繁殖的大循环外，还有无性繁殖小循环。无性繁殖是不经过两性细胞的结合，由菌丝直接产生无性孢子（分生孢子、芽孢子、厚担孢子、粉孢子等）的过程。它虽不是主要方式，但在食用菌生活史中有重要意义。无性繁殖能反复进行，产生无性孢子快、多。无性孢子在不良条件下有较强抗性，在适宜条件下可再萌发为原来的一次菌丝或二次菌丝，继续进行有性生活过程。

第四节　食用菌的分类

食用菌的分类是认识和研究食用菌的基础。野生食用菌的采集、驯化、鉴定、杂交育种等工作都需要一定的分类学知识。

食用菌的分类单位与其他生物基本一致，通常划分为门、亚门、纲、目、科、属、种，其中种为分类的基本单位。

食用菌属于生物中的真菌门中的担子菌纲和子囊菌纲。约 95% 的食用菌属于担子菌。

一、在真核生物中的分类地位

真核生物 — 动物界、植物界、真菌界（黏菌门、真菌门：鞭毛菌亚门、接合菌亚门、半知菌亚门、子囊菌亚门、担子菌亚门）

二、主要种类

（一）子囊菌亚门

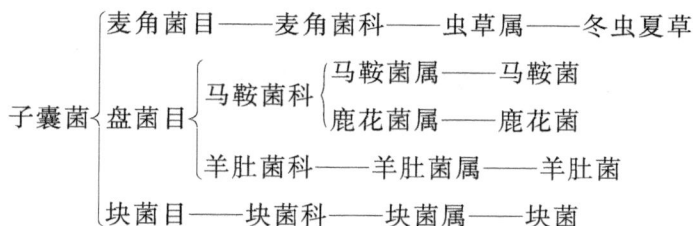

子囊菌┫
　　┏麦角菌目——麦角菌科——虫草属——冬虫夏草
　　┃　　　　　　┏马鞍菌科┫马鞍菌属——马鞍菌
　　┃　　　　　　┃　　　　┗鹿花菌属——鹿花菌
　　┣盘菌目┫羊肚菌科——羊肚菌属——羊肚菌
　　┗块菌目——块菌科——块菌属——块菌

子囊菌亚门中著名的食用菌有马鞍菌、羊肚菌、地菇菌和块菌等，它们的子实体大都是盘状、鞍状、钟状或脑状。种类少，经济价值高，多为野生菌。如块菌是极名贵的菌类，属菌中之王。

子囊菌亚门主要包括麦角菌目、盘菌目和块菌目中的 4 个科。

（二）担子菌亚门

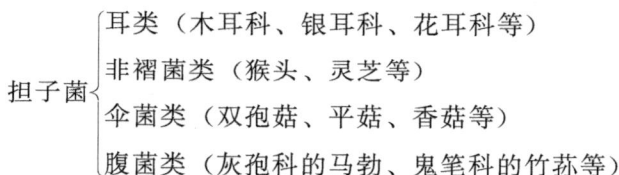

担子菌┫
　　┏耳类（木耳科、银耳科、花耳科等）
　　┣非褶菌类（猴头、灵芝等）
　　┣伞菌类（双孢菇、平菇、香菇等）
　　┗腹菌类（灰孢科的马勃、鬼笔科的竹荪等）

担子菌亚门主要有伞菌目、银耳目、多孔菌目、鬼笔目和腹菌目等，隶属于 40 个科，大致分为四大类。

三、毒菌

毒菌是指含有毒性物质，误食后产生中毒反应的大型真菌（毒蕈、毒蘑菇）。

毒菌极少为子囊菌，绝大多数属于担子菌亚门的伞菌目，其中以鹅膏科的鹅膏属、丝膜菌科的丝盖伞属、伞菌科的花盖伞菌属、红菇科的有毒种类最多。已知自然界有毒菌约 250 种，中国已知 190 种，隶属于 26 科、58 属，其中能使人致死的 30 多种，20 多种含微毒，经加工处理后方可食用（称为条件食用菌，如鹿花菌）。

主要毒素类型如下。

（1）胃肠中毒型。通常的中毒症状是强烈恶心、呕吐、腹痛、腹泻等，毒粉褶菌、臭黄菇和毛头乳菇、黄黏盖牛肝菌和粉红枝瑚菌等毒蘑菇可引起此类型中毒，已知有 80 余种。

（2）神经精神型，已知有 60 余种。中毒症状是精神兴奋、精神错乱或精神抑制等神经性症状。如毒蝇鹅膏菌、半卵形斑褶菇中毒后可引起幻觉反应。

（3）溶血型。主要症状是在 1~2 d 发生溶血性贫血，症状是突然寒战，发热，腹痛，头痛，腰背肢体痛，面色苍白，恶心，呕吐，全身虚弱无力，烦躁不安和气促。

（4）肝脏损害型，引起这类中毒的20余种。除上述已提到含毒肽、毒伞肽的种类外，如环柄菇属的某些种，也可引起肝脏损害。

（5）呼吸与循环衰竭型。引起这种中毒类型的毒蘑菇主要是亚稀褶黑菇，死亡率较高。

（6）光过敏性皮炎型。在我国发现的引起此类症状的是叶状耳盘菌。

第二章　食用菌菌种制作

第一节　食用菌菌种概述

一、菌种的概念

《食用菌菌种管理办法》已于 2006 年 3 月 16 日经农业部第八次常务会议审议通过，自 2006 年 6 月 1 日起施行。食用菌菌种原意是指孢子（相当于植物的种子），但在实际生产中，常将经过人工培养的纯菌丝体连同培养基质一同叫作菌种。所以，食用菌菌种就定义为经人工培养用于繁殖的菌丝体或孢子。

二、菌种分级

我国食用菌菌种按照生产过程可分为母种（一级种）、原种（二级种）和栽培种（三级种）3 级。

（一）母种

经各种方法选育得到的，具有结实性的菌丝体纯培养物及其继代培养物，以玻璃试管为培养容器和使用单位，也称一级种、斜面菌种或试管菌种。根据不同的使用目的，可将母种分为保藏母种、扩繁母种和生产母种等。

除单孢子分离外，一般获得的母种纯菌丝具有结实性。由于获得的母种数量有限，常将菌丝再次转接到新的斜面培养基上，可获得更多的母种，称为再生母种。一支母种可转成 10 多支再生母种。

（二）原种

用母种在谷物、木屑、粪草等天然固体培养基上扩大繁殖而成的菌丝体纯培养物，也叫二级种。原种常以透明的玻璃瓶（650～750 mL）或塑料菌种瓶（850 mL）或聚丙烯塑料袋（15 cm×28 cm）为培养容器和使用单位，原种用来繁育栽培种或直接用于栽培。

（三）栽培种

用原种在天然固体培养基上扩大繁殖而成的、可直接作为栽培基质种源的菌种，也叫三级种。栽培种常以透明的玻璃瓶、塑料瓶或塑料袋为培养容器和使用单位。栽培种只能用于生产栽培，不可再次扩大繁殖成菌种。

三、菌种类型

（一）固体菌种

生长在固体培养基上的食用菌菌种称为固体菌种，食用菌的固体菌种主要有以下几种类型：PDA 试管菌种、谷粒菌种、棉籽壳菌种、木屑菌种和复合料菌种，各类型都有各自的优缺点。

1. PDA 试管菌种

它是指将经孢子分离法或组织分离法得到的纯培养物，移接到试管斜面培养基上培养而得到的纯菌丝菌种。

2. 谷粒菌种

它是指用小麦、玉米、高粱或谷子等作物籽实作培养基生产的食用菌菌种，目前双孢蘑菇生产中使用的几乎全是谷粒菌种。

3. 棉籽壳菌种

棉籽壳营养丰富，颗粒分散，所制菌种的抗污染性、抗高温性好，因而日益受到菇农欢迎。

4. 木屑菌种

它是指利用阔叶树木屑作为培养基制作的食用菌菌种，具有生产工艺简单、成本低廉、原材料来源广泛和包装运输方便等优点。

5. 复合料菌种

它是指利用两种或两种以上主要原料作为培养基制作的食用菌菌种，一般常用木屑、棉籽壳、玉米芯等原料按照一定比例进行混合，复合料菌种的优点是营养丰富，菌丝生长状况好，接种后适应性好。

（二）液体菌种

液体菌种是用液体培养基，在生物发酵罐中，通过深层培养（液体发酵）技术生产的液体形态的食用菌菌种。液体指的是培养基的物理状态，液体深层培养技术就是发酵工程技术。当前，已经有相当数量的食用菌生产企业（含工厂化生产企业）采用液体菌种生产食用菌栽培袋，取得了良好的经济效益和生态效益。

第二节　菌种制作的设施、设备

一、配料加工、分装设备

（一）原材料加工设备

（1）秸秆粉碎机。用于农作物秸秆的切断，以便进一步粉碎或直接使用的机械。

（2）木屑机。将阔叶树或硬杂木的枝丫切成片，然后经过粉碎机粉碎，作为食用菌的生产原料。

（二）配料分装设备

（1）拌料机。拌料机是用来替代人工拌料的机械，是把主料和辅料加适量水进行搅拌，使之均匀混合的机械。

（2）装瓶装袋机。家庭生产采用小型立式装袋机或小型卧式多功能装袋机；工厂化生产可以采用大型立式冲压式装袋设备。

①小型装袋机。小型装袋机主要是把拌好的培养料填装到一定规格的塑料袋内，一般每小时可以装 250～300 袋。其优点是装袋紧实，中间通气孔打到袋底；装袋质量好，速度快。缺点是只能装一种规格的塑料袋。

②小型多功能装袋机。小型多功能装袋机主要是把拌好的培养料填装到各种规格的塑

料袋内，一般每小时可装 200 袋。其优点是各种食用菌栽培都可以使用，料筒和搅龙可以根据菌袋规格进行更换；缺点是装袋质量和速度受操作人员熟练程度影响较大，一般栽培食用菌种类较多时可以选用。

③大型冲压式装袋机。大型冲压式装袋机与小型装袋机的原理基本相同，但是需要与拌料机、传送装置一起使用，而且是连续作业，一般每小时可以装 1200 袋，多用于大型菌种厂或食用菌的工厂化生产。

二、灭菌设备

（一）高压灭菌设备

高压灭菌锅炉产生的饱和蒸汽压力大、温度高，能够在较短时间内杀灭杂菌。高温（121℃）、高压使蛋白质变性失活，从而达到彻底灭菌的目的。

高压灭菌设备按照样式大小分为手提式高压灭菌器、立式压力蒸汽灭菌器、卧式高压蒸汽灭菌器、灭菌柜等。

（二）常压灭菌设备

常压灭菌通过锅炉产生强穿透力的热活蒸汽的持续释放，使内部培养基保持持续高温（100℃）来达到灭菌目的。常压灭菌锅炉的建造根据各地习惯而异，一般包括蒸汽发生装置和灭菌池两部分组成。

（三）周转筐

食用菌生产过程中，为搬运方便和减少料袋扎袋或变形，目前大多采用周转筐进行装盛。周转筐一般用钢筋或高压聚丙烯制成。周转筐应光滑，防止扎袋。其规格根据生产需要确定。

三、接种设备

接种设备有接种帐、接种箱、超净工作台、接种机、简易蒸汽接种设备、离子风机以及接种工具等。

（一）简易接种帐

简易接种帐是采用塑料薄膜制作而成的，可以设在大棚内或房间内，规格分为大、小两种，小型的规格为 2 m×3 m，较大的规格为（3~4）m×4 m，接种帐高度为 2~2.2 m，过高不利于消毒和灭菌。接种帐可随空间条件而设置，可随时打开和收起，一般采用高锰酸钾和甲醛熏蒸消毒。

（二）接种箱

接种箱用木板和玻璃制成，接种箱的前后装有两扇能开启的玻璃窗，下方开两个圆洞，洞口装有袖套，箱内顶部装日光灯和 30 W 紫外线灯各一盏，有的还装有臭氧发生装置。接种箱的容积一般以能放下 80~150 个菌袋为宜，适合于一家一户小规模生产使用，也适合小型菌种厂制种使用。

（三）超净工作台

超净工作台的原理如下：在特定的空间内，室内空气经预过滤器初滤，由小型离心风机压入静压箱，再经空气高效过滤器二级过滤。从空气高效过滤器出风面吹出的洁净气流具有一定的和均匀的断面风速，可以排除工作区原来的空气，将尘埃颗粒和生物颗粒带走，以形成无菌的高洁净的工作环境。超净工作台从气流流向分为垂直流超净工作台和水平流超净工作台两种；从操作人员数以上分为单人工作台（单面、双面）和双人工作台（单面、双面）两种。

（四）接种机

接种机也分许多种，简单的离子风式的接种机，可以摆放在桌面上，可以使前方 25 cm² 左右的面积达到无菌状态，方便接种。还有适合工厂化接种的百级净化接种机，其接种空间达到百级净化，实现接种无污染，保证接种率。

（五）简易接种室

接种室又称无菌室，是分离和移接菌种的小房间，实际上是扩大的接种箱。

（1）接种室应分里外两间，里间为接种间，面积一般为 5～6 m²，外间为缓冲间，面积一般为 2～3 m²。两间门不宜对开，出入口要求装上推拉门，高度为 2～2.5 m。接种室不宜过大，否则不易保持无菌状态。

（2）房间里的地板、墙壁、天花板要平整、光滑，以便擦洗消毒。

（3）门窗要紧密，关闭后与外界空气隔绝。

（4）房间最好设有工作台，以便放置酒精灯、常用接种工具等。

（5）工作台上方和缓冲间天花板上安装能任意升降的紫外线杀菌灯和日光灯。

（六）接种车间

接种车间是扩大的接种室，室内一般放置多个接种箱或超净工作台，一般在食用菌工厂化生产企业中较为常见。

（七）接种工具

接种工具主要是用于菌种分离和菌种移接的专用工具，包括接种铲、接种针、接种环、接种钩、接种勺、接种刀、接种棒、镊子及培养液体菌种用的接种枪等。

四、培养设备

培养设备主要是指食用菌接种后用于培养菌丝体的设备，主要包括恒温培养箱、培养架和培养室等，液体菌种还需要摇床和发酵罐等设备。

（一）恒温培养箱

恒温培养箱是主要用来培养试管斜面母种和原种的专用电器设备。

（二）培养室及培养架

一般栽培和制种规模比较大时采用培养室和培养架培养菌种。培养室面积一般为 20～50 m²，采用温度控制仪或空调等控制温度，同时安装换气扇，以保持培养室内的空气清新。培养室内一般设置培养架，架宽 45 cm 左右，上下层之间距离 55 cm 左右，培养架一般设 4～6 层，架与架之间的距离为 60 cm。

五、培养料的分装容器

（一）母种培养基的分装容器

母种培养基的分装主要用玻璃试管、漏斗、玻璃分液漏斗、烧杯、玻璃棒等。试管规格以外径（mm）×长度（mm）表示，在食用菌生产中一般使用 18 mm×180 mm、20 mm×200 mm 的试管。

（二）原种及栽培种的分装容器

原种及栽培种生产主要用塑料瓶、玻璃瓶、塑料袋等容器。原种一般采用容积为 850 mL 以下、耐 126℃ 高温的无色或近无色的、瓶口直径≤4 cm 的玻璃瓶或近透明的耐高温塑料瓶，或 15 cm×28 cm 耐 126℃ 高温聚丙烯塑料袋；栽培种除可使用同原种一样的容器外，还可使用≤17 cm×35 cm、耐 126℃ 高温符合 GB 4086.7－2016 卫生规定的聚丙烯塑料袋。

六、封口材料

食用菌生产封口材料一般有套环、无棉盖体、棉花、扎口绳等。

七、生产环境调控设备

食用菌生产环境调控设备有制冷压缩机、制冷机组、冷风机、空调机、加湿器等设备。

八、菌种保藏设备

菌种保藏设备有低温冰箱、超低温冰箱和液氮冰箱，生产上一般采用低温冰箱保藏，其他两种设备一般用于科研院所菌种的长期保藏。

九、液体菌种生产设备

（一）液体菌种培养器

液体菌种培养器主要由罐体、空气过滤器、电子控制柜等组成。罐体部分包括各种阀门、压力表、安全阀、加热棒、视镜等；空气过滤器由空气压缩机、滤壳、滤芯、压力表等组成；电子控制柜主要是电路控制系统，该系统采用微型计算机控制灭菌时间、灭菌温度、培养状态及培养时间。

（二）摇床

在食用菌生产中，也可使用摇床生产少量液体菌种。

液体菌种是采用生物培养（发酵）设备，通过液体深层培养（液体发酵）的方式生产食用菌菌球，作为食用菌栽培的种子。液体菌种是用液体培养基在发酵罐中通过深层培养技术生产的液体食用菌菌种，具有试管菌种、谷粒菌种、木屑菌种、棉籽壳等固体菌种不可比拟的物理性状和优势。

第三节 固体菌种制作

一、母种生产

（一）常用的斜面母种培养基配方

1. 食用菌常用培养基

（1）马铃薯葡萄糖琼脂培养基（PDA）配方：马铃薯（去皮）200 g，葡萄糖 20 g，琼脂 18～20 g，水 1000 mL。

（2）马铃薯蔗糖琼脂培养基（PSA）配方：马铃薯（去皮）200 g，蔗糖20 g，琼脂18～20 g，水1000 mL。

（3）马铃薯葡萄糖蛋白胨琼脂培养基配方：马铃薯（去皮）200 g，蛋白10 g，葡萄糖20 g，琼脂20 g，水1000 mL。

（4）马铃薯麦芽糖琼脂培养基配方：马铃薯（去皮）300 g，麦芽糖10 g，琼脂18～20 g，水1000 mL。

（5）马铃薯综合培养基配方：马铃薯（去皮）200 g，磷酸二氢钾3 g，维生素B_1 2～4片，葡萄糖20 g，硫酸镁1.5 g，琼脂20 g，水1000 mL。

2．木腐菌种培养基

（1）麦芽浸膏10 g，酵母浸膏0.5 g，硫酸镁0.5 g，硝酸钙0.5 g，蛋白胨1.5 g，麦芽糖5 g，磷酸二氢钾0.25 g，琼脂20 g，水1000 mL。

（2）麦芽浸膏10 g，硫酸铁0.1 g，硫酸镁0.1g，琼脂20 g，磷酸铵1 g，硝酸铵1 g，硫酸锰0.05 g，水1000 mL。

（3）酵母浸膏15 g，磷酸二氢钾1 g，硫酸钠2 g，蔗糖10～40 g，麦芽浸膏10 g，氯化钾0.5 g，硫酸镁0.05 g，硫酸铁0.01 g，琼脂15～25 g，水1000 mL。

（4）酵母浸膏2 g，蛋白胨10 g，硫酸镁0.5 g，葡萄糖20 g，磷酸二氢钾1 g，琼脂20 g，水1000 mL。

3．保藏菌种培养基

（1）玉米粉酵母膏葡萄糖琼脂培养基配方：玉米粉50 g，葡萄糖10 g，酵母膏10 g，琼脂15 g，水1000 mL。

（2）玉米粉琼脂培养基配方：玉米粉30 g，琼脂20 g，水1000 mL。

（3）蛋白胨酵母膏葡萄糖培养基配方：蛋白胨10 g，葡萄糖1g，酵母膏5 g，琼脂20 g，水1000 mL。

（4）完全培养基配方：硫酸镁0.5 g，磷酸氢二钾1g，葡萄糖20 g，磷酸二氢钾0.5 g，蛋白胨2 g，琼脂15 g，水1000 mL。

（二）母种培养基的配制

（1）材料准备。选取无芽、无变色的马铃薯，洗净去皮，称取200 g，切成1 cm左右的小块。同时准确称取好其他材料。酵母粉用少量温水溶化。

（2）热浸提。将切好的马铃薯小块放入1000 mL水中，煮沸后用文火保持30 min。

（3）过滤。煮沸30 min后用4层纱布过滤。

（4）琼脂溶化。若使用琼脂粉应事先溶于少量温水中，然后倒入培养基浸出液中溶化。若使用琼脂条可先剪成2 cm长的小段，用清水漂洗2次后除去杂质。煮琼脂时要多搅拌，直至完全溶化。

（5）定容。琼脂完全溶化后，将各种材料全部加入液体中，不足时加水定容至1000 mL，搅拌均匀。

（6）调节pH。定容后，用pH试纸测定培养基的pH。当pH偏高时，可用柠檬酸或醋酸下调；当pH偏低时，可用氢氧化钠、碳酸钠或石灰水调高。

（7）分装。选用洁净、完整、无损的玻璃试管，调节好pH后进行分装。分装装置可用带铁环和漏斗的分装架或灌肠桶。分装时，试管要垂直于桌面。

分装完毕后，塞上棉塞。棉塞选用干净的梳棉制作，不能使用脱脂棉。棉塞长度为3～3.5 cm，塞入管内1.5～2 cm，外露部分1.5 cm左右，松紧要适度，以手提外露棉塞试管不脱落为度。然后将7支捆成一捆，用双层牛皮纸将试管口一端包好扎紧。

（8）灭菌。灭菌前，先检查锅内水分是否足量，如果水分不足，要先加足水分，然后将分装包扎好的试管直立放入灭菌锅套桶中，盖上锅盖，对角拧紧螺栓，关闭放气阀，开始加热。严格按照灭菌锅使用说明进行操作，在0.11～0.12 MPa压力下保持30 min。

（9）摆斜面。待压力自然降压至0 MPa时，打开锅盖。一般情况下，高温季节打开锅盖后自然降温30～40 min，低温季节自然降温20 min后再摆放斜面。如果立即摆放斜面，由于温差过大，试管内易产生过多的冷凝水。斜面长度以斜面顶端距离棉塞40～50 mm为标准。

（10）无菌检查。灭菌后的斜面培养基应进行无菌检查。母种培养基随机抽取3%～5%的试管，置于28℃恒温培养箱中48 h后检查，无任何微生物长出的为灭菌合格，即可使用。

（三）母种接种

1. 接种前准备

（1）接种前，工作人员穿好工作服，戴好口罩、工作帽，必须彻底清理打扫接种室（箱），经喷雾及熏蒸消毒，使其成为无菌状态。

（2）清洗干净接种工具，一般为金属的针、刀、耙、铲、钩。

（3）用肥皂水洗手，擦干后再用体积分数为70%～75%的酒精棉球擦拭双手、菌种试管及一切接种用具。

（4）可事先在试管上贴上标签，注明菌名、接种日期等。

（5）将接种所需物品移入超净工作台（接种箱），按工作顺序放好，检查是否齐全，并用质量分数为5%石炭酸溶液重点在工作台上方附近的地面上喷雾消毒，打开紫外线灯照射灭菌30 min。

2. 接种

（1）关闭紫外灯（若需开日光灯，需间隔20 min以上），用75%的酒精棉球擦拭双手和母种外壁，并点燃酒精灯，因为火焰周围10 cm的区域为无菌区，在无菌区接种可以避免杂菌污染。

（2）将菌种和斜面培养基的两支试管用大拇指和其他四指握在左手中，使中指位于两试管之间的部分，斜面向上并使它处于水平位置，先将棉塞用右手拧转松动，以利于接种时拔出。

（3）右手拿接种钩，在火焰上方将工具灼烧灭菌，凡在接种时可进入试管部分，都用火焰灼烧灭菌，操作时要使试管口靠近酒精灯火焰。

（4）用右手小拇指、无名指、中指同时拔掉两支试管的棉塞，并用手指夹紧，用火焰灼烧管口，灼烧时应不断转动试管口，以杀灭试管口可能沾染上的杂菌。

（5）将烧过并经冷却后的接种钩伸入菌种管内，去除上部老化、干瘪的菌丝块，然后取0.5 cm×0.5 cm大小的菌块，迅速将接种钩抽出试管，注意不要使接种钩碰到管壁。

（6）在火焰旁迅速将接种钩伸进待接种试管，将挑取的菌块放在斜面培养基的中央。注意不要把培养基划破，也不要使菌种沾在管壁上。

（7）抽出接种钩，灼烧管口和棉塞，并在火焰旁将棉塞塞上。每接 3～5 支试管，要将接种钩在火焰上再灼烧灭菌，以防大面积污染。

（四）培养

（1）恒温培养。接种完毕，将接好的试管菌种放入 22℃～24℃无恒温培养箱中培养。

（2）污染检查。在菌种培养过程中，接种后 2 d 内要检查接种后杂菌污染情况，在试管斜面培养基上发现如果有绿色、黄色、黑色等，不是白色、生长整齐一致的斑点或块状杂菌，应立即剔除。以后每 2 d 检查 1 次。挑选出菌丝生长致密、洁白、健壮，无任何杂菌感染的试管菌种，放于 2℃～4℃的冰箱中保存。

二、原种、栽培种生产

（一）常见培养基及制作

1. 以棉籽壳为主料培养基

（1）棉籽壳培养基配方（质量分数）。

①棉籽壳 99％，石膏 1％，含水量 60％±2％。

②棉籽壳 84％～89％，麦麸 10％～15％，石膏 1％，含水量 60％±2％。

③棉籽壳 54％～69％，玉米芯 20％～30％，麦麸 10％～15％，石膏 1％，含水量 60％±2％。

④棉籽壳 54％～69％，阔叶木屑 20％～30％，麦麸 10％～15％，石膏 1％，含水量 60％±2％。

（2）棉籽壳培养基制作。

先按配方的比例计算出需要的原料的量，称取原料。将糖溶于适量水中加入，再加入适量的水。适宜含水量的简便检验方法是用手抓一把加水拌匀后的培养料紧握，当指缝间有水但不滴下时，料内的含水量为适度。

2. 以木屑为主料培养基

（1）木屑培养基配方（质量分数）。

①阔叶树木屑 78％，麸皮或米糠 20％，蔗糖 1％，石膏 1％，含水量 58％±2％。

②阔叶树木屑 63％，棉籽壳 15％，麸皮 20％，糖 1％，石膏 1％，含水量 58％±2％。

③阔叶树木屑 63％，玉米芯粉 15％，麸皮 20％，糖 1％，石膏 1％，含水量 58％±2％。

（2）木屑培养基制作。

方法同棉籽壳培养基。

3. 谷粒培养基

（1）谷粒培养基配方（质量分数）。

小麦 93％，杂木屑 5％，石灰或石膏粉 2％。

（2）谷粒培养基制作。

小麦过筛，除去杂物，再放入石灰水中浸泡，使其吸足水分，捞出后放入锅中用水煮至麦粒无白心为止（吸足水分）。趁热摊开，晾至麦粒表面无水膜（用手抓麦粒不粘手），加入石膏拌匀，然后装瓶、灭菌。

4. 木块木条培养基

(1) 木块木条培养基配方。

①木条培养基：木条85％，木屑培养基15％。常用于塑料袋制栽培种，故通常称为木签菌种。

②楔形和圆柱形木块培养基：木块84％，阔叶树木屑13％，麸皮或米糠2.8％，白糖0.1％，石膏粉0.1％。

③枝条培养基：枝条80％，麸皮或米糠19.9％，石膏粉0.1％。

(2) 木块木条培养基制作。

①木条培养基制作：先将木条在0.1％多菌灵液中浸0.5 h，捞起稍沥水后即放入木屑培养基中翻拌，使其均匀地粘上一些木屑培养基即可装瓶。装瓶时尖头要朝下，最后在上面铺约1.5 cm厚的木屑培养基即可。

②楔形和圆柱形木块培养基制作：先将木块浸泡12 h，将木屑按常规木屑培养料的制作方法调配好，然后将木块倒入木屑培养基中拌匀、装瓶，最后再在木块面上盖一薄层木屑培养基按平即可。

③枝条培养基制作：选1～2年生、粗8～12 mm的板栗、麻栎和梧桐等适生树种的枝条，先劈成两半，再剪成约35 mm长、一头尖一头平的小段，投入40～50℃的营养液中浸1 h，捞出沥去多余水分，与麸皮或米糠混匀，再用滤出的营养液调节含水量后加入石膏粉拌匀，即可装瓶、灭菌。其中营养液配方为蔗糖1％、磷酸二氢钾0.1％、硫酸镁0.1％，混匀后溶于水即可。

(二) 培养基灭菌

1. 高压灭菌

木屑培养基和草料培养基在0.12 MPa条件下灭菌1.5 h或0.14～0.15 MPa下1 h；谷粒培养基、粪草培养基和种木培养基在0.14～0.15 MPa条件下灭菌2.5 h。装容量较大时，灭菌时间要适当延长。

2. 常压灭菌

常压灭菌是采用常压灭菌锅进行蒸汽灭菌的方法。锅内的水保持沸腾状态时的蒸汽温度一般可达100～108℃，灭菌时间以袋内温度达到100℃以上开始计时。常压灭菌要在3 h之内使灭菌室温度达到100℃，在100℃下保持10～12 h，然后停火闷锅8～10 h后出锅。母种培养基、原种培养基、谷粒培养基、粪草培养基和种木培养基，应高压灭菌，不应常压灭菌。常压灭菌操作要点如下。

(1) 迅速装料，及时进灶。如果不能及时装料和进灶灭菌，料中存在的酵母菌、细菌、真菌等竞争性杂菌遇适宜条件迅速增殖，尤其是在高温季节，如果装料时间过长，酵母菌、细菌等将基质分解，容易引起培养料的酸败，使灭菌不彻底。

(2) 菌种袋应分层放置。菌种袋堆叠过高，不仅难以透气，而且受热后的塑料袋相互挤压会粘连在一起，形成蒸汽无法穿透的"死角"。为了使锅内蒸汽充分流畅，菌种袋常采用顺码式堆放，每放4层，放置一层架隔开或直接放入周转筐中灭菌。

(3) 加足水量，旺火升温，高温足。在常压灭菌过程中，如果锅内很长时间达不到100℃，培养基的温度处于耐高温微生物的适温范围内，这些微生物就会在此时间内迅速增殖，严重的会造成培养料酸败。因此，在常压灭菌中，用旺火攻头，使灭菌灶内温度在

3 h 内达到 100℃，是取得彻底灭菌效果的因素之一。

（4）灭菌时间达到后，停止加热，利用余热再封闭 8～10 h。待料温降至 50℃～60℃ 时，趁热将移入冷却室内冷却。

（三）接种

1. 接种场所

（1）接种车间。一般是在食用菌工厂化生产的接种室配备菇房空间、电场空气净化与消毒机，配合超净工作台进行接种。

（2）接种室。一般接种室的面积以 6 m² 为宜，长 3 m、宽 2 m、高 2～3 m。室内墙壁及地面要平整、光滑，接种室门通常采用左右移动的拉门，以减少空气振动。接种室的窗户要采用双层玻璃窗内设黑色布帘，使得门窗关闭后能与外界空气隔绝，便于消毒。有条件的可安装空气过滤器。

（3）塑料接种帐。用木条或铁丝做成框并用铁丝固定，再将薄膜焊成蚊帐状，然后罩在框架上，地面用木条压住薄膜，即可代替接种室使用。接种帐的容量大小，可根据生产需要而定。一般每次接种 500～2000 瓶（袋）。

2. 消毒灭菌

把菌种瓶（袋）、灭菌后的培养基及接种工具放入接种室，然后进行消毒。先用 3% 的煤酚皂液或 5% 石炭酸水溶液喷雾消毒或使用气雾消毒剂熏蒸消毒 30 min，使空气中的微生物沉降，然后打开紫外线灯照射 30 min 后接种。操作者进入接种室时，要穿工作服、鞋套、戴上帽子和口罩，操作前双手要用 75% 酒精棉球擦洗消毒，动作要轻缓，尽量减少空气流动。

3. 接种

（1）原种接种。

①接种前准备。先准备好清洁无菌的接种室及待接种的母种菌种、原种培养基和接种工具等，接种人员要穿上工作服，在试管母种接入原种瓶时，瓶装培养基温度要降到 28℃ 左右方可接种。

②点燃酒精灯，各种接种工具先经火焰灼烧灭菌。

③在酒精灯上方 10 cm 无菌区轻轻拔下棉塞，立即将试管口倾斜，用酒精灯火焰封锁，防止杂菌侵入管内，用消毒过的接种钩伸入菌种试管，在试管壁上稍停留片刻使之冷却，以免烫死菌种，按无菌操作要求将试管斜面菌种横向切割 6～8 块。

④在酒精灯上方无菌区内，将待接菌瓶的封口打开，用接种钩取分割好的菌块，轻轻放入原种瓶内，立即封好口，一般每支母种可接 5～6 瓶原种。

（2）栽培种接种。

①接种前检查原种棉塞和瓶口的菌膜上是否染有杂菌，发现污染杂菌的应弃之不用。

②打开原种封口，灼烧瓶口和接种工具，剥去原种表面的菌皮和老化菌种。

③如果双人接种，一人负责拿菌种瓶，用接种钩接种，另一人负责打开栽培种的瓶口或袋口。

④接种的菌种不可扒得太碎，最好呈蚕豆粒或核桃粒状，以利于发菌。

⑤接种后迅速封好瓶口。一瓶谷粒种接种不应超过 50 瓶（袋），木屑种、草料种不应超过 35 瓶（袋）。

⑥接种结束后应及时将台面、地面收拾干净，并用 5% 石炭酸水溶液喷雾消毒，关闭室门。

（四）培养

（1）培养室消毒。接种后的菌瓶（袋）在进入培养室前，培养室要进行消毒灭菌。

（2）菌种培养。原种和栽培种在培养初期，要将温度控制在 25℃～28℃。在培养中后期，将温度调低 2℃～3℃，因为菌丝生长旺盛时，新陈代谢放出热量，瓶（袋）内温度要比室温高出 2℃～3℃，如果温度过高会导致菌丝生长纤弱、老化。在菌种培养 25～30 d 后，要采取降温措施，减缓菌丝的生长速度，从而使菌丝整齐、健壮。一般 30～40 d 菌丝可吃透培养料，然后把温度稍微降低一些，缓冲培养 7～10 d，使菌种进一步成熟。

（3）污染检查。接种后 7～10 d 间每隔 2～3 d 要逐瓶检查一次，发现杂菌的应立即挑出，拿出培养室，妥善处理，以防引起大面积污染。

第四节　液体菌种的生产

近年来，采用深层培养工艺制备食用菌液体菌种用于生产成为研发热点，涌现出了许多液体发酵设备、生产厂家，液体菌种已在平菇、真姬菇、双孢蘑菇、毛木耳、香菇、黑木耳、金针菇、灰树花等食用菌生产中采用。液体菌种对于降低生产成本、缩短生产周期、提高菌种质量具有显著效果。目前，日本、韩国在食用菌工厂化生产中已普遍采用液体菌种。

一、液体菌种的特点

（一）优点

（1）制种速度快，可缩短栽培周期在液体培养罐内的菌丝体细胞始终处于最适温度、氧气、碳氮比、酸碱度等条件下，菌丝分裂迅速，菌体细胞是以几何数字的倍数加速增殖，在短时间内就能获得大量菌球（即菌丝体），一般 5～6 d 完成一个培养周期。使用液体菌种接种到培养基上，菌种均匀分布在培养基中，发菌速度大大加快，并且出菇集中，减少潮次，周期缩短，栽培的用工、能耗、场地等成本都大大降低。

（2）菌龄一致、活力强液体菌种在培养罐中营养充足、环境没有波动，生长代谢的废气能及时排除，始终能使菌体处于旺盛生长状态，因此菌丝活力强，菌球菌龄一致。

（3）减少接种后杂菌污染由于液体具有流动性，接入后易分散，萌发点多，萌发快，在适宜条件下，接种后 3 d 左右菌丝就会布满接种面，使栽培污染得到有效控制。

（4）液体菌种成本低一般每罐菌种成本 10 元左右，接种 4000～5000 袋，每袋菌种成本不超过 0.3 分钱。

（二）缺点

（1）储存时间短。一般条件下，液体菌种制成后即应投入栽培生产，不宜存放，即使在 2℃～4℃ 条件下，储存时间也不要超过一周。

（2）适用对象窄。液体菌种适应于连续生产，尤其适应于规模化、工厂化生产；我国的食用菌生产多为散户栽培，其投资水平、技术水平等条件的先天不足，决定了固体菌种在我国适应广，液体菌种的适应范围窄。

（3）设施、技术要求高。液体菌种需要专门的液体菌种培养器．并且对操作技术要求极高，一旦污染，则整批全部污染，必须放罐、排空后进行清洗、空罐灭菌，然后方可进行下一批生产。

（4）应用范围窄。由于其液体中速效营养成分较高，生料或发酵料中病原较多，故播后极易污染杂菌，所以，液体菌种只适于熟料栽培。

二、液体菌种生产的要点

（一）液体菌种生产环境

（1）生产场所。液体菌种生产场所应距工矿业的"三废"及微生物、烟尘和粉尘等污染源 500m 以上。交通方便，水源和电源充足，有硬质路面、排水良好的道路。

（2）液体菌种生产车间。地面应能防水、防腐蚀、防渗漏、防滑、易清洗，应有 1.0%～1.5% 的排水坡度和良好的排水系统，排水沟必须是圆弧式的明沟。墙壁和天花板应能防潮、防霉、防水、易清洗。

（3）液体菌种接种间。应设置缓冲间，设置与职工人数相适应的更衣室。车间入口处设置洗手、消毒和干手设施。接种车间设封闭式废物桶，安装排气管道或者排风设备，门窗应设置防蚊蝇纱网。

（二）生产设施设备

（1）生产设施。配料间、发菌间、冷却间、接种间、培养室、检测室规模要配套，布局合理，要有调温设施。

（2）生产设备。液体菌种培养器、液体菌种接种器、高压蒸汽灭菌锅、蒸汽锅炉、超净工作台、接种箱、恒温摇床、恒温培养箱、冰箱、显微镜、磁力搅拌机、磅秤、天平、酸度计等。

其中液体菌种培养器、高压灭菌锅和蒸汽锅炉应使用经政府有关部门检验合格，符合国家压力容器标准的产品。

（三）液体培养基制作

1．罐体夹层加水

首先对液体菌种培养器夹层加水，方法是用硅胶软管连接水管和罐体下部的加水口，同时打开夹层放水阀进行加水，水量加至放水阀开始出水即可。

2．液体培养基配方

液体菌种培养基配方（120L）：玉米粉 0.75 kg，豆粉 0.5 kg，均过 80 目筛。首先用温水把玉米粉、豆粉搅拌均匀，不能有结块，通过吸管或漏斗加入罐体、液体量以占罐体容量的 80% 为宜。然后加入 20 mL 消泡剂，最后拧紧接种螺丝。

3．液体培养基灭菌

调整控温箱温度至 125℃，打开罐体加热棒开始对罐体进行加热，在 100℃之前一直开启罐体夹层出水阀，以放掉夹层里的虚压和多余的水。

（1）液体培养基气动搅拌：温度在 70℃以下时打开空气压缩机，通过其储气罐和空气过滤器对罐体培养基进行气动搅拌，防止液体结块。

开气泵搅拌的步骤：打开空气过滤器上方的进气阀、出气阀和下方的出气阀，开气泵电源后，关闭空气过滤器下方的出气阀，打开罐体最下方的罐体进气阀和最上方的罐体放气阀。

（2）关闭气泵：当罐体内培养基达 70℃时，关闭气泵。方法是先关闭罐底进气阀、开空气过滤器下方的放气阀、关闭气泵电源。把主管接到之前一直关闭的空气过滤器出气阀，此时将空气过滤器放气阀、进气阀、出气阀全关闭。空气过滤器内可加入少量水，水位在滤芯以下，并关闭罐体放气阀。

（3）灭菌：当夹层出水阀出热蒸汽 3～5 min 关闭。当夹层压力表达 0.05 MPa 时，打开空气过滤器夹层出气阀，再打开罐体进气阀，然后小开罐体放气阀。当主管烫手后，关闭罐体放气阀。当罐体压力表达到 0.15 MPa 开始计时，保持 30～40 min，保持压力期间可以温调压。

（4）降温：调温至 25℃，关闭加热棒、罐底进气阀、空气过滤器夹层出气阀。用燃烧的酒精棉球烧空气过滤器出气阀 40～50 s，在此期间可小开 5～6 s 空气过滤器出气阀，放蒸汽。在酒精棉球火焰的保护下把主管接回空气过滤器出气阀。

（5）放夹层热水：打开空气过滤器出气阀和空气过滤器进气阀，小开罐体放气阀，通过夹层进水阀把夹层热水放掉，直至夹层压力表压力为 0 MPa。

4．冷却

打开夹层出水阀，夹层进水阀通过硅胶软管接入水管，进行冷却。当罐体压力表压力降至 0.05 MPa 时，打开气泵以防止罐体在冷却过程中产生负压造成污染，并使下部冷水向上冷却较快。

开气泵顺序：打开空气过滤器下部放气阀，开空气过滤器上方出气阀、开气泵、关空气过滤器放气阀、开罐体进气阀，通过罐体放气阀调节罐体压力在 0 MPa 以上直至罐体温度降至 28℃以下，等待接种。

（四）接种

1．固体专用种

液体菌种的固体专用种培养基配方一般为（120 L）：过 40 目筛的木屑 500 g、麸皮 100 g、石膏 10 g，料水比 1∶1.2。原料混合均匀后装入 500 mL 三角瓶内，高压灭菌后接入母种，洁净环境培养至菌丝长满培养基。

2．制备无菌水

1000 mL 的三角瓶加入 500～600 mL 的自来水，用手提式高压灭菌锅在 121℃、0.12 MPa 条件下保持 30 min 即可制备无菌水。冷却后等待把固体专用种接入。

3．固体专用种并瓶

（1）接种用具：酒精灯、75%酒精、尖嘴镊子、接种工具、棉球。

（2）消毒：旋转固体专用种的三角瓶壁用酒精灯火焰均匀地进行消毒后，连同接种工具、无菌水放入接种箱或超净工作台中进行消毒。

（3）接种：消毒 20 min 后进行接种。用 75%酒精棉球擦手，用酒精灯火焰对接种工具进行灼烧灭菌。用灭菌后的接种工具在酒精灯火焰保护下去掉三角瓶固体专用种的表层部分。把菌种中下部分搅碎后在酒精灯火焰保护下分 3～4 次加入无菌水中，然后用手腕摇动三角瓶使菌种和无菌水充分接触，静置 10 min 后接入罐体。

4．菌种接入罐体

（1）制作火焰圈：用带有手柄的内径略大于接种口的铁丝圈缠绕纱布，蘸 95%酒精。

（2）接种：打开罐体放气阀使压力降至 0 MPa，把火焰圈套在接种口上，点燃火焰圈后关闭放气阀。打开接种口，然后快、稳、轻地接入菌种，然后拧紧接种口的螺丝。

（五）液体菌种培养

通过气泵充气和调整放气阀调节罐体压力表压力在 0.02～0.03 MPa、温度控制在 24℃～26℃等条件下进行液体菌种培养。液体菌种在上述条件下培养 5～6 d 可达到培养指标。

（六）液体菌种检测

接种后第四天进行检测，首先用酒精火焰球灼烧取样阀 30～40 s 后，弃掉最初流出的少量液体菌种，然后用酒精火焰封口直接放入经灭菌的三角瓶中，塞紧棉塞，取样后用酒精火焰把取样阀烧干，以免杂菌进入造成污染。

将样品带入接种箱分别接入到试管斜面或培养皿的培养基上，放入 28℃恒温培养 2～5 d，采用显微镜和感官观察菌丝生长状况和有无杂菌污染。若无细菌、真菌等杂菌菌落生长，则表明该样品无杂菌污染。

1. "看"

将样品静置桌面上观察，一看菌液颜色和透明度，正常发酵的料液清澈透明，染菌的料液则浑浊不透明；二看菌丝形态和大小，正常的菌丝体大小一致，菌丝粗壮，线条分明，而染菌后，菌丝纤细，轮廓不清；三看 pH 指示剂是否变色，在培养液中加入甲基红或复合指示剂，经 3～5 d 颜色改变，说明培养液 pH 到 4.0 左右，为发酵终点，如 24 h 内即变色，说明因杂菌快速生长而使培养液酸度剧变；四看有无酵母线，如果在培养液与空气交界处有灰条状附着物，说明为酵母菌污染所致，此称为酵母线。

2. "旋"

手提样品瓶轻轻旋转一下，观其菌丝体的特点。菌丝的悬浮力好，放置 5 min 后不沉淀，说明菌丝活力好。若迅速漂浮或沉淀，说明菌丝已老化或死亡。再观若其菌丝形态、大小不一，毛刺明显，表明供氧不足。如果菌球缩小且光滑，或菌丝纤细并有自溶现象，说明污染了杂菌。

3. "嗅"

在旋转样品后，打开瓶盖嗅气味，培养好的优质液体菌种均有芳香气味，而染杂菌的培养液则散发出酸、甜、霉、臭等各种气味。污染杂菌的主要原因是菌种不纯、培养料灭菌不彻底、并瓶与接种操作不规范。

（七）优质液体菌种指标

1. 感官指标

感官指标见表 2-1。

表 2-1　液体菌种感官指标

项目	感官指标
菌液色泽	球状菌丝体呈白色，菌液呈棕色
菌液形态	菌液稍黏稠，有大量片状或球状菌丝体悬浮、分布均匀、不上浮、不下沉、不迅速分层，菌球间液体不浑浊
菌液气味	菌液体培养时特有的香气，无异味，如酸、臭味等，培养器排气口气味正常，无明显改变

2. 理化指标

理化指标见表2-2。

表 2-2　液体菌种理化指标

项目	感官指标
pH	5.5～6.0
菌丝湿重/（g/L）	≥80
显微镜下菌丝形态和杂菌鉴别	可见液体培养的特有菌丝形态，球状和丛状菌丝体大量分布，菌丝粗壮，菌丝内原生质分布均匀、染色剂着色深。无其他真菌菌丝、酵母和细菌菌体
留存样品无菌检查	有食用菌菌丝生长，划痕处无其他真菌、酵母菌、细菌菌落生长

三、放罐接种

（一）液体菌种接种器消毒

液体接种器需经高压灭菌后使用。

（二）接种

将待接种的栽培袋（瓶）通过输送带输入至无菌接种区。在接种区用接种器将液体菌种注入，每个接种点 15～30 mL。

四、储藏

在培养器内通入无菌空气，保持罐压 0.02～0.04 MPa，液温 6℃～10℃可保存 3 d，11℃～15℃可保存 2 d。

五、液体菌种应用前景

液体菌种接入固体培养基时，具有流动性、易分散、萌发快、发菌点多等特点，较好地解决了接种过程中萌发慢、易污染的问题，菌种可进行工厂化生产。液体菌种不分级别，可以作为母种生产原种，还可以作为栽培种直接用于栽培生产。

液体菌种应用于食用菌的生产，对于食用菌行业从传统生产上的烦琐复杂、周期长、成本高、凭经验、拼劳力，手工作坊式向自动化、标准化、规模化生产，以及对整个食用菌产业升级具有重大意义。

第五节　菌种生产中的注意事项及常见问题

一、母种制作、使用中的异常情况及原因分析

（一）母种培养基凝固不良

若母种制作过程中培养基灭菌后凝固不良，甚至不凝固，可以按照以下步骤分析原因：

（1）先检查培养基组分中琼脂的用量和质量。

（2）如果琼脂没有问题，再用 pH 试纸检测培养基的酸碱度，看培养基是否过酸，一般 pH 低于 4.8 时会凝固不良；当需要较酸的培养基时，可以适当增加琼脂的用量。

（3）灭菌时间过长，一般在 0.15 MPa 条件下超过 1 h 后易凝固不良。

（二）母种不萌发

若母种接种后，接种物一直不萌发，其原因有以下几种：

（1）菌种在0℃甚至以下保藏，菌丝已冻死或失去活力。检测菌种活力的具体方法如下：如果原来的母种试管内还留有菌丝，再转接几支试管，培养观察，最好使用和上次不同时间制作的培养基。如果还是不萌发，表明母种已经丧失活力。如果第二次接种物成活了，表明第一次使用的培养基有问题。

（2）菌龄过老，生命力衰弱。

（3）接种操作时，母种块被接种铲、酒精灯火焰烫死。

（4）母种块没有贴紧原种培养基，菌丝萌发后缺乏营养死亡。

（5）接种块太薄太小干燥而死。

（6）母种培养基过干，菌丝无法活化，菌丝无法吃料生长。

（三）发菌不良

母种发菌不良的表现多种多样，常见的有生长缓慢、生长过快但菌丝稀疏、生长不均匀、菌丝不饱满、色泽灰暗等。

母种发菌不良的主要原因：培养基是否干缩，菌丝是否老化，品种是否退化等；培养温度是否适宜；棉塞是否过紧；空气中是否有有毒气体。培养基不适、菌种过老、品种退化、培养温度过高或过低、棉塞过紧透气不良、接种箱中或培养环境中残留甲醛过多都会造成菌种生长缓慢，菌丝稀疏纤弱等发菌不良现象。

（四）杂菌污染

在正常情况下，母种杂菌污染的概率在2%以下。但有时会造成大量杂菌污染的情况，其原因可分为以下几个方面。

1. 培养基灭菌不彻底

灭菌不彻底的原因除灭菌的各个环节不规范外，还包括高压灭菌锅不合格的原因。

2. 接种时感染杂菌

感染杂菌的原因有接种箱或超净工作台灭菌不彻底（含气雾消毒剂不合格、紫外线灯老化），接种时操作不规范等原因。

3. 菌种自身带有杂菌

启用保藏的一级种，应认真检查是否有污染现象。如果斜面上呈现明显的黑色、绿色、黄色等菌落，则说明已遭真菌污染；将斜面放在向光处，从培养基背面观察，如果在气生菌丝下面有黄褐色圆点或不规则斑块，说明已遭细菌污染，被污染的菌种绝不能用于扩大生产。

（五）母种制作及使用过程中应注意的事项

1. 培养基的使用

制成的母种培养基，在使用前应做无菌检查，一般将其置于24℃左右恒温箱内培养48 h，证明无菌后方可使用。制备好的培养基，应及时用完，不宜久存，以免降低其营养价值或其成分发生变化。

2. 出菇鉴定

投入生产的母种，不论是自己分离的菌种还是由外地引入的菌种，均应做出菇鉴定，全面考核其生产性状、遗传性状和经济性状后，方能用于生产。若母种选择不慎，将会对生产造成不可估量的损失。

3．母种保藏

已经选定的优良母种，在保藏过程中要避免过多转管。转管时所造成的机械损伤，以及培养条件变化所造成的不良影响，均会削弱菌丝生命力，甚至导致遗传性状的变化，使出菇率降低，甚至造成菌丝的"不孕性"而丧失形成子实体的能力。因此引进或育成的菌种在第一次转管时，可较多数量扩转，并以不同方法保藏，用时从中取一管大量繁殖作为生产母种用。一般认为保藏的母种经3～4次代转，就必须用分离方法进行复壮。

4．建立菌种档案

母种制备过程中，一定要严格遵守无菌操作规程，并标好标签，注明菌种名称（或编号）、接种日期和转管次数，尤其在同一时间接种不同的菌种时，要严防混杂。母种保藏应指定专人负责，并建立"菌种档案"，详细记载菌种名称、菌株代号、菌种来源、转管时间和次数，以及在生产上的使用情况。

5．防止误用菌种

从冰箱取出保藏的母种，要认真检查贴在试管上的标签或标记，切勿使用没有标记或判断不准的菌种，以防误用菌种而造成更大的损失。

6．母种选择

保藏的母种菌龄不一致，要选菌龄较小的母种接种；切勿使用培养基已经干缩或开始干缩的母种，否则会影响菌种成活或导致生产性状的退化。

7．菌种扩大

保藏时间较长的菌种，菌龄较老的菌种或对其存活有怀疑时，可以先接若干管，在新斜面上长满后，用经过活化的斜面再进行扩大培养。

8．防止污染

保藏母种在接种前，应认真地检查是否有污染现象。若斜面上有明显的绿、黄、黑色菌落，说明已遭受真菌污染；管口内的棉塞，由于吸潮生霉，只要有轻微振动，分生孢子很容易溅落到已经长好的斜面上，在低温保藏条件下受到抑制，很难发现；将斜面放在向光处，从培养基背面观察，在气生菌丝下面有黄褐色圆形或不定形斑块，是混有细菌的表现。已经污染的母种不能用于扩大培养。

9．活化培养

在冰箱中长期保藏的菌种，自冰箱取出后，应放在恒温箱中活化培养，并逐步提高培养温度，活化培养时间一般为2～3 d。如果在冰箱中保存时间超过3个月，最好转管培养一次再用，以提高接种成功率和萌发速度。

10．菌种保存

认真安排好菌种生产计划，菌丝在斜面上长满后立即用于原种生产，能加快菌种定植速度。如果不能及时使用，应在斜面长满后，及时用玻璃纸或硫酸纸包好，置于低温避光处保存。

二、原种、栽培种制作和使用中的异常情况及原因分析

（一）接种物萌发不正常

原种、栽培种接种物萌发不正常的主要表现有两种情况：一是不萌发或萌发缓慢；二

是萌发出的菌丝纤细无力，扩展缓慢。其发生原因的分析思路：培养温度→培养基含水量→培养基原料质量→灭菌过程及效果→母种。对于接种物不萌发，或萌发缓慢，或扩展缓慢来说，这几个方面的因素必有其一，甚至可能是多因素共同影响。

1. 培养温度过高

培养温度过高会造成接种物不萌发、萌发迟缓、生长迟缓。

2. 含水量过低

尽管拌料时加水量充足，但由于拌料不均匀，造成培养基含水量的差异。含水量过低的菌种瓶（袋）接种物常干枯而死。

3. 培养基原料霉变

正处霉变期的原料中含有大量有害物质，这些物质耐热性极强，在高温下不易分解变性，甚至在高压高温灭菌后仍保留其毒性，接种后，菌种不萌发。具体确定方法是将培养基和接种块取出，分别置于 PDA 培养基斜面上，于适宜温度下培养，若不见任何杂菌长出，而接种块则萌发、生长，即可确定为这一因素。

4. 灭菌不彻底

培养基内留有大量细菌，而不是真菌。多数情况下无肉眼可见的菌落，有时在含水量过大的瓶（袋）壁上，在培养基的颗粒间可见到灰白色的菌膜。多数食用菌在有细菌存在的基质中不能萌发和正常生长。具体检查方法是在无菌条件下取出菌种和培养料，接种于 PDA 培养基斜面上，于适温条件下培养，经 24～28 h 后检查，在接种物和培养料周围都有细菌菌落长出。

5. 母种菌龄过长

菌种生产者应使用菌龄适当的母种，多种食用菌母种使用最佳菌龄都在长满斜面后 1～5d，栽培种生产使用原种的最佳菌龄在长满瓶（袋）14 d 之内。在计划周密的情况下，母种和原种生产、原种和栽培种的生产紧密衔接是完全可行的。若母种长满斜面后一周内不能使用，要及早置于 4℃～6℃下保存。

（二）发菌不良

原种、栽培种的发菌不良有生长缓慢，生长过快但菌丝纤细稀疏，生长不均匀，菌丝不饱满，色泽灰暗等。造成发菌不良的原因主要有以下几个方面。

1. 培养基酸碱度不适

用于制作原种、栽培种的培养料若 pH 过高或过低，可将发菌不良的菌种瓶（袋）的培养基挖出，用 pH 试纸测试。

2. 原料中混有有害物质

多数食用菌原种、栽培种培养基原料主料是阔叶木屑、棉籽壳、玉米粉、豆秸粉等，但若混有如松、杉、柏、樟、桉等树种的木屑或原料有过霉变，都会影响菌种的发菌。

3. 灭菌不彻底

培养基中有肉眼看不见的细菌，会严重影响食用菌菌种菌丝的生长。有的食用菌虽然培养料中残存有细菌，但仍能生长。如平菇菌种外观异常，表现为菌丝纤细稀疏、干瘪不饱满、色泽灰暗，长满基质后菌丝逐渐变得浓密，如果不慎将后期菌丝变浓密的菌种用来扩大栽培种将导致大批量的污染发生。

4. 水分含量不当

培养料水分含量过多或过少都会导致发菌不良，特别是含水量过大时，培养料氧气含量显著减少，将严重影响菌种的生长。在这种情况下，往往长至瓶（袋）中下部后，菌丝生长变缓，甚至不再生长。

5. 培养室环境不适

培养室温度、空气相对湿度过高，培养密度大的情况下，环境的空气流通交换不够，影响菌种氧气的供给，导致菌种缺氧，生长受阻。这种情况下，菌种外观色泽灰暗、干瘪无力。

（三）杂菌污染

在正常情况下，原种、栽培种或栽培袋的污染率在5％以下，各个环节和操作规范，污染率只有1％～2％。如果超出这一范围，则应该认真查找原因并采取相应措施加以控制。

1. 灭菌不彻底

灭菌不彻底导致污染发生的特点是污染率高、发生早，污染出现的部位不规则，培养物的上、中、下各部均出现杂菌。这种污染常在培养3～5 d即可出现。影响灭菌效果的因素主要有以下几个。

（1）培养基的原料性质：常用的培养基灭菌时间关系是木屑＜草料＜木塞＜粪草＜谷粒。从培养基原料的营养成分上说，糖、脂肪和蛋白质含量越高，传热性越差，其对微生物有一定的保护作用，灭菌时间相对要长。因此添加麦麸、米糠较多的培养基所需灭菌时间长。从培养基的自然微生物基数上看，微生物基数越高，灭菌需时越长，因此培养基加水配备均匀后，要及时灭菌，以免其中的微生物大量繁殖影响灭菌效果。

（2）培养基的含水量和均匀度：水的热传导性能较木屑、粪草、谷粒等的固体培养基要强得多，如果培养基配制时预湿均匀，吸透水，含水量适宜，灭菌过程中达到灭菌温度需时短，灭菌就容易彻底。相反，若培养基中夹杂有未浸入水分的"干料"，俗称"夹生"，蒸汽就不易穿透干燥处，达不到彻底灭菌的效果。

（3）容器：玻璃瓶较塑料袋热传导慢，在使用相同培养基、相同灭菌方法时，瓶装培养基灭菌时间要较塑料袋装培养基稍长。

（4）灭菌方法：相比较而言，高压灭菌可用于各种培养基的灭菌，关键是把冷空气排净；常压灭菌砌灶锅小、水少、蒸汽不足、火力不足、一次灭菌过多，是常压灭菌不彻底的主要原因，并且对于灭菌难度较大的粪草种和谷粒种达不到完全灭菌效果。

（5）灭菌容量：以蒸汽锅炉送入蒸汽的高压灭菌锅，注意锅炉汽化量要与锅体容积相匹配，自带蒸汽发生器高压灭菌锅，以每次容量200～500瓶（750 mL/瓶）为宜。常压灭菌灶以每次容量不超过1000瓶（750 mL/瓶）为宜，这样，可使培养基升温快而均匀，培养基中自然微生物繁殖时间短，灭菌效果更好。灭菌时间应随容量的增大而延长。

（6）堆放方式：锅内被灭菌物品的堆放形式对灭菌效果影响显著，如以塑料袋为容器时，受热后变软，如果装料不紧，叠压堆放，极易把升温前留有的间隙充满，不利于蒸汽的流通和升温，影响灭菌效果。塑料袋摆放时，应以叠放3～4层为宜，不可无限叠压，锅大时要使用搁板或铁筐。

2. 封盖不严

封盖不严主要出现在用罐头瓶作为容器的菌种中，用塑料袋作为容器的折角处也有发生。聚丙烯塑料经高温灭菌后比较脆，搬运过程中遇到摩擦，紧贴瓶口处或有折角处极易磨破，形成肉眼不易看到的沙眼，造成局部污染。

3. 接种物带杂菌

如果接种物本身就已被污染，扩大到新的培养基上必然出现成批量的污染，如一支污染过的母种造成扩接的 4～6 瓶原种全部污染，一瓶污染过的原种造成扩大的 30～50 瓶栽培种的污染。这种污染的特点是杂菌从菌种块上长出，污染的杂菌种类比较一致，且出现早，接种 3～5 d 就可用肉眼鉴别。

这类污染只有通过种源的质量保证才能控制，这就要求作为种源使用的母种和原种在生长过程中就要跟踪检查，及时剔除污染个体，在其下一级菌种生产的接种前再行检查，严把质量关。

4. 设备设施过于简陋引起灭菌后无菌状态的改变

本来经灭菌的种瓶、种袋已经达到了无菌状态，但由于灭菌后的冷却和接种环境达不到高度洁净无菌，特别是简易菌种场和自制菌种的菇农，达不到流水线作业、专场专用、生产设备和生产环节分散，又往往忽略场地的环境卫生，忽视冷却场地的洁净度，使本已无菌的种瓶、种袋在冷却过程中被污染。

在冷却过程中，随着温度的降低，瓶内、袋内气压降低，冷却室如果灰尘过多，杂菌孢子基数过大，杂菌孢子就很自然地落到了种瓶或种袋的表面，而且随其内外气压的动态平衡向瓶内、袋内移动，当棉塞受潮后就更容易先在棉塞上定植，接种操作时碰触沉落进入瓶内或袋内。瓶、袋外附有较多的灰尘和杂菌砲子时，成为接种操作污染的污染源。因此，提倡专业生产、规模生产和规范生产。

5. 接种操作污染

接种操作造成的污染特点是分散出现在接种口处，比接种物带菌和灭菌不彻底造成的污染发生稍晚，一般接种后 7 d 左右出现。接种操作的污染源主要是接种室空气和种瓶、种袋冷却中附在表面的杂菌，有的接种操作人员自身洁净度不良，也是很重要的污染源，如违反接种操作规程、没有使用专用的工作服、工作服表面附着尘土和杂菌孢子，或不戴口罩和工作帽，手臂消毒不良等都是接种操作的污染原因。要避免或减少接种操作的污染需格外注意以下几个技术环节。

（1）不使棉塞打湿：灭菌摆放时，切勿使棉塞贴触锅壁。当棉塞向上摆放时，要用牛皮纸包扎。灭菌结束时，要自然冷却，不可强制冷却。当冷却至一定程度后再小开锅门，让锅内的余热把棉塞上的水汽蒸发掉。不可一次打开锅门，这样棉塞极易潮湿。

（2）洁净冷却：规范化的菌种场，冷却室是高度无菌的，空气中不能有可见的尘土，灭菌后的种瓶、种袋不能直接放在有尘土的地面上冷却。最好在冷却场所地面上铺一层灭过菌的麻袋、布垫或用高锰酸钾、石灰水浸泡过的塑料薄膜。冷却室使用前可用紫外线灯和喷雾相结合的方法进行空气消毒。

（3）接种室和接种箱使用前必须严格消毒：接种室墙壁要光滑、地面要洁净、封闭要严密，接种前一天将被接种物、菌种、工具等经处理后放入，先用来苏儿喷雾，再进行气雾消毒；接种箱要达到密闭条件，处理干净后，将被接种物、菌种、工具等经处理后放入，接种前 30～50 min 用气雾消毒、臭氧发生器消毒等方法进行消毒。

（4）操作人员须在缓冲间穿戴专用衣帽：接种人员的专用衣帽要定期洗涤，不可置于接种室之外，要保持高度清洁。接种人员进入接种室前要认真洗手，操作前用消毒剂对双手进行消毒。

（5）接种过程要严格无菌操作：尽量少走动、少搬动，不说话，尽量小动作、快动作，以减少空气振动和流动，减少污染。

（6）在火焰上方接种：实际上无菌室内绝对无菌的区域只有酒精灯火焰周围很小的范围内。因此，接种操作，包括开盖、取种、接种、盖盖，都应在这个绝对无菌的小区域完成，不可偏离。接种人员要密切配合。

（7）拔出棉塞使缓劲：拔棉塞时，不可用力直线上拔，而应旋转式缓劲拔出，以避免造成瓶内负压，使外界空气突然进入而带入杂菌。

（8）湿塞换干塞：灭菌前，可将一些备用棉塞用塑料袋包好，放入灭菌锅同菌袋（瓶）一同灭菌，当接种发现菌种瓶棉塞被蒸汽打湿时，换上这些新棉塞。

（9）接种前做好一切准备工作：接种一旦开始，就要批量批次完成，中途不能间断，一气呵成。

（10）少量多次：每次接种室消毒处理后接种量不宜过大，接种室以一次 200 瓶以内、接种箱以一次 100 瓶以内效果为佳。

（11）未经灭菌的物品切勿进入无菌的瓶内或袋内：接种操作时，接种钩、镊子等工具一旦触碰了非无菌物品，如试管外壁、种瓶外壁、操作台面等，不可再直接用来取种、接种，须重新进行火焰灼烧灭菌。掉在地上的棉塞、瓶盖切忌使用。

6. 培养环境不洁及高湿

培养环境不洁及高湿引起污染的特点是，接种后污染率很低，随着培养时间的延长，污染率逐渐增高。这种污染较大量发生在接种 10 d 以后，甚至培养基表面都已长满菌丝后贴瓶壁处陆续出现污染菌落。这种污染多发生在湿度高、灰尘多、洁净度不高的培养室。

（四）原种、栽培种制作的注意事项

（1）培养基含水量。食用菌菌丝体的生长发育与培养基含水量有关，只有含水量适宜，菌丝生长才能旺盛健壮。通常要求培养基含水量在 60%～65% 之间，即手紧握培养料，以手指缝中有水外渗往下滴 1～2 滴为宜，没有水渗为过干，有水滴连续淌下为过湿，过干或过湿均对菌丝生长不利。

（2）培养基的 pH。一般食用菌正常生长发育需要一定范围的 pH，木腐菌要求偏酸性，即 pH 为 4～6，粪草菌要求中性或偏碱性，即 pH 为 7.0～7.2。由于灭菌常使培养基的 pH 下降 0.2～0.4，因此，灭菌前的 pH 应比指定的略高些。培养料的酸碱度不合要求，可用 1% 过磷酸钙澄清液或 1% 石灰水上清液进行调节。

（3）装瓶（袋）的要求。培养料装得过松，虽然菌丝蔓延快，但多细长无力、稀疏、长势衰弱；装得过紧，培养基通气不良，菌丝发育困难。一般说，原种的培养料要紧一些、浅一些，略占瓶深 3/4 即可；栽培种的培养料要松一些、深一些，可装至瓶颈以下。

（4）装好的培养基应及时灭菌。培养基装完瓶（袋）后应立即灭菌，特别是在高温季节更应如此。严禁培养基放置过夜，以免由于微生物的作用而导致培养基酸败，影响菌丝生长。

（5）严格检查所使用菌种的纯度和生命力。检查菌种内或棉塞上有无杂菌侵入所形成的拮抗线、湿斑，有明显杂菌侵染或有怀疑的菌种、培养基开始干缩或在瓶壁上有大量黄褐色分泌物的菌种、培养基内菌丝生长稀疏的菌种、没有标签的可疑菌种，均不能用于菌种生产。

（6）菌种长满菌瓶后，应及时使用。一般来说，二级种满瓶后 7～8 d，最适于扩转三级种，三级种满瓶（袋）7～15 d 时最适于接种。如果不及时使用，应将其放在凉爽、干燥、清洁的室内避光保藏。在 10℃ 以下低温保藏时，二级种不能超过 3 个月，三级种不能超过 2 个月。在室温下要缩短保藏时间。

（五）有种杂菌污染的综合控制

（1）从有信誉的科研、专业机构引进优良、可靠的母种，做到种源清楚、性状明确、种质优良，最好先做出菇试验，做到使用一代、试验一代、储存一代。

（2）按照菌种生产各环节的要求，合理、科学地规划和设计厂区布局，配置专业设施、设备，提高专业化、标准化、规范化生产水平。

（3）严格按照菌种生产的技术规程进行选料、配料、分装、灭菌、冷却、接种、培养和质量检测。

（4）严格挑选用于扩大生产的菌种，任何疑点都不可姑息，以确保接种物的纯度。

（5）提高从业人员专业素质，规范操作；生产场地要定期清洁、消毒，保持大环境的清洁状态。

（6）专业菌种场要建立技术管理规章制度，确保技术的准确到位，保证生产。

第三章　木腐型食用菌高效栽培

第一节　平菇高效栽培技术

平菇属伞菌目、口蘑科、侧耳属，平菇是我国品种最多、温度适应范围最广、栽培面积最大的食用菌种类。

平菇营养丰富，肉质肥嫩，味道鲜美，其蛋白质在干菇中含量为30.5%，粗脂肪为3.7%，纤维素为5.2%，还含有一种酸性多糖。长期食用平菇对癌细胞有明显抑制作用，并具有降血压、降胆固醇的功能。平菇还含有预防脑血管障碍的微量牛磺酸，有促进消化作用的菌糖、甘露糖和多种酶类，对预防糖尿病、肥胖症、心血管疾病有明显效果。

一、平菇生物学特性

（一）生态习性

平菇适应性很强，在我国分布极为广泛，多在深秋至早春甚至初夏簇生于阔叶树木的枯木或朽桩上，或簇生于活树的枯死部分。

（二）形态特征

平菇由菌丝体（营养器官）和子实体（生殖器官）两部分组成。

1. 菌丝体

菌丝体呈白色、绒毛状、多分枝，有横隔，是平菇的营养器官，分单核菌丝（初生菌丝）和双核菌丝（次生菌丝）两类。单核菌丝较纤细，双核菌丝具锁状联合。在PDA培养基上，双核菌丝初为匍匐生长，后气生菌丝旺盛，爬壁力强。双核菌丝生长速度快，正常温度下7 d左右可长满试管斜面，有时会产生黄色色素。

2. 子实体

子实体是平菇的繁殖器官，即可食用部分。其形态因品种不同而各有特色，但子实体结构则由菇柄、菇盖组成。平菇的菇柄为白色肉质、中实、圆形、长短不一，下部生长于基质上，常单生、丛生、叠生呈覆瓦状，其上部与菇盖相连，起输送营养、支撑菇盖生长发育的功能。菇盖扇形，侧生或偏生于菇柄上，有白色、灰色、棕色、红色和黑色，其深浅则与发育程度、光照强弱及气温高低相关。

（三）平菇的生长发育期

平菇的生长发育分为菌丝体生长和子实体生长两大阶段。

（1）菌丝体生长阶段又叫营养阶段，此期菌丝体生长好坏，直接决定着栽培的成功与否。所以接种后的管理非常重要，此阶段又分为4个时期。

①萌发期：接种后，在适宜的温度下，经2～3 d，接种块发白，长出白色绒毛时，即为萌发期。此期要保持25℃～30℃，以促进萌发。如果温度过低，则萌发慢，易被杂菌污染；若温度过高，达40℃以上时，菌种不萌发，而且易被烧死。

②定植扩展期：菌丝萌发后，以接种点为中心，向四周辐射状生长，一般需5～7 d，向培养料料深处生长慢，在基质表面生长快。

③延伸伸长期：当菌丝定植后，在适宜条件下，菌丝逐渐生长，直到培养料内部全部长满菌丝。此时期菌丝生长速度与温度成正相关，此时期以22℃～24℃发菌为宜。若温度低，菌丝体生长慢，但粗壮有力；若温度高，菌丝体生长加快。在超过适宜温度时，菌丝体生长快，但稀疏而细弱无力。

④菌丝体成熟期：当菌丝体延伸到全部培养料后，菌丝体继续生长，密度增大，颜色变白，当菌丝占满培养料空隙后（称回丝期），菌丝体生长阶段完成。以后菌丝开始扭结，呈现出针尖大的白点，菌丝进入生理转化的成熟期。此期应增加光照、通气及变温刺激。

（2）子实体生长阶段。平菇子实体发育过程中，有着明显的形态变化，此阶段可分为6个时期。

①原基期：主要特征是菌丝形成白色的菌丝团。当菌丝体完成其营养生长后，培养基表面的菌丝开始扭结形成白色、粒状菌丝团。此时菌丝达到成熟期，标志进入子实体生长阶段。

②桑葚期：主要特征是菌丝团出现很多凸起物，色泽鲜美，有些品种发亮，形如桑葚，故称桑葚期。

③珊瑚期：主要特征是子实体明显分化为菇柄和菇盖。桑葚期的粒状凸起物伸长，如倒立火柴棍一样，下边白色圆柱状的为柄，上面呈深色、圆形球状的为初生菇盖。此期为子实体分化阶段，主要是菇柄生长，形似珊瑚，故称珊瑚期。

④成型期：主要特征是菇盖生长快，偏生于菇柄上，形似半圆扇子，颜色由深开始变浅。表现为菇柄生长慢，菇盖生长速度快，对环境条件要求严格。此期为生理转化期，死菇现象比较多，应加强温度、湿度、通气管理。

⑤初熟期：主要特征是菇盖下凹处有白色绒毛出现，少量泡子散落。此期组织较密，肉质细嫩，重量最大，是采收最佳时期。

⑥成熟期：主要特征是菇盖展开，光泽减少，大量散发孢子，组织疏松，肉质粗硬，重量减轻，孢子呈烟雾状放射。当室内湿度h，菇盖边缘干裂，质地纤维化，发硬变干。若湿度过大或人为喷大水时，易烂菇发臭。

（四）平菇生长发育的条件

1. 营养条件

平菇属木腐菌类，可利用的营养很多，木质类的植物残体和纤维质的植物残体都能利用。人工栽培时，依次以废棉、棉籽壳、玉米芯、棉秆、大豆秸产量较高，其他农林废物也可利用，如阔叶杂木屑（苹果枝、桑树枝、杨树枝等）、木糖醇渣、蔗渣等。一般以棉籽壳、玉米芯、木屑为主。

2. 环境条件

（1）温度。平菇属广温变温型食用菌。按照平菇子实体出菇时对温度的要求，可划分为耐高温品种、耐低温品种、中温及广温型品种。不管哪个类型品种，都有自己孢子萌发、菌丝生长、子实体形成的温度范围和最适温度。但一般而言，平菇生长发育对温度的要求范围较广。

①孢子对温度的要求。平菇孢子可在5℃～32℃下形成。以13℃～20℃为最佳形成温

度，这也是子实体生长的温度。孢子萌发温度则以24℃～28℃最适宜，与菌丝生长温度近似。

②菌丝体对温度的要求。菌丝体生长的温度范围为5℃～37℃，在这个温度下菌丝生长得非常好，菌丝粗壮，生长速度快。当温度偏低时，菌丝生长缓慢，但粗壮有力，吃料整齐，菌丝洁白。菌丝对低温的抵抗力很强，在温度升高时，菌丝生长速度随温度的增加而加快，但生长细弱。当温度达到38℃以上时，菌丝停止生长，若时间延长，菌丝死亡。

③子实体对温度的要求。平菇品种较多，不同品种的平菇子实体可在3℃～35℃温度范围内生长，栽培者可根据实际出菇季节选择不同温型的品种。

（2）水分和湿度。平菇是喜湿性菌类，有水分刺激，菌丝才能扭结现蕾，此时要求培养料含水量为60%～65%。若水分含量少，对产量的影响较大；若水分过多，培养料通气性差，易引起杂菌和虫害的发生。菌丝体生长阶段要求空气相对湿度在70%以下，而子实体发育阶段则要求不低于85%，以90%最好，在子实体发育过程中，随着菇体增大，对相对湿度要求越来越大。当空气湿度小时，菌丝体失水停止生长，严重时表皮菌丝干缩。

（3）空气。在平菇栽培中，菌丝体生长阶段比较能忍耐二氧化碳。当菌丝生长成熟，即由营养生长转为生殖生长时，一定浓度的二氧化碳能促进子实体分化，但浓度过大时，子实体原基不断增大，易形成菜花形畸形菇。当子实体形成后，呼吸作用旺盛，需氧量增加，此时通气不好，子实体只长柄，不长菇盖，形成菊花瓣状畸形菇。

（4）光照。包括平菇在内的几乎所有的食用菌菌丝生长阶段不需要光线，发菌阶段应处于完全黑暗的环境下。冬季如果利用太阳能增温加快发菌速度，必须在菌袋上方加不透明覆盖物或遮阳网。平菇子实体发育阶段需要一定的散射光，尤其在菌丝由生长期转化为繁殖期，即菌丝扭结现蕾时，需要散射光，以利刺激出菇。在暗光下，易出现菜花状畸形菇、大脚菇。

（5）酸碱度。平菇菌丝生长喜欢偏酸性环境，菌丝pH在5～9之间能生长繁殖，但最适的pH在5.5～6.5之间。由于生长过程中菌丝的代谢作用，培养料的pH会逐渐下降，同时为了预防杂菌污染，在用生料栽培平菇时，pH要调到8～9；采用发酵料栽培时，pH调到8.5～9.5，发酵后pH为6.5～7。生料发菌过程中，培养料pH的变化受室温、气温及料内温度的影响较大。

二、平菇种类

（一）按色泽划分

不同地区人们对平菇色泽的喜好不同，因此栽培者选择品种时常把子实体色泽放在第一位。按子实体的色泽，平菇可分为以下几种：

（1）黑色品种。黑色品种多是低温种和广温种，属于糙皮侧耳和美味侧耳。

（2）灰色品种。这类色泽的品种多是中低温种，最适宜的出菇温度略高于深色品种，多属于美味侧耳种。色泽也随温度的升高而变浅，随光线的增强而加深。

（3）白色品种。白色品种多为中广温品种，属于佛罗里达侧耳种。

（4）黄色品种。黄色平菇又称金顶侧耳、榆黄蘑、金顶菇。

（5）红色品种。又名红侧耳、桃红平菇，既可做美味佳肴，又可做盆景观赏。

（二）按出菇温度划分

（1）低温型。出菇温度低，在3℃～15℃形成子实体，一般在秋冬季栽培。

（2）中温型。出菇温度在 10℃～20℃，一般在春、秋季节栽培。

（3）高温型。出菇温度在 20℃～30℃，一般在夏季、早秋季节栽培。

（4）广温型。出菇温度在 4℃～30℃，一般在春、夏、秋季进行栽培。

三、平菇高效栽培技术要点

（一）平菇栽培原料

平菇菌丝的生命力很强，生长速度也很快，人工栽培简单粗放、用料广泛，棉籽壳、木屑、稻草、花生壳（秸）、玉米芯（秸）、麦秸、豆秸，甚至野草。几乎所有农作物副产品均可利用；近年来，对酒糟、醋糟、糠醛渣、甘蔗渣、糖醇渣等食品加工废料的利用进展也很快。总之，不同地区应根据当地资源的实际情况，因地制宜，就地取材，降低成本，提高效益。

（二）栽培配方

（1）以棉籽壳为主料。棉籽壳是目前生料栽培的最佳原料，单以 100％的棉籽壳栽培，生物转化率可达 100％～150％，如果能覆土将会提高产量，增产效果更佳。常用配方如下。

配方一：棉籽壳 92％，豆饼 1％，麸皮 5％，过磷酸钙 1％，石膏 1％。

配方二：棉籽壳 90％，麸皮 5％，草木灰 3％，过磷酸钙 1％，石膏 1％。

配方三：棉籽壳 45％，玉米芯 45％，过磷酸钙 1％，米糠 7％，石膏 2％。

（2）以玉米芯为主料。常用配方如下。

配方一：玉米芯 55％，豆秸粉 40％，过磷酸钙 3％，石膏 2％。

配方二：玉米芯 70％，棉籽壳 25％，过磷酸钙 3％，石膏 2％。

（3）以木屑为主料。配方为杂木屑（阔叶）70％，麦麸 27％，过磷酸钙 1％，石膏 1％，蔗糖 1％。

以上配方含水量均为 60％～65％，pH 用生石灰调至 8.5～9。

平菇栽培料的配方，各地要因地制宜，尽可能采取本地原料，以降低生产成本。高温期平菇栽培配方要减少配方中麦麸、玉米面、米糠等的用量，尿素能不用尽量不用；石灰的用量要适当增加，以提高培养料的 pH；培养料的含水量一般要偏少些。

（三）栽培季节

平菇具有不同的温型，适宜一年四季栽培，但以中低温品种的栽培为主。根据平菇的市场需求一般以秋、冬季生产为主，春季平菇一般随着气温的逐步升高和其他蔬菜的大量上市价格逐步降低，夏季和早秋栽培高温品种并辅以遮阳网、风机降温措施，可获得较高的经济效益。

（四）拌料

按照选定的栽培配方，准确称取各种原料，将麸皮、石膏粉、石灰粉依次撒在主料堆上混拌均匀（主料需提前预湿），接着加入所需的水，使含水量达 60％左右。检测含水量方法：手掌用力握料，指缝间有水但不滴下，掌中料能成团，为合适的含水量；若水珠成串滴下，表明太湿。一般宁干勿湿。含水量太大不仅会导致发菌慢，而且易污染杂菌。

（五）培养料配制

栽培平菇的原料有不处理直接装袋（生料栽培）、发酵（发酵料栽培）、热蒸汽蒸熟（熟料栽培）三种处理方式。

1. 生料栽培

（1）生料栽培的优缺点。

生料栽培是指培养料不经过灭菌，也不经过发酵处理，在自然条件下，直接拌料播种的一种栽培方法，在我国北方尤其是秋冬季节使用非常普遍。其原料要求新鲜、无霉变，栽培前最好曝晒 2～3 d。拌料时加水量适当少些，pH 适当提高。

平菇生料栽培的优点是原料不需要任何处理，操作简单易行，缺点是菌种用量大（尤其是高温季节用量在 15％左右）、菌丝生长速度慢、易污染。

（2）塑料袋的选择。

平菇生料栽培一般选用聚乙烯塑料袋，塑料袋规格各地不同，一般为（25～30）cm×（45～50）cm，厚度一般以 0.03～0.04 cm 为宜，在高温期一般用（18～20）cm×（40～45）cm×0.015 cm 的菌袋栽培，防止高温期"烧菌"。

（3）装袋播种。

平菇生料栽培常用的装袋播种方法是"四层菌种三层料"，即先装一层菌种，再装入拌好的培养料，用手按实，在 1/3 处撒一层菌种（边缘多，中间少），继而装入培养料，在 2/3 处撒一层菌种（边缘多，中间少），然后再装入培养料，离袋口 3 cm 左右撒入最后一层菌种后用绳扎紧。装袋后用细铁丝在每层菌种上打 6～8 个微孔，进行微孔发菌。装好的菌袋还可用木棒中央打孔发菌法，将装袋播种后的菌袋用直径 3 cm 左右的木棒在料中央打一个孔，贯穿两头，进行发菌。

薄的塑料袋壁可紧贴料面，不致"遍身出菇"，易于管理。秋季及早春栽培时用较窄的塑料袋，冬季气温低时用较宽的塑料袋。

2．发酵料栽培

发酵料栽培就是将培养料堆制发酵后进行开放式接种的一种栽培方法。平菇培养料堆制发酵是提高栽培成功率和生产效率的一项重要措施，更是高温季节栽培平菇的一种非常好的方法。

（1）发酵机理。

①发酵的微生物学过程。培养料堆制发酵过程要经历 3 个阶段：升温阶段、高温阶段和降温阶段。

a．升温阶段。培养料建堆初期，微生物旺盛繁殖，分解有机质，释放出热量，不断提高料堆温度，即升温阶段。在升温阶段，料堆中的微生物以中温好气性的种类为主，主要有芽泡细菌、蜡叶芽枝霉、出芽短梗霉、曲霉属、青霉属、藻状菌等参与发酵。由于中温微生物的作用，料温升高，几天之内即达 50℃以上，即进入高温阶段。

b．高温阶段。堆制材料中的有机复杂物质，如纤维素、半纤维素、木质素等进行强烈分解，主要是嗜热真菌（如腐殖霉属、棘霉属和子囊菌纲的高温毛壳真菌）、嗜热放线菌（如高温放线菌、高温单孢菌）、嗜热细菌（如胶黏杆菌、枯草杆菌）等嗜热微生物的活动，使堆温维持在 60℃～70℃的高温状态，从而杀灭病菌、害虫，软化堆料，提高持水能力。

c．降温阶段。当高温持续几天之后，料堆内严重缺氧，营养状况急剧下降，微生物生命活动强度减弱，产热量减少，温度开始下降，进入降温阶段，此时要及时进行翻堆，再进行第二次发热、升温，再翻堆。经过 3～5 次的翻堆，培养料经微生物的不断作用，其物理和营养性状更适合食用菌菌丝体的生长发育需求。

②料堆发酵温度的分布和气体交换。发酵过程中，受条件限制，表现出发酵程度的不均匀性。依据堆内温、湿度条件的不同，可分为干燥冷却区、放线菌高温区、最适发酵区

和厌氧发酵区 4 个区（图 3-1）。

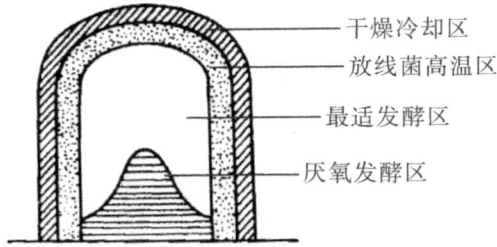

图 3-1 料堆发酵区的划分

a. 干燥冷却区。该区和外界空气直接接触，散热快，温度低，既干又冷，称干燥冷却层。该层也是发酵的保护层。

b. 放线菌高温区。堆内温度较高，可达 50℃～60℃，是高温层。该层的显著特征是可以看到放线菌白色的斑点，也称放线菌活动区。该层的厚薄是堆肥含水量多少的指示，水过多则白斑少或不易发现；水不足，则白斑多，层厚，堆中心温度高，甚至烧堆，即出现"白化"现象，也不利于发酵。

c. 最适发酵区。该区是发酵最好的区域，堆温可达 70℃。该区营养料适合食用菌的生长，该区发酵层范围越大越好。

d. 厌氧发酵区。该区是堆料的最内区，该区缺氧，呈过湿状态，称厌氧发酵区。该区往往水分大，温度低，料发黏，甚至发臭、变黑，是堆料中最不理想的区。若长时间覆盖薄膜会使该区明显扩大。

料堆发酵是好气性发酵，一般料堆内含的总氧量在建堆后数小时内就被微生物呼吸耗尽，之后主要是靠料堆的"烟窗"效应来满足微生物对氧气的需要，即料堆中心热气上升，从堆顶散出，迫使新鲜空气从料堆周围进入料堆内，从而产生堆内气流的循环现象。但这种气流循环速度应适当，若循环太快说明料堆太干、太松，易发生"白化"现象；循环太慢，氧气补充不及时而发生厌氧发酵。但当料堆发酵即微生物繁殖到一定程度时，仅靠"烟窗"效应供氧是不够的，这时，就需要进行翻堆，有效而快速地满足这些高温菌群对氧气及营养的需求，这样就可以达到均匀发酵的目的。

③料堆发酵营养物质发生的变化。培养料的堆制发酵，是非常复杂的化学转化及物理变化过程。其中，微生物活动起着重要作用，在培养料中，养分分解与养分积累同时进行着，有益微生物和有害微生物的代谢活动要消耗原料，但更重要的是有益微生物的活动把复杂物质分解为食用菌更易吸收的简单物质，同时菌体又合成了只有食用菌菌丝体才易分解的多糖和菌体蛋白质。培养料通过发酵后，使过多的游离氨、硫化氢等有毒物质得到消除，料变得具有特殊料香味，其透气性、吸水性和保温性等理化性状均得到一定改善。此外，堆制发酵过程中产生的高温，杀死了有害生物，减轻了病虫害对平菇生长的威胁和危害。可见，培养料堆制发酵是平菇栽培中重要的技术环节，它直接关系到平菇生产的丰歉成败。

（2）场地选择。

建堆场地多在室外，最好选紧靠菇棚的水泥地面。冬天要选择在向阳避风地方，夏天宜选择在阴凉地方。场地要求有一定坡度，以利排水，且要求环境清洁、取水方便、水源洁净。

（3）发酵方法。

以棉籽壳为例论述发酵方法。

原料最好选用新鲜、无霉变的，将拌好的料堆成底宽 2 m、高 1m，长度不限的长形堆。每堆投料冬季不少于 500 kg，夏季不少于 300 kg，用料过少，料温升不高，达不到发酵的目的。起堆要松，要将培养料抖松后上堆，表面稍压平后，在料堆上每隔 0.5 m 从上到下打直径 5～10 cm 的透气孔，均匀分布，以改善料堆的透气性。待距料面 10 cm 处料温上升至 60℃以上，保持 24 h 后，进行第一次翻堆，翻堆时要把表层及边缘料翻到中间，中间料翻到表面，稍压平，插入温度计，当 10 cm 处料温再升到 60℃以上时，保持 24 h 翻堆。如此进行 3～5 次翻堆，即可进行装袋接种。

（4）优质发酵料的标准。

发酵好的培养料松散而有弹性，略带褐色，无异味，不发黏，质感好，遍布适量的白色放线菌菌丝，pH 为 7～8，含水量为 65％左右。

（5）发酵注意事项。

①建堆体积要适宜。料体积过大，虽然保温保湿效果好、升温快，但边缘料不能充分发酵；料体积过小，则不易升温，腐熟效果较差。

②料堆温度达到 60℃时开始计时，24 h 后进行翻堆，以杀死有害的真菌、细菌、害虫的卵和幼虫等。

③翻堆要均匀。在发酵过程中，堆内温度分布规律：表层受外界影响温度波动大、偏低，这层很薄；中部很厚的一层温度很高，发酵速度快；下部透气不良，温度低，发酵差。所以，在翻堆时一定要做到上下内外均匀。

④根据堆内温度分布规律，每次投料量大时，在发酵后期，可结合翻堆取出中部发酵好的料进行栽培，表层和下部的料翻匀后继续起堆发酵，此法称为"扒皮抽中发酵法"。

⑤播种前发现料堆水分严重损失时，可用 pH 为 7～8 的石灰水加以调节，一定不要添加生水，以免滋生杂菌，导致接种后培养料发黏发臭。

⑥水分和通气是相互矛盾的两个因素，只有在含水量适中的条件下，才能使料堆保持良好通气状况，进行正常发酵。在预定时间（24～48 h）若堆温能正常上升到 60℃以上，开堆可见适量白色嗜热放线菌菌丝，表示料堆含水量适中、发酵正常。如果建堆后堆温迟迟不能上升到 60℃，说明发酵不正常；可能是培养料加水过多，或堆料过紧、过实，或因未打气孔或通气孔太少等原因，造成料堆通气不良，不利于放线菌生长繁殖，使培养料不能发酵升温；在此情况下应及时翻堆，将培养料摊开晾晒，或添加干料至含水量适宜，再将料抖松后重新建堆发酵。如果料堆升温正常，但开堆时培养料有"白化"现象，说明培养料含水量过少，可在第一次翻堆时适当添加水分（用 80℃以上的热水更好），拌匀后重新建堆。

⑦发酵终止时间应根据料堆 60℃～70℃持续时间和料堆发酵均匀度而定。第一次翻堆可在 60℃以上保持 24 h 后翻堆；以后每次翻堆，一定要在堆温达到 65℃左右，保持 24 h 才能进行。一般经过 3～5 次翻堆，可以终止发酵。如果 60℃以上持续时间不足、堆料发酵不均匀，则中温性杂菌可能大量增殖；发酵时间过长，会使料堆中有机质大量分解，损失养分，影响平菇产量。

⑧发酵期间雨天料堆要覆盖塑料薄膜，防止雨淋，晴天掀掉薄膜。

（6）装袋播种。

同生料栽培。

3. 熟料栽培

熟料栽培平菇一般在高温季节或者采用特殊原料（如木屑、酒糟、木糖醇渣、食品工业废渣、污染料、菌糠等）时采用，菌袋进行高压（常压）灭菌后接种、发菌。

（1）装袋。

高压灭菌一般用 17 cm×33 cm×0.05 cm 的高压聚丙烯塑料袋（一般用作菌种），常压灭菌一般用 (17～22)cm×(35～40)cm×0.04 cm 的低压聚乙烯塑料袋。把拌好的料装入塑料袋内，扎紧袋口后灭菌。

（2）栽培袋灭菌。

栽培袋可放入专用筐内，以免灭菌时栽培袋相互堆积，造成灭菌不彻底。然后要及时灭菌、不能放置过夜，灭菌可采用高压蒸汽灭菌或常压蒸汽灭菌。

①高压蒸汽灭菌法。在 126℃、压力 0.098～0.137 MPa 下保持 2～2.5 h。

②常压蒸汽灭菌。

a. 常压灭菌锅的类型。常压灭菌锅的类型较多，比较常见的有 4 种类型：简易常压蒸汽灭菌锅、圆形蒸汽灭菌灶、常压蒸汽灭菌箱、产气灭菌分离式灭菌灶。

［简易常压蒸汽灭菌锅］用 1 口直径 85 cm 的铁锅和砖、水泥搭建一个灶台，在灶台上方的房梁上顶部安放一个铁挂钩，并且用大棚塑料膜制作一个周长 3 m 的塑料桶，上头用绳子系好吊在铁挂钩上，下部将锅上部的灭菌物罩住并且压在灶台上即可。这种类型的灭菌锅比较简单、成本低，但灭菌数量较少，适合初学者和小规模食用菌栽培户采用。

［圆形蒸汽灭菌灶］采用直径 110 cm 的铁锅和砖、水泥搭建灶台，在灶台上用砖和水泥砌成 120～130 cm 的正方形灭菌室，高 130～150 cm，上部用水泥封顶，在灭菌室下部预留一个加水口，并且安放一个铁管，在一侧留一个规格为宽 65 cm、高 85 cm 的进出料口，并且用木材做木门封进出料口；也可以用铁板焊制一个圆形的铁桶，直径 130 cm，高 130～150 cm，在铁桶下部焊一个铁管做加水口，用塑料膜封锅口。这种类型的灭菌锅优点是出料方便，不易感染杂菌，适合 1 万～2 万袋栽培规模户使用。

［常压蒸汽灭菌箱］一般采用铁板和角铁焊制而成，规格为长 235 cm、宽 136 cm、高 172 cm 的长方形铁箱，顶部呈圆拱形，防止冷凝水打湿棉塞，距离底部 20～25 cm 高放置一个用钢筋焊制的帘子。如果为了节省燃料也可以在帘子下焊接 4 排直径 10 cm 的铁管，管口一头在底部前端燃料燃烧处，作为进烟口；门在一头，规格为 90 cm×70 cm，底高 20 cm，在门一头下侧安一个排水管，中间安一个放气阀，顶部安一个测温管。一般采用周转筐装出锅，可以防止菌袋扎破，并且节省劳动力成本，一般采用 2 套周转筐即可，一次可以灭菌 1300 袋左右。

［产气灭菌分离式灭菌灶］其结构分为蒸汽发生器和蒸汽灭菌池两部分。蒸汽发生器是用 1 个或 2 个并列卧放的柴油桶制作而成，先在油桶上方开 2 个直径 3.5 cm 的孔洞，一个焊接一根塑料软管作为热蒸汽的连接管道，另一个焊接一根距离桶底 10 cm 的铁管作为加水管，然后用砖砌成一个简易炉灶。蒸汽发生器也可直接采用灭菌炉。蒸汽灭菌池可以在栽培场地中间建造，先向地下挖 30 cm 深泥池，然后用砖和水泥砌成一个 2 m×5 m 的长方形水泥池，在池底留一个排水口，能够使灭菌后的冷凝水排出；在距池底 20 cm 高

处固定一个用钢筋焊接的帘子，灭菌时将栽培袋或周转筐放在帘子上方，高度可根据灭菌数量和炉灶承受能力确定。然后用苫布和大棚塑料膜将灭菌物盖严压好，并且将蒸汽软管通入灭菌池即可。

b. 常压锅灭菌过程。常压灭菌的原则是"攻头、保尾、控中间"，即在 3～4 h 使灭菌池中下部温度上升至 100℃，然后维持 8～10 h，快结束时，大火猛攻一阵，再闷 5～6 h 出锅。把灭菌后的栽培袋搬到冷却室内或接种室内，晾干料袋表面的水分，待袋内温度下降到 30℃时接种。

c. 灭菌效果的检查方法。灭菌彻底的培养基应呈现暗红色或茶褐色，有特殊的清香味；颜色变成深褐色。

（3）接种。

待袋料内温度降至 30℃时方可接种。接种前先按常规消毒方法将接种间灭菌成为无菌室。接种时先用 75% 的酒精擦洗双手、接种工具及菌种袋，用石炭酸重新喷雾消毒 1 次，有条件的可在酒精灯火焰上方接种，无条件的则尽量 2 人接种，1 人打开袋口，1 人迅速挖出菌种，接入袋内，即刻扎紧袋口，再接另一头。菌种块的大小一般以枣核大小为宜。同时接种量尽量大些，以使菌种布满两端料面，杜绝杂菌侵染机会。

（六）发菌

1. 发菌时期

（1）萌发期。

此期为 3～5 d，要保持最佳生长温度，以求迅速恢复生长。菌种在掏出掰碎时，受伤失水，若遇到高温（40℃以上）易被烧死，若遇低温则延迟生长。一般生料栽培可控制在 20℃左右，经 3～4 d，接种点四周长出整齐而浓密的菌丝，即为萌发。此时管理以黑暗、保温为主。生料栽培最易出现毛霉，熟料栽培则易出现橘红色链孢霉。所以拌料、操作过程及室内消毒很重要。

（2）定植扩展期。

定植扩展期也叫封面生长期，此期需 10 d 左右。当菌种萌发后，要求迅速生长占领料面，成为与杂菌竞争的优胜者，此阶段菌丝生长旺盛，代谢作用增强，分解基质产生二氧化碳多，需氧量大，管理以散热、通风为主。接种后 5～7 d 要倒袋，床栽要揭膜，同时检查污染情况，要及时检查，及时处理。通风散热时间最好在无风晴天进行，可预防杂菌侵入，料温不高时可免此程序。此期料温一般比袋外高 3℃～5℃，所以袋表面温度不可超过 25℃，一般以 20℃左右为宜，以手摸有凉感为好，有热感则不好，烫手则表明发生了"烧菌"现象。

（3）延伸伸长期。

延伸伸长期也叫安全生长期，菌丝长满料面后，向料内继续延伸生长，直到培养料内全部长满菌丝。温度较高，则菌丝生长速度快，菌丝细弱。为获得粗壮菌丝，此期要通风降温。接种后 15～20 d，料大量散热阶段已过，平菇菌丝生长旺盛，需氧量大，通风很重要，培养好的菌丝达到表面洁白浓密，整齐往前伸长，稀疏细弱的菌丝，虽能出菇但产量不高。

（4）菌丝体成熟期。

此期也叫回丝期，需 4～5 d。当菌丝长满全部培养料后，菌丝还要继续生长，表现为进一步浓白。尤其在延伸伸长期温度偏高、菌丝细弱时，更需要继续生长以便使其尽快成熟。回丝期结束后，菌丝停止生长并开始扭结形成原基。此期是菌丝阶段向子实体阶段转化的关键时期。此期管理的重点：降低温度，增大温差；增加湿度，空气相对湿度达 85%以上；增加光照，去掉遮阴物，用光抑制菌丝生长，促使菌丝扭结。以上 3 个条件如果能及时满足，则能缩短成熟期，否则会延长成熟和推迟出菇。

2．发菌场地

菌袋移入发菌场地前，要对发菌场地进行处理，以防止杂菌污染、害虫危害。对于室外发菌场所，在整平地面后，撒施石灰粉或喷洒石灰浆进行杀菌驱虫；对于室内（大棚）发菌场所，则可采用气雾消毒剂、撒施石灰、喷施高效氯氰菊酯的方法杀菌、驱虫。

3．发菌管理

（1）温度管理。

平菇发菌期适宜菌丝生长的料温为 26℃左右，最高不超过 32℃，最低不低于 15℃。若料温长时间高于 35℃，便会造成"烧菌"，即菌袋内菌丝因高温而被烧坏。

若料温长时间低于 15℃，则菌丝生长缓慢，会导致菌丝不能迅速长满菌袋，菌群优势弱，易受到杂菌的污染。这时可采用火炉升温，条件稍差时，可在棚内上方吊一层黑色塑料膜或遮阳网，天气晴好时，揭去草苫，使棚内升温，但又不形成阳光直射菌袋。

（2）湿度管理。

平菇发菌空气相对湿度要求在 60%～70%，若湿度过低（如春季），易导致出菇慢、现蕾少，从而影响其产量，应适当加湿；初秋或夏季发菌，如果天气连续长时间阴雨，空气湿度居高不下，则应采取有力的降湿措施，方可保证发菌的顺利进行。

（3）光照管理。

发菌期间应尽量避免光照，尤其不允许强光直射。长时间的光照刺激，可使得菌袋一旦完成发菌就会现蕾，根本无法控制出菇时间。正确的做法是自接种后就应进行避光，除进入观察、翻袋操作外，不得有光照进入菇棚。

（4）通风管理。

菌丝生长期间需要少量的氧气，少量通风即可满足，但应注意菇棚内外的温差，当温差过大时，应予考虑具体的通风时间。

（5）杂菌感染检查。

平菇正常菌丝为白色，若有其他颜色物质均为杂菌。当杂菌很少时，可用注射器将75%的酒精注射在杂菌感染部位，且用手揉搓即可；当杂菌多时，需将菌袋搬离或灭菌或土埋，防止其孢子量大时感染其他菌袋。在条件适宜的情况下，经 30～40 d 菌袋发满，再养菌 7 d 后就可以出菇。

（6）翻堆检查。

结合环境调控，进行料袋翻堆和杂菌感染检查。翻堆检查时，将上下内外的料袋交换位置，使培养料发菌一致，便于管理。在保证不"烧菌"的情况下，开始 7 d 不要翻堆，最好 10 d 后翻堆，之后一周翻一次。

4. 发菌期常见的问题及解决方法

（1）菌丝不萌发。

[发生原因] 料变质，滋生大量杂菌；培养料含水量过高或过低；菌种老化，生命力很弱；环境温度过高或过低，加石灰过量，pH 偏高。

[解决办法] 使用新鲜无霉变的原料；使用适龄菌种（菌龄 30～35 d）；掌握适宜含水量，以手紧握料指缝间有水珠但不滴下为度；发菌期间棚温保持在 20℃左右，料温 25℃左右为宜，温度宁可稍低些，切勿过高，严防"烧菌"。

（2）培养料酸臭。

[发生原因] 发菌期间遇高温未及时散热降温，细菌大量繁殖，使料发酵变酸，腐败变臭；料中水分过多，空气不足，厌氧发酵导致料腐烂发臭。

[解决办法] 将料倒出，摊开晾晒后添加适量新料再继续进行发酵，重新装袋接种；如果料已腐烂变黑，只能将其废弃用作肥料。

（3）菌丝萎缩。

[发生原因] 料袋堆垛太高，发菌温度高未及时倒垛散热，料温升高达 35℃以上烧坏菌丝；料袋大，装料多；发菌场地温度过高并且通风不良；料过湿并且装得太实，透气不好，菌丝缺氧也会出现菌丝萎缩现象。

[解决办法] 改善发菌场地环境，注意通风降温；料袋堆垛发菌，当气温高时，堆放 2～4 层，呈"井"字形交叉排放，便于散热；料袋发热期间及时倒垛散热；拌料时掌握好料水比，装袋时做到松紧适宜；装袋选用的薄膜筒宽度不应超过 25 cm，避免因装料过多使发酵热过高。

（4）袋壁布满豆渣样菌苔。

[发生原因] 培养料含水量大，透气性差，引发酵母菌大量滋生，在袋膜上大量聚积，料内出现发酵酸味。

[解决办法] 用直径 1 cm 削尖的圆木棍在料袋两头往中间扎孔 2～3 个，深 5～8 cm，以通气补氧。不久，袋内壁附着的酵母菌苔会逐渐自行消退，平菇菌丝就会继续生长。

（5）杂菌污染。

[发生原因] 培养料或菌种本身带杂菌；发菌场地卫生条件差或老菇房未做彻底消毒；菇棚高温高湿不通风。

[解决办法] 选用新鲜、无霉变、经曝晒的培养料，发酵要彻底；避开高温期接种，加强通风，防止潮湿闷热；选用优质、抗逆、吃料快的菌种；当杂菌污染发现早，面积小时，可用 pH 为 10 以上的石灰水注入被污染的培养料，同时搬离发菌场，单独发菌管理。对污染严重的则清除出场，挖坑深埋处理。

（6）发菌后期吃料缓慢，迟迟长不满袋。

[发生原因] 袋两头扎口过紧，袋内空气不足，造成缺氧。

[解决办法] 解绳松动料袋扎口或刺孔通气。

（7）软袋。

[发生原因] 菌种退化或老化，生命力减弱；高温伤害了菌种；添加氮源过多，料内细菌大量繁殖，抑制菌丝生长；培养料含水量大，氧气不足，影响菌丝向料内生长。

[解决办法] 使用健壮、优质的菌种；适温接种，防高温伤菌；培养料添加的氮素营

养要适量，切勿过量；发生软袋时，降低发菌温度，袋壁刺孔排湿透气，适当延长发菌时间，让菌丝往料内长足发透。

（8）菌丝未满袋就出菇。

［发生原因］发菌场地光线过强，低温或昼夜温差过大刺激出菇。

［解决办法］注意避光和夜间保温，提高发菌温度，改善发菌环境。

（七）出菇管理

1. 出菇方式

平菇袋式栽培一般有 3 种方式：立式栽培、泥墙式栽培和覆土栽培。

（1）立式栽培。

平菇立式袋栽是国内广泛采用的栽培方式，该方式能根据不同的环境条件，采用不同的方式进行立式栽培，可充分利用有效空间和争取时间，提高单位时间单位面积的总产量。

（2）泥墙式栽培。

平菇泥墙式栽培是目前较受重视的栽培新技术，菇房、塑料大棚、室外简易菇棚、地沟菇房和林下空隙地均可用适当的方式进行墙式袋栽法。此法特点是菌墙由菌袋和肥土（或营养土）交叠堆成，能方便地进行水分管理，扩大出菇空间，与常规栽培方法相比，产量可提高 30%～100%。菇墙的建造及出菇管理如下：

①墙土选择与处理。墙土可选用菜园土，经打碎、过筛、喷湿，使含水量达 18%。也可按下述方法制备营养土：选肥沃菜园土或池塘泥，按 500 kg 培养料用 $1m^3$ 营养土计算，备好泥土，另加石灰粉 1%～2%，磷酸二氢钾（KH_2PO_4）0.5%，草木灰 1%～2%，调整水分备用。

②垒墙。先将出菇场地整平，将菌袋底部塑料袋剥去，露出尾端的菌块，以尾端向内，平行排列在土坡上。袋与袋之间留 2～3 cm 空隙，每排完一层菌袋，铺盖一层肥土或营养土，厚 2～4 cm，在覆土上按培养料干重 0.1% 计，均匀地撒一层尿素。按上述方法，共垒 8～10 层。最上一层的顶部覆土层要厚，并在菌墙中心线上留一条浅沟，用于补充水分和施用营养液，以经常保持菌墙覆土呈湿润状态，用来平衡培养料内的水分和营养。

③出菇管理。菌墙垒成后，每 3～5 d 补充一次水分，以保持覆土湿润而无积水为度，进行常规管理。经 3～7 d 出现菇蕾，一般可采 4～6 潮菇。

一般在垒墙 3 d 后菌丝即可进入覆土层，在整个头潮菇生长过程中，菌袋与覆土中菌丝已网联成一个整体，有利于营养积累和代谢平衡。由于覆土经常保持湿润，缓解了保湿与通风的矛盾，喷水时也不会伤害菌丝，同时提高了培养料的持水能力，可延缓菌丝衰老。菌墙能扩大出菇空间，供氧充足，有利于子实体健壮生长；菌丝经覆土一直延续到地层，可获得营养补充。因此，可有效地控制平菇生理性病害，降低幼菇死亡率，且菇潮明显，出菇集中，商品菇比例大，能减少培养料的营养损耗，整体性好，菇丛肥大，菌丝活性增强，能延长出菇期。在上述因素的作用下，能达到明显增产的目的。

（3）覆土栽培。

平菇覆土栽培长出的菇体肥大、柄短、盖厚、色泽亮丽、口感与风味俱佳，产量较立式栽培提高 50% 以上，且利于稳产，是一种不需要再投资的增产措施。立式栽培 2 潮后失水较重的菌袋也可采用覆土栽培继续出菇。

　　①全覆土栽培。在栽培棚内，每隔 50 cm 挖宽 100～120 cm、深 40 cm 的畦沟，灌足底水，待水渗干后撒一层石灰粉，把菌袋全部脱去，卧排在畦内，菌袋间留 2～3 cm 的缝隙，用营养土填实，上覆 3 cm 左右的菜园土，然后往畦内灌水，等水渗下后用干土堵严土缝，防止缝间或底部出菇。全覆土栽培利于保湿，能及时补充菌袋的水分和养分，为菌袋的营养及生殖生长提供了一个有利的封闭小环境，但因在土层上面出菇，给采菇带来不便，喷水时极易溅到菇体上面。

　　②半脱袋半覆土栽培。将菌袋一端保留 7～8 cm 的塑料筒，其余部分脱去，保留塑料筒的一端朝上，袋间用营养土填实至高于留料筒部位，覆土的部分用于保水，采菇时这种方式较全覆土要干净些。双面立埋即将菌袋从中间断开，端面朝上排放在畦沟中，其他同上。

　　2. 出菇环境调控

　　菌丝长满袋后经过一段时间，袋内出现大量黄褐色水珠，这是出菇的前兆，这时即可适时转入出菇管理阶段。出菇管理阶段即子实体形成阶段，是获得高产的关键期，环境调控主要有一拉（温差）、三增（湿、光、气）、一防（不出菇或死菇）等要点。

　　（1）拉大温差、刺激出菇。

　　平菇是变温结实型品种，加大温差刺激有利于出菇。利用早晚气温低时加大通风量，降低温度，拉大昼夜温差至 8℃～10℃，以刺激出菇。低温季节，白天注意增温保湿，夜间加强通风降温；当气温高于 20℃时，可采用加强通风和进行喷水降温的方法，以拉大温差，刺激出菇。

　　（2）加强湿度调节。

　　出菇场所要经常喷水，使空气相对湿度保持在 85%～95%。料面出现菇蕾后，要特别注意喷水，向空间、地面喷雾增湿，切勿向菇蕾上直接喷水，只有当菇蕾分化出菌盖和菌柄时，方可在菇蕾上少喷、细喷、勤喷雾状水。

　　（3）加强通风换气。

　　出菇场所氧气不足，平菇菌柄变长、变粗，形成菜花状菇、大脚菇等畸形菇。低温季节通风时，一般在中午后进行，1 天 1 次，每次 30 min 左右；当气温高时，通风换气多在早、晚进行，1 天 2～3 次，每次 20～30 min，切忌高湿环境不透气。通风换气必须缓慢进行，避免让风直接吹到菇体上，以免菇体失水，边缘卷曲而外翻。

　　（4）增强光照。

　　散射光可诱导早出菇，多出菇；黑暗则不出菇；光照不足，出菇少，柄长，盖小，色浅，畸形。一般以保持菇棚内有"三分阳七分阴"的光照强度为宜，但不能有直射光，以免晒死菇体。

　　3. 出菇管理

　　（1）原基期。

　　当菌丝开始扭结时，就要增光（三分阳七分阴）、增湿、降温至 15℃左右，拉大温差，促使原基分化形成，顺利进入桑葚期。此期如果环境潮湿、温度低而缺光照，菌丝体扭结团可无休止增大，出现像菜花样畸形原基，对产量影响很大，预防措施为增光、通风。

　　（2）桑葚期。

　　当原基菌丝团表面出现小米粒大小的半球体，色增深时，即进入桑葚期。为使大部分原基能形成菇片，应采取保湿措施，向空中喷雾，要勤喷、少喷，不能把水直接喷向料面，主要是增加空气湿度。

（3）珊瑚期。

半球体菇蕾继续伸长，此时为菇柄形成时期，菇柄常视品种不同而不同，一般是丛生型长，覆瓦型短，但管理不善，会出现长柄、粗脚等畸形菇。此期管理主要是通风、增光、保湿。

（4）成型期。

此期主要是菇盖生长，是平菇子实体发育最旺盛的时期，要求温度适宜，相对湿度连续保持在85%～90%，湿度不能忽高忽低。成型期如果出现菇片翻长、菇上长菇、菇片干黄、死菇、烂菇现象，多为空气过干、过湿或风吹造成，因此要因地制宜管理。

（5）初熟期。

一般从菇蕾出现到初熟期需5～8 d，条件适宜的2～3 d，此时菇体组织紧密，质地细嫩，菇片发亮，重量最大，蛋白质含量最高，是最佳采收时期。此期是平菇子实体需水量最大时期。

（6）成熟期。

商品菇一般在初熟期采收，如果采收不及时，就有大量孢子散发，进菇房前，要先打开门窗，再喷水排气，促使孢子随水降落或排出。

4．采收及转潮

当菇盖充分展开，颜色由深逐渐变浅，下凹部分白色，毛状物开始出现，泡子尚未弹射时，即可采收。采收前一天可喷一次水，以提高菇房内的空气湿度，使菌盖保持新鲜、干净、不易开裂。但喷水量不宜过大，尤其是不能向已采下的子实体部位喷水或泡水，以防发生菇体腐烂现象。

采收时因平菇是丛生菇，要防止将培养料带起，采摘要转动或左右摇摆，即可采下。平菇质脆易断裂，采摘时要注意保护菇体完整，高温时，菌盖薄，边沿易上卷；低温时，菌盖厚，质更脆，采摘时，均要手捏菌柄转动后采下。

平菇菌盖质脆易裂，采收后要轻拿轻放，并尽量减少停放次数，采收下来的菇体要放入干净、光滑的容器内，以免造成菇体损伤。菇体表面最好盖一层湿布，以保持菇体的水分。

采收后，平菇处于转潮期，这时要清除残留的菇根、死菇、烂菇，并停止喷水2～3 d，可适当提高温度至22℃～25℃，使菌丝休养生息，为下潮菇打好营养基础。温度过高要及时降温。

5．出菇阶段常见问题及分析

（1）不出菇原因。

平菇栽培过程中，发菌成熟的菌袋（菇床）迟迟不出菇，或采过1～2潮菇的菌袋（菇床）不再正常出菇的现象较为常见，其原因有以下几种：

①料温偏高。菌丝培养成熟的菌袋，若无较低温度的影响，其料温下降的速度很慢。若料温高于出菇温度范围，则原基不易发生，这种现象在秋栽的低温型品种中最为常见。

②环境不适。菌袋所处环境温度，高于或低于所栽品种的出菇温度范围，都会产生不出菇或转潮后不再正常出菇的现象。前者春、夏、秋季均会发生，后者多出现在冬季低温

季节。

③积温不足。在低温下栽培时，菌丝长期处于缓慢生长状态，虽然发菌时间较长，但由于有效积温不足，菌丝生理成熟度不够，而迟迟不能出菇。

④水分不足。发菌期由于通风次数过多，覆盖不严或土壤吸湿等，会造成培养料含水量下降，或菌袋表面失水偏干；此外，产菇期菇体大量消耗培养料的水分后，水分补充过少，也会造成不出菇或转潮后不能正常出菇的现象。

⑤菌丝徒长。培养料含水量过高，菌袋表面湿度饱和，干湿差变化小，会造成菌丝徒长，在菌袋表面形成厚厚的菌皮。

⑥病虫害影响。杂菌污染菌袋后，不但与平菇菌丝争夺养分，而且能分泌有害物质，抑制平菇菌丝的正常生长；害虫侵入菌袋后，则大量咬食平菇菌丝，并使平菇菌丝断裂失水死亡。病虫危害重的菌袋，平菇菌丝的正常生理代谢和物质转换受到破坏，进而造成不出菇。这种现象在整个产菇期内均可发生。

⑦通风不良。菇房通风不良、供氧差、袋内二氧化碳浓度过高、光线太弱，均不利于出菇，这种现象在地下菇场较为常见。

（2）死菇原因及防治措施。

①培养料含水量不适。平菇生长发育需水较多，对空气相对湿度要求也较高，不同季节、不同时期需水量不同。平菇子实体内水分大部分来自培养料，若培养料水分不足，营养供给发生困难，子实体生长不粗壮，菌片薄、弹性小，会使幼小菇蕾失水死亡。

a. 培养料含水量适当提高。由于冬季气温低，用于栽培平菇的培养料含水量可适当提高至65%，标准是用手抓紧拌料均匀后的培养料，以水能滴下但不成线为度。

b. 采用适当的出菇方式。平菇在原基期和出菇期间应采用剪袋口或解口但不撑开的出菇方式，否则袋口因失水过多出菇过少或死菇。

②用种不当。菌种过老或用种量过大，在菌丝尚未长满或长透培养料时在菌种部位会出现大量幼蕾，因培养料内菌丝尚未达到生理成熟，长成幼菇时得不到养分供应而萎缩死亡。

③非定点出菇。目前栽培平菇一般采用4层菌种3层料的大袋栽培（25 cm×55 cm），发菌一般采用在菌种层微孔发菌的方式。采用大袋栽培的原基分化期会在微孔处形成菇蕾，但大部分死亡，即使不死亡其商品性也很低。

④装袋不紧。冬季栽培平菇，菇农一般采用生料或发酵料栽培，装袋不紧，加上翻堆检查对栽培袋的翻动，造成菌袋和培养料局部分离。在平菇子实体生长期分离的部位长出菇蕾，但由于不是定点出菇部位，氧气不足，造成菇蕾死亡。

平菇装袋时要求培养料外紧内松、光滑、饱满、充实，不可出现褶皱或者疙瘩，否则发菌不良，出菇时也会在褶皱处出现菇蕾，消耗养分、感染杂菌。

⑤菇蕾过密。冷暖交替季节的温度很适合平菇子实体原基形成期的要求，温差长期适宜会形成过多的菇蕾，使培养料养分供应分散，不能集结利用。其症状为子实体紧密丛生，成堆集结，不能发育成商品菇。

因菇蕾过密而发生死菇的可采取以下措施防治：选用低温对子实体形成相对不敏感的品种；加强平菇生长期的温、湿度管理，防止温度周期性波动，尤其是秋、冬冷暖交替变化季节；发病初期提高温度，或打重水，控制病害发展。

⑥冬季喷水过勤、通气不良。冬季菇农在平菇出菇期喷水过勤并注重保持菇房温度，喷水后环境过于密闭，尤其是喷"关门水"导致菇蕾、幼菇长时间处于低温、高湿、高二氧化碳浓度的环境下，影响菇体的正常蒸腾作用，致使菇蕾、幼菇水肿死亡。其显著特点是先出现部分菇体畸形，进而发黄死亡。

⑦农药危害。原基发生前，菌袋或菇场内喷洒了平菇极为敏感的敌敌畏等农药，或菇场中含有浓度过高的农药气味，造成子实体死亡或呈不规则的团块组织。其症状是菌盖停止生长，边缘部分产生一条蓝中带黑色的边线，向上翻卷。

出菇期不允许使用农药，转潮期间可采用 1∶500 倍多菌灵进行杀菌，采用高效氯氰菊酯烟剂防治害虫。但要避免长菇环境残留农药气味，一般于用药后 16 h 进行通风、降湿、干燥处理，以提高菌袋的透气性，延缓转潮菇的发生速度。

（3）畸形菇。

①花菜形畸形。在菇柄的顶部长出多个较小的菌柄，并可继续分叉，无菌盖或者菌盖极小。此症状是由于二氧化碳浓度过高和光线太弱造成的。防治方法是子实体原基形成后，每天通风 2 次以上，改善光照条件。

②粗柄状畸形。平菇菌柄粗长呈水肿状，菌盖畸形，很小或没有。这是平菇子实体分化期遇高温、光照偏强和二氧化碳浓度过高，物质代谢受干扰，引起菌柄疯长所致，应通风降温，改善光照条件。

③高脚菇。菌盖小，分化较差，菇柄较长。发生的原因是在原基形成并分化期，由于菇房缺氧、光照不足，同时温度偏高，影响了菌盖的正常分化和发育。防治方法是加强通风，调节光照和温度。

④形状不规则。平菇原基形成后，不分化形成菌柄和菌盖，而长成不规则的菌块，后期菌盖扭曲开裂并露出菌肉。这是由敌敌畏、速灭杀丁等农药用量过多所致，应少用或不用农药。

⑤瘤盖菇。菌盖表现主要是边缘有许多颗粒状凸起、色浅、菇盖僵硬，生长迟缓。严重时菇盖分化较差，形状不规则。原因是菇体发育温度过低，持续时间较长，致使内外层细胞生长失调。防治方法是调节菇房温度，在平菇生长最低温界限以上，并有一定温差，促进菇体生长、发育、分化。

⑥萎缩菇。菇体初期正常，在膨大期即泛黄或呈干缩状，而停止生长，最后变软腐烂。干缩状是因为空气相对湿度较小，通风过强，风直接吹在菇体上，使平菇失水而死亡；或者培养基营养失调，形成大量原基后，有部分迅速生长，其余由于营养供应不足而停止生长。

⑦蓝色菇。菌盖边缘产生蓝色的晕圈，有的菇体表面全部被蓝色覆盖，其原因是菇房内采用煤灶加温，或者菇房紧靠厨房，由于煤炭燃烧时产生二氧化硫、一氧化碳等毒害气体，加上通风换气较差，造成菇体中毒，进而发生变色反应。冬季菇场增温措施宜采用太阳能、暖气、电热等方法，如果采用煤火、柴火等方法加温，应设置封闭式传热的烟火管道，防止二氧化硫等有毒气体进入菇房。

⑧水肿菇。平菇现蕾后菌柄变粗变长，菌盖小而软，逐渐发亮或发黄，最后水肿腐烂。发生原因是湿度过大或有较多的水直接喷在幼小菇体上，使菇组织吸水，影响呼吸及代谢。出菇期应加强通风，增加菇体温差刺激；菇蕾期尽量避免直接向菇体喷水，采取向

地面和墙壁喷水的方式，以保持菇房空气湿度。

⑨光杆菇。平菇菌柄细长，菌盖极小或无菌盖，是由出菇期间低温引起的。平菇菌盖形成要求的温度较高，当菌柄在较低温度下伸长到一定高度时，气温仍在 0℃左右，并维持较长时间不回升，菌柄表面有冰冻现象，虽不死亡，但菌盖不能分化。在子实体生长发育阶段，如果遇 0℃左右气温，要采取增温保暖措施，提高菇房温度。

（八）平菇孢子过敏症

据调查，在我国北方长期栽培平菇的菇农在不同程度上患有支气管炎或咽炎，发生疲劳、头痛、咳嗽、胸闷气喘、多痰等现象，严重者会出现发热、喉部红肿甚至咯血等类似重感冒症状，还有反应迟钝、肢体和关节疼痛现象，如果不及时处理会加重病情。这种由平菇孢子引发的现象在医学上称为"超敏反应"，菇农称为"蘑菇病"。现将该病的防治方法介绍如下。

（1）适时采收。为使上市的鲜菇有较高的品质，要及时采收。当菌盖刚趋平展，颜色稍变浅，边缘初显波浪状，菌柄中实，手握有弹性，孢子刚进入弹射阶段，子实体八九成成熟时应及时采收，及时采收还有利于提高产量和促进转潮。

（2）加强通风换气。在采收前，先打开门窗通风换气 10～20 min，使菇房内大量泡子排出菇房。

（3）提高菇房湿度。出菇阶段要保持菇房内足够的湿度，既有利于平菇的生长，又能防止孢子的四处散发。采收前用喷雾器（喷水带）喷水降尘，可大大减少空气中孢子的悬浮量。

（4）戴防尘面具。采收前，可戴口罩进行操作。

第二节　香菇高效栽培技术

香菇属担子菌纲、伞菌目、口蘑科、香菇属，是一种大型的食用菌，原产于亚洲，在世界菇类产量中居第二位，仅次于双孢蘑菇。中国的浙江省龙泉市、景宁县、庆元县三地交界地带是世界上最早人工栽培香菇的发源地，其香菇人工栽培技术史称砍花法，据传最早发明这项技术的是南宋龙泉县龙溪乡龙岩村人（今浙江庆元人）吴三公（真名吴煜）。中国是世界上认识栽培香菇最早、产量最高、优质香菇最多、栽培形式多样、生产成本较低的国家，已有 1000 多年的历史，因此，又将其称为中国蘑菇。

一、香菇生物学特性

（一）生态习性
冬春季生于阔叶树倒木上，群生、散生或单生。
（二）形态特征
1. 菌丝体
菌丝洁白、舒展、均匀，生长边缘整齐，不易产生菌被。在高温条件下，培养基表面易出现分泌物，这些分泌物常由无色透明逐渐变为黄色至褐色，其色泽的深浅与品质有关。

2．子实体

香菇子实体单生、丛生或群生，子实体中等大至稍大。菌盖直径 5～12 cm，有时可达 20 cm，幼时半球形，后呈扁平至稍扁平状，表面菱色、浅褐色、深褐色至深肉桂色，中部往往有深色鳞片，而边缘常有污白色毛状或絮状鳞片。菌肉白色，稍厚或厚，细密，具香味。幼时边缘内卷，有白色或黄白色的绒毛，随着生长而消失。菌盖下面有菌幕，后破裂，形成不完整的菌环。老熟后盖缘反卷，开裂。菌褶白色，密，弯生，不等长。菌柄常偏生，白色，弯曲，长 3～8 cm，粗 0.5～1.5 cm，菌环以下有纤毛状鳞片，纤维质，内部实心。菌环易消失，白色。泡子印白色。孢子光滑，无色，椭圆形至卵圆形，大小为 (4.5～7) μm×（3～4）μm，双核菌丝有锁状联合。

（三）生长发育条件

1．营养条件

香菇发育所需的营养物质可分为碳源、氮源、无机盐及生长素等物质。

（1）碳源。香菇菌丝能利用广泛的碳源，包括木屑、棉籽壳、甘蔗渣、棉柴秆、玉米芯、野草（类芦、芦苇、芒箕、斑茅、五节芒等）等。

（2）氮源。香菇菌丝能利用有机氮，不能利用硝态氮和亚硝态氮。在香菇菌丝营养生长阶段，碳源和氮源的比例以（25～40）：1 为好，高浓度的氮会抑制香菇原基分化；在生殖生长阶段，要求较高的碳，最适合的碳氮比是 73：1。

（3）矿质元素。除了镁、硫、磷、钾之外，铁、锌、镉同时存在能促进香菇菌丝的生长，并有相辅相成的效果。钙和硼能抑制香菇菌丝生长。

（4）维生素类。香菇菌丝的生长必须吸收维生素 B_1，其他维生素则不需要。适合香菇生长的维生素 B_1 含量大约是每升培养基 0.1 mmol。在段木栽培中，香菇菌丝分泌多种酶类分解木质素、纤维素、淀粉等大分子，从菇木的韧皮部和木质部吸收碳源、氮源和矿质元素。

2．环境条件

（1）温度。

①温度对孢子萌发的影响。香菇孢子萌发最适宜的温度是 22℃～26℃，以 24℃萌发最好，其中 16℃经过 24 h，24℃经过 16 h 就萌发。在干燥状态下 70℃经过 5 h，80℃经过 10 min 孢子就会死亡。在各种培养基上香菇孢子在 15℃～30℃均可萌发，但在蒸馏水中只萌发不生长，在太阳下曝晒 30 min 就被杀死。

②温度对菌丝的影响。香菇菌丝发育温度范围在 5℃～32℃，最适温度是 24℃～27℃，在 10℃以下 32℃以上均生长不良，35℃以上停止生长，38℃以上死亡。

③温度对香菇原基分化和子实体质量的影响。香菇原基在 8℃～21℃之间均可分化，但在 10℃～12℃分化最好；子实体在 5℃～24℃范围内发育，从原基长到子实体的温度以 8℃～18℃为最适。低温条件下子实体生长慢，肉质厚，柄短，不易开伞，厚菇多，易产生优质花菇。当温度偏高时，香菇生长快，肉质疏松，柄长而细，易开伞，质量差。低温、恒温下易形成原基，子实体长势良好。

（2）水分和相对湿度。

在木屑培养基中菌丝的最适含水量是 60%～65%（因木屑结构质量不同而异）；子实体生长阶段的木屑含水量需要为 50%～80%。菌丝生长阶段空气相对湿度一般为 60%左右，而子实体生育阶段空气相对湿度为 85%～90%。

（3）空气。

香菇是好气性菌类。菌丝生长阶段在较低的氧分压下也能较好地生长，但在通气较好的条件下菌丝生长加快；当子实体形成以后，呼吸作用旺盛，对氧的需求量急剧增加。因此，在菇场菇房及塑料棚、地下工程内栽培香菇时应调节空气使其顺畅流通。

（4）光照。

香菇在菌丝生长阶段完全不需要光线，菌丝在明亮的光线下会形成茶褐色的菌膜和瘤状凸起，随着光照的增加菌丝生长速度下降；相反在黑暗的条件下菌丝生长最快。在生殖生长阶段，香菇菌棒需要光线的刺激，在完全黑暗条件中香菇培养基表面不转色，不转色就形不成子实体。光照不足，出菇量和品质都受到不同程度的影响，子实体发育的最适光照强度为 300～800 lx，光照在 1000～1300 lx 的强度下花菇发育良好，1500 lx 以上白色纹理增深，花菇生育的后期光照强度可增加到 2000 lx，干燥条件下裂纹更深更白。

（5）酸碱度。

适于香菇菌丝生长的培养液 pH 是 5～6。pH 为 3.5～4.5 适于香菇原基的形成和子实体的发育。在段木腐化过程中，菇木的 pH 不断下降，从而促进子实体的形成。

二、香菇高效栽培技术要点

（一）栽培原料选择

1. 主料

（1）木屑类。

以硬质阔叶木为主，可利用木材厂产生的锯末，也可利用树木枝条经过粉碎而成的木屑。收集木屑中常夹杂有松、杉、樟等木屑，应经过堆积发酵后再使用才能获得高产。木屑粉碎和收集的木屑均用孔径 4 mm 筛网过筛，其中粗细程度以 0.8 mm 以下颗粒占 20％，0.8～1.69 mm 木屑颗粒占 60％，1.70 mm 以上的木屑颗粒占 20％为宜。

（2）秸秆类。

①棉柴秆。经晒干粉碎后备用。

②甘蔗渣。要求新鲜，干燥后白色或黄白色，有糖的芳香味。凡是没有充分晒干、结块、发黑、有霉味的均不能用。带皮的粗渣要粉碎过筛。

③玉米芯。脱去玉米粒的穗轴，也称玉米轴。使用前将玉米芯晒干，粉碎成大米粒大小的颗粒，不必粉碎成粉状，以免影响通气状况造成发菌不良。

④其他秸秆。木薯秆、大豆秸、葵花秆、高粱秸、小麦草、稻草均可使用，要求不霉烂，粉碎后使用。

（3）野草类。

现有 30 多种野草用于栽培香菇成功，如芒萁、类芦、斑茅、五节芒、芦苇等草本植物，经过晒干后粉碎作为栽培香菇的代用料，其产量和质量均与木屑培养相近。

2. 辅料

（1）麸皮。

麸皮经小麦加工而得，又称麦皮，含粗蛋白质 11.4％，粗脂肪 4.8％，粗纤维 8.8％，钙 0.15％，磷 0.62％，每 kg 内含维生素 B_1 17.9 mg。麸皮是目前香菇培养料中常用的配料，它对改变培养基中的碳氮比、促进原料的充分利用、提高单产起着重要作用，其用量占培养基的 20％左右。麸皮要求新鲜时（加工后不超过 3 个月）使用，不霉变的麸皮香菇产量高。

（2）米糠。

米糠是稻糠的一种，去外包的糠后，稻谷在加工精制大米时剥落的糠皮，其中有外胚乳和糊粉层等混合物，米糠中含有粗蛋白质 11.8%，粗脂肪 14.5%，粗纤维 7.2%，钙 0.39%，磷 0.03%，从营养成分来看，其蛋白质、脂肪含量均高于麸皮，在培养基中使用时可代替麸皮，要求新鲜不霉变不含砻糠，因砻糠营养成分低，当设计配方用麸皮 20% 时，可减去 1/3 的麸皮，用 1/3 的米糠代替，对香菇后期增产非常明显。

（3）石膏。

石膏即硫酸钙，在培养基中石膏用量为 1%～2%，可调节 pH，具有不使碱性偏高的作用，还可以给香菇提供钙、硫等元素，选用石膏时要求过 100 目筛。

3. 其他材料

（1）栽培袋。

目前栽培香菇以采用聚丙烯（PP）袋、低压聚乙烯（HDPE）袋为主要容器。

①聚丙烯袋。透明度 45%～55%，耐热 160～170℃，抗拉强度 29.42～37.76 MPa，抗张模数 114.74～156.91 MPa，100 μm 厚度分别可透过二氧化碳 2 300 cm³/（m·24 h），氢气 5 600 cm³/（m·24 h），氨气 165 cm³/（m·24 h），氧气 590 cm³/（m·24 h），其透明性高，抗热性强，强度与刚性好，优良的特性适合于原种、栽培种使用，但在高温和低温下抗冲击性差，质地较脆，装料后形成袋与料不紧密，吻合性差，有一定空隙，要引起注意。

②低压聚乙烯袋。半透明度，100 μm 厚度时通气量分别是二氧化碳 2800 cm³/（m·24 h），氢气 2000 cm³/（m·24 h），氨气 200 cm³/（m·24 h），氧气 730 cm³/（m·24 h），外观呈白色蜡状，能耐 115℃～135℃ 高温，柔而韧，抗拉强度好，抗折率高，其抗拉强度为 21.28～135.82 MPa，抗张模数 411.88～1029.70 MPa，在栽培香菇时属常用的理想塑料袋。

（2）栽培袋的规格及质量。

①聚丙烯塑料袋其规格常用筒径平扁双层，宽度为 12 cm、15 cm、17 cm、25 cm，厚度为 0.04 cm、0.05 cm，主要在气温 15℃ 以上时使用，用于原种、栽培种和小袋栽培。

②低压聚乙烯塑料袋其规格常用有筒径平扁双层，宽度为 15 cm、17 cm、25 cm，厚度为 0.04 mm、0.05 mm、0.06 mm，装袋灭菌 1.2 kgf/cm² 保持 4 h 不熔化变形。

以上两种塑料薄膜袋均要求厚薄均匀，筒径平扁、宽度大小一致，料面密度好，观察无针孔，无凹凸不平，装填培养料时不变形，耐拉强度高，在额定的温度下灭菌不变形。

（3）覆盖膜。

一般采用高压聚乙烯塑料薄膜，透明度 30%～60%，100 μm 厚度透气性分别是二氧化碳 6 800 cm³/（m·24 h），氢气 5 600 cm³/（m·24 h），氨气 530 cm³/（m·24 h），氧气 1 700 cm³/（m·24 h），呈半透明状，其规格有 3 m、6 m、8 m 不等，厚度分别有 0.06 cm、0.07 cm、0.08 cm。

（4）胶布。

胶布又称橡皮膏，医院外科常用，用于香菇接种穴封口，保护菌种块，免于感染杂菌，避免水分散失，有利于菌丝在短期内生长定植。市售香菇专用胶布，宽度为 3.5 cm×3.25 cm，每卷胶布 1 000 cm，每筒装 4 卷，每箱装 25 筒，每 10 000 个 15 cm×55 cm 塑料袋需胶布 48 筒。

（二）参考配方

1. 生产常用配方

（1）阔叶树木屑 79%，麸皮 20%，石膏 1%。

（2）阔叶树木屑 64%，麸皮 15%，棉籽壳 20%，石膏 1%。

（3）阔叶树木屑 78%，麸皮 14%，米糠 7%，石膏 1%。

（4）棉柴粉 60%，麸皮 20%，木屑 19%，石膏 1%。

（5）阔叶树木屑 60%，甘蔗渣 19%，麸皮 20%，石膏 1%。

（6）玉米芯 78%，麸皮 20%，石膏 1.5%，过磷酸钙 0.5%。

（7）稻草或麦草 50%，木屑 28%，麸皮 20%，石膏 1.5%，过磷酸钙 0.32%，柠檬 0.1%，磷酸二氢钾 0.08%。

（8）类芦 63%，木屑 30%，麸皮 16%，石膏 1%。

（9）芒萁 20%，芦苇 63%，麸皮 16%，石膏 1%。

2. 配方注意事项

（1）凡是含有香菇生长发育所需的碳氮源、矿物质、维生素的材料，无论是人工合成的或是半合成的，还是天然的，将其进行合理的搭配，在适宜的栽培条件下均可出菇，当配方不合理时，产量降低，质量下降。

（2）一些含有妨碍香菇菌丝生长和抑制出菇的天然培养料，经过阳光曝晒、建堆发酵、加温蒸煮等处理，除去影响香菇生长的有害物质，可以代替主料使用，用量为 20%～50%，不影响产量和质量。

（3）在配方中碳氮比例不合适，主要是氮的比例高时栽培效果受到一定的影响，一般会转色难，并推迟出菇时间，即使长出子实体，其表面颜色也浅；相反氮源不足，菌丝生长不旺盛，菌丝培养时间短，总产量也降低。

（4）传统的配方中添加 1% 蔗糖，其污染率增加，产量与不加蔗糖配方相近，从减少污染和成本角度考虑以不加为宜。

（5）香菇属天然营养保健食品，从安全角度出发不应加化肥农药。

（6）在提高香菇质量方面要精心选料和加强管理，选质地较硬的杂木屑或其他硬质草本植物为主料，适当降低培养基中的碳氮比例。培养料装袋要紧密，装填度以偏紧为好；含水量以偏低为宜（根据原料的质量决定）；菌丝培养温度偏低，适当延长培养时间，转色、原基形成及出菇要求温湿度先高后低；光线先暗后亮，均有利于提高香菇的产量和质量。

（三）培养料配制

1. 备料

根据香菇的生产季节，按照比例计算各种材料的使用的数量，在香菇接种前 2 个月备足到场，并进行处理。

（1）首先从木材厂收集木屑的成本比较低，收集时尽量选用硬质阔叶的木屑，并及时晒干备用。当木屑不够用时挑选符合香菇栽培的木材切片粉碎，加工成木屑备用。

（2）从加工厂收集含水量在 10% 左右的麸皮，并存放在 20℃ 以下通风干燥的仓库中存放，防止底层麸皮变质成块，霉变的麸皮影响产量。

（3）石膏、过磷酸钙要求防潮、防止结块，并进行含量测定，防止含量不足影响栽培效果。

（4）水质要求无污染、达到饮用标准。

2. 配制方法

（1）过筛。先将原料过筛剔除针棒和有角棱的硬物以防刺破塑料袋。

（2）混合。手工拌料时应事先清理好拌料场，将木屑 1/3 量堆成山形，再一层木屑、一层麸皮、一层石膏，共分 5 次上堆，并翻拌 3 遍，均是山形，使培养料混合均匀。

（3）搅拌。将山形干料堆从顶部向四周摊开加入清水，用铁锹翻动，用扫帚将湿团打碎，使水分被材料吸收，并湿拌 3 遍。

（4）拌料后再堆成山形，30 min 后检查含水量，用手握法比较方便，即用手用力握，指缝间有水迹，则含水量在 60% 左右。

（5）pH 测定。香菇培养基的 pH 以 5.5～6 为宜，测定时取广泛试纸条 1 小段插入培养料堆中，1 min 后取出对照色板，从而查出相应的 pH，如果太酸可用石灰调节。

3. 配料中的注意事项

培养料配制是香菇生产中的重要环节，常因培养料配制失误，造成基质酸败、杂菌污染、成品率下降，有的菌丝虽然也能缓慢地长到袋底，但菌丝不健壮，出菇晚，产量极低，影响经济效益。在培养料配制过程中应注意以下几个问题：

（1）拌料和装袋场地最好用水泥地，并有 1% 的坡度，以便洗刷水自然流掉。每天作业后，用清水冲洗，并将剩余的培养料清扫干净不再使用，以免余料中的微生物进入新拌的培养料中，加快培养料酸败的速度，增加污染机会。

（2）培养料要边拌料边装袋边灭菌，自拌料到灭菌不得超过 4 h，在装锅灭菌时要猛火提温，使培养料尽早进入无菌状态。

（3）由于原料含水量和物理性状的不同，配料时的气温、相对湿度有别，所以调水必须灵活掌握。当培养料偏干、颗粒偏细、酸性强时，水分可调节得偏多一些；当培养料含水量较多、颗粒粗硬、吸水性差时，水分应调得少一些。晴天，装袋时间长，调水偏多一些或是中间再调一次；阴天，空气相对湿度大，水分不易蒸发，调水偏少一些。甘蔗渣、玉米芯、棉籽壳等原料颗粒松、大、易吸水，应适当增加调水量。

（4）拌料力求均匀，拌料不均时有的菌袋不出菇或迟出菇，有的产量和质量很差，主要是碳氮比不均匀，配料要求各种原料要先干拌，再湿拌，做到主要原料和辅助原料拌均匀，水和培养料拌均匀，pH 均匀。

（5）当温度偏高时，拌料装袋时间不能太长，要求组织人力争分夺秒地抢时间完成，以防培养料酸败使营养减少。

（6）在培养料配制中，为避免污染，在选用好的原料基础上，拌料选择晴天上午，装料争取在气温较低的上午完成并进入无菌工序，以减少杂菌污染的机会。

（四）香菇袋式栽培

1. 栽培季节

香菇袋式栽培的季节安排应根据菌种的特性和当地的气候因素进行选择，我国北方栽培一般选择秋季栽培和越夏栽培。秋季栽培一般在 8 月即可制袋，10 月下旬至第二年 4 月出菇；越夏栽培一般在 2 月制袋，5～10 月出菇。

2. 栽培袋选择

秋季栽培一般采用大袋，大袋规格为 17 cm×65 cm，可装干料 1.75 kg；越夏栽培可采用小袋，小袋规格为 17 cm×33 cm，可装干料 0.5 kg。

3. 装袋

加入 50％～55％的水分，用人工或拌料机把原辅材料、料水拌匀后即可装袋。装袋要做到上部紧，下部松；料面平整，无散料；袋面光滑，无褶。

4. 灭菌

栽培袋可放入专用筐内，以免灭菌时栽培袋相互堆积，造成灭菌不彻底。然后要及时灭菌、不能放置过夜，灭菌可采用高压蒸汽灭菌或常压蒸汽灭菌两种方式。

其方法参考平菇熟料栽培。

5. 接种与培养

（1）接种。

接种室要求干净、密闭性好，接种前每立方米用 36％甲醛 17 mL、14 g 高锰酸钾熏蒸10 h，熏蒸前将接种需要的菌种、接种工具、鞋、料袋等放入接种室内一起消毒，或用烟雾剂空间消毒。接种应在料袋降温到 28℃后马上进行，并选择在低温时间内快速完成，动作要快，1000 袋力求要在 3～4 h 内完成。接种时 3 人一组，一人负责搬料筒并排放到操作台上，另一人消毒扎口即将料袋接种处涂上 75％酒精，用锥形棒打穴，每筒在同一面上打穴 3 个，每穴深度 2～3 cm，第三人负责接种，即将菌种掰成长锥形，将其快速填入穴孔中，菌种要填满高出料筒，然后，迅速套上套袋。接种时应注意菌种瓶和工具、用具要用 75％酒精消毒，以减少污染。菌袋要轻拿轻放，以减少破损。

（2）培养。

菌袋进入培养室前要对培养室进行消毒灭菌，提前 3 d 可采用气雾熏蒸和药剂喷洒，分 3 次进行。接种后菌袋摆放以"井"字形排列，每层 4 袋，叠放 8～10 层高。每堆间留一工作道，摆放结束后应通风 3～4 h 排湿，并调控温度在 22℃～25℃之间，10 d 内每天通风调控温度，不要搬动菌筒，促使菌丝定植并快速生长。当接种口菌丝长到 2 cm 左右时，便可进行第一次翻堆，每层 3 筒，高 8 层为宜，播种口朝向侧边不要受压，各堆之间留工作道，一是工作方便，二是通风散热。第二次翻堆在菌丝长至 4 cm 将堆高降为 6 层排 3 筒，堆与堆连成行，行与行有通道，更有利于通风散热。第三次翻堆菌丝基本上长满1/2 筒时进行，主要是检查杂菌，若有污染要及时清除。第四次翻堆是全部长满菌丝，每层两筒，高度 3～4 层，并给予一定的光照刺激有利转色。

（3）刺孔增氧。

接种穴菌丝直径至 6～10 cm 时，要进行刺孔增氧。第一次刺孔与第二次翻堆同时进行，首先将菌筒上的胶布揭去，距菌丝尖端 2 cm 处每穴各刺 3～4 个孔，孔深比菌丝稍浅一点，不要刺到培养料上以防感染杂菌。刺孔后一是增加氧气，二是激活了局部的菌丝，加快了菌丝的生长速度。第二次扎在菌丝长满袋后 10 d，每袋各扎 20～40 个孔，孔深以菌筒的半径为宜，刺孔后 48 h，菌丝呼吸明显加强，菌筒内渐渐排出热量，堆温逐渐升高3℃～5℃，所以扎孔后培养室要通风降温，防止温度超过 30℃，同时增加光照促进转色。

6. 排场

当菌筒在培养室内发菌 40～50 d，营养生长已趋向高峰，菌丝内积累了丰富的养分，即可进入生殖生长阶段。这时每天给予 30 lx 以上的光照，再培养 10～20 d，总培养时间达到 60～100 d，培养基与塑料筒交界间就开始形成间隙并逐渐形成菌膜，接着隆起有波皱柔软的瘤状物并开始分泌由黄色到褐色的色素，这时菌丝已基本成熟，隆起的瘤状物达到 50％就可以脱去塑料袋进行排场。

脱袋后的香菇菌丝体，称为菌筒。菌筒不能平放在畦床上，而是采用竖立的斜堆法。因此，就必须在菇床上搭好排筒的架子。架子的搭法：先沿菇床的两边每隔2.5 m处打一根木桩，桩的粗细为5～7 cm，长50 cm，打入土中20 cm。然后用木条或竹竿，顺着菇床架在木桩上形成两根平行杆。在杆上每隔20 cm处，钉上一支铁钉，钉头露出木杆2 cm。最后靠钉头处，排放上直径2～3 cm、长度比菇床宽10 cm的木条或竹竿作为横枕，供排放菇筒用。

搭架后，再在菇床两旁每隔1.5 m处插上横跨床面的拱形竹片或木条，作为拱膜架，供罩盖塑料薄膜用。

菌筒脱去塑料袋时，应选择阴天（不下雨）无干热风的天气进行，用小刀将塑料袋割破，菌筒的2头各留一点薄膜作为"帽子"，以免排场时触地感染杂菌，排场时棒距5 cm，与地面成70°～80°的倾斜角。要求一边排场一边用塑料薄膜盖严畦床，排场后3～5 d，不要掀起薄膜，形成床畦内高湿的小气候，促进菌丝生长并形成一层薄菌膜。

7. 转色管理

（1）转色的作用。

香菇菌丝长满袋后，有部分菌袋形成瘤状凸起，表明菌丝将要进入转色期。转色的目的是在菌棒表面形成一层褐色菌皮，起到类似树皮的作用，能保护内部菌丝，防止断筒，提高对不良环境和病虫害的抵抗力。

（2）转色管理。

香菇菌棒排场后，由于光线的增强、氧气的充足、温湿差的增大，4～7 d内菌棒表面渐长出白色绒毛状菌丝并接着倒伏形成菌膜，同时开始转色。

①温度调控。完全发满菌的菌袋，即可进行转色管理。自然温度最高在12℃以下时，按"井"字形排列，码高6～8层，每垛4～6排，上覆塑料膜但底边敞开，以利通风，晚间加覆盖物保温，可按间隔1天掀开覆盖物1天的办法，加强对菌袋的刺激，迫使其表面的气生菌丝倒伏，加速转色；最高气温在13℃～20℃时，如按"井"字形排列，则可码高6层，每垛3～4排；气温在21℃～25℃时，则应采取三角形排列法，码高4～6层，每垛2～4排；气温在26℃以上时，地面浇透水后，菌袋应斜立式、单层排列，上面架起一层覆盖物适当遮阴。

②湿度调控。自然气温在20℃以下时，基本不必管理，可任其自然生长；但当温度较高时，则应进行湿度调控，以防气温过高或菌袋失水过多，可向地面洒水或者往覆盖物上喷水。

③通风管理。通风一是可以排除二氧化碳，使菌丝吸收新鲜氧气，增强其活力；二是不断地通风可调控垛内温度使之均匀，并防止"烧菌"的发生；三是适当地通风可迫使菌袋表面的白色菌丝集体倒伏，向转色方向发展；四是通风可以调控垛内水分及湿度，尤其连续20℃以上高温时，通风更显出其必要性。

④光照管理。对于转色过程而言，光照的作用同样重要，没有相应的光照进入，菌袋的转色无法正常进行。而光照的管理又很简单：揭开覆盖物进行倒垛，菌袋换位；大风天气时将菌袋直接裸露任其风吹日晒等；即使日常的观察也有光照进入，所以，该项管理相对比较简单。

（3）转色的检验。

完成正常转色的菌袋色泽为棕褐色，具有较强的弹性，但原料的颗粒仍较清晰，只是色泽上有变化，手拍有类似空心木的响声，基质基本脱离塑料袋，割开塑料膜，菌柱表面手感粗糙、硬实、干燥、硬度明显增加，即为转色合格。但具有棕褐色与白色相间或基本是白色，塑料袋与基料仍紧紧接触等表现的菌袋，为未转色或转色不成功，应根据情况予以继续转色处理，否则尽量不使其进入出菇阶段。

（4）转色不正常的原因及防治措施。

①表现。转色不正常或一直不转色，菌袋表层为黄褐色或灰白色，夹杂白点。

②原因。脱袋过早，菌丝未达到生理成熟，没有按照脱袋的标准综合掌握；菇棚或转色场所保湿条件差，偏干，再生菌丝长不出来；脱袋后连续数天高温，未及时喷水或未形成 12℃ 以下低温。

③影响。多数出菇少，质量差，后期易染杂菌，易散团。

④防治措施。喷水保湿，连续 2～3 d，结合通风 1 次/天；罩严薄膜，并向空中和地面洒水、喷雾，提高空间湿度达 85%；可将菌袋卧倒地面，利用地温、地湿，促使一面转色后，再翻另一面；如因低温造成的，可引光增温，利用中午高温时通风，也可人工加温；如因高温造成，在保证温度的前提下，加大通风或喷冷水降温；气温低时采用不脱袋转色。

8. 催蕾

香菇菌棒转色后，给予一定的干湿差、温差和光照的刺激，迫使菌丝从营养生长转入生殖生长。将温度调控到 15℃～17℃ 之间时，菌丝开始相互交织扭结，形成原基，并长出第一批菇蕾即秋菇发生。

9. 出菇管理

（1）秋菇管理。

秋季空气干燥、气温逐渐下降，故管理以保湿保温为主。菇畦内要求有 50 lx 以上的光照，白天紧盖薄膜增温，早上 5：00～6：00 之间掀开薄膜换气，并喷冷水降温形成温差和干湿差，有利于提高菌棒菌丝的活力和子实体的质量，当第一批菇成熟度至 7～8 成时应及时采收。

采收后增加通风并减少湿度，养菌 5～7 d 使菌棒干燥，7 d 后采菇部位发白说明菌丝内又积累了一定的养分，再在干湿交替的环境中培养 3～5 d，白天提高温度、湿度，盖严薄膜，早上揭开薄膜，创造较大的干湿差和温度差，促使第二批菇蕾形成。由原基到菇蕾发生空气相对湿度应调整在 90%～95% 之间。菇蕾长到 2 cm 大小时，可调整空气相对湿度为 85%～90% 之间；如果需要花菇就将空气相对湿度调整到 70%～74% 之间；若菌棒无塑料膜保护，空气相对湿度低于 70%，则水分散发太快，影响产量。

（2）冬菇管理。

经过秋季出菇后，菌棒的养分和水分消耗很大，入冬后温度下降也很快，主要是做好保温喷水工作。一般不要揭膜通风，使畦内温度提高到 12℃～15℃，并且保持空气相对湿度在 80%～95%，促使形成冬菇。由于冬菇生长在低温条件下，为保温每天换气应在中午进行，换气后严盖薄膜保湿，畦床干燥时可轻喷水。菇体成熟后要及时采收，采收后可轻喷水 1 次再盖好薄膜休养菌丝 20 d 左右，当菌丝恢复后可再催蕾出菇。

（3）春菇管理。

①补水。经过秋冬季 2～3 批采收，菌棒含水量随着出菇数量增加、管理期拉长、营

养消耗而逐渐减少，至开春时，菌棒含水量仅为30％～35％，菌丝呈半休眠状态，故只有进行补水，才能满足原基形成时对水分的需求。春季气温稳定在10℃以上就可以进行补水。

②出菇。春季气压较低，为满足香菇发育对氧的需求，可将畦靠架上竹片弯拱提高0.3 m，阴雨天甚至可将膜罩全部打开，以加强通风。惊蛰后，雷雨频繁，要防止菇体淋水过度，给烘烤带来困难。盖膜时，注意两旁或两头通风，不可盖严，天晴后马上打开。晚熟品种大量香菇均在开春后发生，3～4月更是进入出菇高峰期。香菇每采收一批结束后，让菌丝恢复7～10 d，再按照上述方法补水、催蕾、出菇，周而复始。晚春气温变化波动较大，要以防高温、高湿，进行降温工作为主。可加厚顶棚遮阳，拆稀四周遮阳挂帘。低海拔菇场在4月底或5月初（视各地气温）结束春香菇的管理，清场后改栽毛木耳等其他食用菌，使菇棚周年得到利用。高海拔山区栽培香菇常延续到6月，但后期因菌棒收缩严重而产量很低。

（4）香菇菌棒补水。

①补水测定标准。当菌棒含水量比原来减少1/3时即说明失水，应补水。发菌后的菌棒一般为1.9～2.0 kg，而当其重量只有1.3～1.4 kg时，即菌棒含水量减少30％左右，此时就可补水。

②补水时期。补水要掌握最佳时期，补早了易长畸形菇；还要防止过量，过量会引起菌丝自溶或衰老，严重的会解体，导致减产。每一潮菇采完后，必须停止喷水，并揭膜通风，降低菇棚湿度，人为创造一次使菌棒干燥的条件。让菌丝充分休养7～10 d，以利于积累储藏丰富的营养，为下一潮菇打下基础。当菌棒采菇后留下的凹陷处发白时，说明菌丝已经复壮，此时补水加喷水、盖紧薄膜、提高湿度、增加通风，使菇棚内有较大温差和干湿差，每天早晚通风半小时或一小时，通过3～6 d干湿交替、冷热刺激后，又一批子实体迅速形成。

③补水补营养相结合。菌棒出过3潮菇以后，基内养分逐步分解消耗，出菇量相应减少，菇质也差，因此，当最后两次补水时，可在桶内加入尿素、过磷酸钙、生长素等营养物质，其配方比为水中加尿素0.2％、过磷酸钙0.3％、柠檬酸20 mg/kg，补充养分和调节酸碱度，这样可提前出菇3～5 d，且出菇整齐，质量也好，可提高产量20％～30％。

④补水方法。香菇菌棒补水的方法很多，有直接浸泡法、捏棒喷水法、注射法、分流滴灌法等。近年来大规模生产多采用补水器注水，该法简单、易行、效率高、不易烂棒。

a. 注水器补水法。菇畦中的菌棒就地不动，用直径2 cm的塑料管沿着畦向安装，菇畦中间设总水管，总水管上分支出小水管，小水管长度在50 cm左右，上面安装12号针头控制水流。由总水管提供水源，另一端密封。装水容器高于菌棒2 m左右，使水流有一落差的压力，在注水时菌棒中心用直径6 mm的铁棒插孔1个，孔深约为菌棒高度的3/4，不能插到底以免注水流失，由于流量受到针头的控制，滴下的水被菌棒既能吸收又不至于溢出。补水后盖上薄膜，控制温度在20℃～22℃之间发菌，每天换气1～2次，每次1 h，注水给菌棒提供了充足的水分，并同时增加了干湿差和温度差。6 d后开始出现菇蕾而且菇潮明显，子实体分布均匀，当温度升到23℃以上时原基形成受到抑制，要利用早上低温时喷冷水降温，刺激菌棒形成原基再出一批菇。由于温度的升高再加上菌棒养分也所剩无几，菌丝衰弱，并且无活力，这时菌棒栽培结束。

b. 浸水法。将菌棒用铁钉扎若干孔，码入水池（沟）中浸泡，至含水量达到要求后捞出。此为传统方法，浸水法均匀透心，吸水快，出菇集中，但劳动强度大，菌棒易断裂或解体。

10. 袋栽香菇烂菇的防治

袋栽香菇在子实体分化、现蕾时，常发生烂菇现象。其原因主要有：长菇期间连续降雨，特别是在高温高湿的环境下，菇房湿度过大，杂菌易侵入，造成烂菇；有的属病毒性病害，使菌丝退化，子实体腐烂；有时因管理不善，秋季喷水过多，湿度高达95％以上，加上菇床薄膜封盖通风不良，二氧化碳积累过多，使菇蕾无法正常发育而霉烂。防止烂菇的主要措施如下。

（1）调节好出菇阶段所需的温度。出菇期菇床温度最好不超过23℃，子实体大量生长时控制在10℃～18℃。若温度过高，可揭膜通风，也可向菇棚空间喷水降低温度。每批菇蕾形成期间，若天气晴暖，要在夜间打开薄膜，白天再覆盖，以增大昼夜温差，既能防止烂菇发生，又能刺激菇蕾产生。

（2）控制好湿度。出菇阶段，菇床湿度宜在90％左右，菌棒含水量在60％左右，此时不必喷水；若超过这个标准，应及时通风，降低湿度，并且经常翻动覆盖在菌棒上的薄膜，使空气通畅，抑制杂菌，避免烂菇现象发生。

（3）经常检查出菇状况。一旦发现烂菇，应及时清除，并局部涂抹石灰水或0.1％的新洁尔灭等。

（五）花菇大袋栽培技术要点

花菇是商品香菇中的最佳者，其特点是香菇盖面裂成菊花状白色斑纹，外形美观，菇肉肥厚，柄细而短，香味浓郁，营养丰富，商品价值高。由于花菇技术要求相对严格，产量少，国内外市场供不应求，以日本、中国台湾、新加坡等为最。冬季气温低，空气相对湿度小，是培育花菇的好季节，应抓住时机，创造条件，多产花菇，以提高经济效益。

1. 花菇的成因

花菇的白色裂纹，并非某一独特的品种，也不具性状的遗传性，而是其子实体在生长发育期间为适应不良环境而在外观上发生的异常现象。在自然界中，花菇形成的大体过程是，子实体生长发育到一定程度，突然遇到低温、干燥、刮风等不适宜其正常生长发育的恶劣环境，菌盖表层细胞因失水、低温而变缓或停止生长，因菌肉和菌褶等组织有菌盖表皮的保护，湿度高于表皮，仍能不断地得到基质输送的营养和水分，细胞仍继续增殖、发育、膨大，进而胀破子实体表面皮层，形成龟裂纹或菊花状花纹。目前，在人工袋料栽培上也利用这一现象，采取类似管理措施，已成功地培育出高产优质的花菇。

2. 花菇形成的环境条件

（1）低湿。

湿度是决定花菇形成的主要因素。外界环境干燥（空气相对湿度小于70％）和培养基含水量偏少的情况下，菌肉细胞与菌盖表层细胞的生长不能同步，表层被胀裂而露出洁白菌肉。随着时间的推迟，裂痕逐渐加深，即形成花菇。

（2）低温。

低温是花菇形成的重要因素。气温低（5℃～15℃），香菇生长缓慢，菇肉厚，给花菇的形成奠定了基础。若气温高、生长快、菇肉薄，即使其他条件具备也不会形成花菇，却很快干死。花菇肉质肥厚、营养沉积多，主要原因就是低温。低温下，从菇蕾到长成花菇需 20～30 d。

（3）温差。

花菇形成需要较大的温差。生长气温最高在 18℃～22℃，最低为 5℃，在此范围内，可人工进行调控，拉大昼夜温差，促使大量菇蕾产生。由于气温低、湿度小，加上较大的温差刺激，菌盖表层细胞逐渐干缩，菇肉细胞继续增多，最后菇盖表面龟裂，形成花纹。温差大的条件越持久，裂纹越深，花纹越明显。

（4）光照。

光照对花菇形成有一定影响。花菇一般生长在光线较充足的环境，因为光线直接影响着花菇花纹颜色的深浅：光线充足，花纹雪白，质量上乘；光线不足，花纹则为乳白色、黄白色、茶褐色等。

（5）品种。

品种虽然不是影响花菇形成的直接因素，但不同的品种形成的花菇，在外形上有较大的区别。一般大型品种其形成的花菇朵型仍然较大，且菇盖的裂纹少而深；菇盖小的品种形成花菇后，朵型仍然较小，菌盖表面花纹多而浅。中低温型的菌株在温、湿、光等条件具备的情况下，花菇率高；而偏高温型的菌株，在相同条件下，花菇率大大降低。

3. 花菇大袋栽培技术要点

花菇大袋栽培，即采用 25 cm×55 cm 的塑料袋，1 吨原料可制作 500 袋。常压灭菌，接入菌种培养，菌袋转色后，移入不遮阴的菇棚中栽培出菇。花菇栽培工艺与香菇栽培相近，但花菇产量可达到 60% 以上，而且管理容易、质量好。

（1）栽培季节。

山东地区栽培袋在 7 月上旬至 8 月上旬接种，9 月上旬至 9 月中旬菌丝长满袋转色后，11 月上旬开始出菇直至第二年的 5 月结束。11 月第一批菇生长较好，温度在 15℃ 左右，优质花菇量大；春节前在菇棚内适当加温，可收第二批菇；春节后在菇棚内可分别再收一次花菇，一次厚菇，一次薄菇即完成栽培周期。

（2）菌袋制作。

先将低压聚乙烯塑料袋双层宽 25 cm，厚 0.04 cm，截成 55 cm 长，一端用线绳扎紧，再用烛火熔封，保证不漏气。将培养料装入袋内，装袋时用手工分层装入，不要过紧或过松，以手托袋中间没有松软感，料袋两端不下垂，手抓时不出现凹陷为度。装填后用线绳扎口，先直扎一次，弯折后再扎一次并扎紧，每袋干料重 2 kg，要求装料在 3～4 h 完成，以免培养料酸败使 pH 下降。

（3）灭菌、接种、培养。

灭菌、接种、培养同香菇的培养方法一样。

（4）转色管理。

一般培养 60 d 左右菌袋表面有瘤状物凸起，是转色的征兆。此期黄色积水增多，如果有积水应及时排出，以防积水浸泡菌皮使其增厚影响子实体的发生。栽培袋转色在培养室内进行。

（5）菇棚建造及排袋。

菇棚应选择向阳、地势高干燥的场所，一般每吨料建一个小棚便于管理。棚长 6 m，宽 2.8 m，顶高 2.6 m，菇棚两端用砖砌成，上顶呈弧形，两端山墙各留一个高 1.8 m、宽 0.8 m 的门。门两侧设栽培架各 1 排，分 6 层，层距 33 cm，栽培架之间，设宽 0.8 m 的工作道，工作道地面的一侧设地下火道，墙外安装炉灶，为提高温度和调节湿度用。菇棚顶和栽培架周围用塑料薄膜覆盖，直抵地面并用土封严，薄膜上披草帘，以保温遮阴用。栽培架的菌床每层排列四条竹竿（或是木条），每层菌床排放两排栽培袋，袋距 5 cm，每层菌床排 42 袋，每棚共摆放 500 个栽培袋。

（6）催蕾。

香菇是低温结实的菇类，菌丝体由营养生长转向生殖生长时，在低温的条件下菌丝生长减慢，使养分积贮和聚集准备出菇。当转色后，遇到低温、干湿差、光线刺激和振动，即可形成原基。原基形成后，给予光照、新鲜空气和较高的空气相对湿度（95％左右），这批原基就可顺利分化为菇蕾。

（7）选蕾割袋。

大袋栽培花菇，为了保持袋内水分不散发，并有利花菇发育，选用了割袋这一烦琐而细致的工艺。与一般培育香菇不同，当菌袋上的菇蕾长到 1.5 cm 左右时，用刀片把菇蕾处 3/4 的袋面割破，让菇蕾从割口中伸长出袋外，当菇蕾长到 2 cm 以上进行花菇的管理。

（8）花菇的管理。

①去劣留优。每一个袋内的营养是一定的，幼菇长得密时，要适当将畸形菇和小菇摘除，每袋留 10 个菇形好、距离均匀、大小分布基本一致的菇，这样有利于产出高质量的花菇。

②管理花菇要求空气相对湿度由高到低，光照由暗到强，通风由小到大，温度要始终保持在 8℃～20℃之间。在低温环境中，要求菇棚周围及菇棚地面干燥，阴天下雨时盖严薄膜，防止潮湿的空气侵入菇棚，使形成的花菇花纹越深越宽、颜色越白越好。

（9）采收。

花菇成熟度在 7～8 成时，即菌盖像铜锣边一样稍内卷要及时采收，以免遇高温开伞、变色影响质量。采菇后栽培袋要休养 10 d 左右，使菌丝恢复生长积累养分。具体方法：栽培袋在菇架上不动，遮阴使光线很暗，适当提高棚温达到 25℃左右，增加空气相对湿度达到 85％左右，保持空气清新，以利于养菌，防止杂菌污染。

（六）香菇越夏地栽技术要点

香菇越夏地栽于 11 月下旬至第二年 3 月制袋，第二年 5～10 月出菇。

（1）场地选择。在遮阴度好的林地、室外搭建菇棚，出菇场地要求地势平坦、水源充足、日照少、气温低、排灌方便、交通便利。地势较高的应做低畦，地势低洼的应做平畦或高畦。

（2）栽培袋规格。香菇越夏地栽可选择高密度聚乙烯袋，其规格为（15～17）cm×（40～45）cm。

（3）制袋。按选定的配方将培养料拌均匀，含水量为 50％～55％。装袋机装料通常 2～3 人轮换操作，一人装料，另一人装袋，操作时一人将筒袋套入出料口，进料时一只手托住袋底，另一只手用力抓住料口处的菌袋，慢慢地使其往后推，直至一个菌袋装满，然后将袋口用细绳扎紧。

（4）灭菌。一般常压灭菌，温度达到 100℃保持 12 h 以上，停火，再闷 6 h，移入接菌室。

（5）接种。料温降至 30℃以下时消毒，一般用烟雾消毒剂消毒，后保持 6 h 后开始接种，无菌操作。

（6）菌丝培养。香菇菌丝生长温度范围 4℃～35℃，最适宜温度 22℃～25℃；菌丝长至料袋 1/3 时，逐渐加大通风量，每隔两天通一次风，每次 1 h。适宜温度下，50～60 d 菌袋发好菌。

（7）建棚。对出菇场所进行除草、松土等工作后，用竹竿沿树行建宽 2.5 m、长 20 m 左右的菇棚，用塑料布覆盖，在棚上方覆盖遮阳网予以遮光、降温。每棚平整 2 个菇畦，每畦宽 0.8 m，中间为宽 60 cm 的走道。

（8）转色脱袋覆土。菌丝满袋后，通风增光使其尽快转色，经 30～40 d，菌袋有 2/3 瘤状物凸起、颜色变为红褐色，即可脱袋排场覆土。脱袋最好选择在阴天或气温相对较低的天气进行，排袋前浇一次水，然后洒上石灰粉消毒，再喷杀虫药剂杀虫；边脱袋边排，菌袋间隔 3 cm。最后覆土，覆土厚度以盖住菌袋为宜。浇一次重水，拱起竹拱，盖上遮阳网或塑料薄膜。

（9）出菇管理。香菇越夏地栽管理的关键是降温、通风、喷水保湿 3 项工作。

①催菇。为保护菌袋促进多产优质菇，这时应在畦面干裂处填充土壤（弥土缝），否则会出劣质菇或底部出菇破坏畦面。菌袋排袋后采用干湿交替和拉大温差的方法催蕾，或在菌筒面上浇水 2～3 次，即可产生大量的菇蕾，浇水后立即用土壤填实畦面上的缝隙。

②前期管理。地栽香菇第一批菇一般在 5～6 月上旬出菇，此时气温由低变高，夜间气温较低，昼夜温差大，对子实体分化有利。由于气温逐渐升高，应加强通风，把薄膜挂高，不让雨水淋菌袋。

当第一批香菇采收结束之后，应及时清除残留的菇柄、死菇、烂菇，用土填实畦面上所有的缝隙并停止浇水，降低菇床湿度，让菌丝恢复生长，积累养分，待采菇穴处的菌丝已恢复浓白，可拉大昼夜温差、加强浇水刺激下一批子实体的迅速形成。

③中期管理。这期间为 6 月下旬至 8 月中旬，为全年气温最高的季节，出菇较少。中期管理以降低菇床的温度为主，促进子实体的发生。一般加大水的使用量，并增加通风量，防止高温"烧菌"。

④后期管理。这期间为 8 月下旬至 10 月底，气温有所下降，菌袋经前期、中期出菇的营养消耗，菌丝不如前期生长那么旺盛，因此这阶段的菌袋管理主要是注意防止烂筒和烂菇。

（10）采收。气温高时，香菇子实体生长很快，要及时采收，不要待菌盖边缘完全展开才采收，以免影响商品价值。采收时，不要带起培养料，捏住菇柄轻轻扭转采下，保护好小菇蕾，将残留的菇柄清理干净。

第三节　金针菇高效栽培技术

金针菇属于担子菌纲、伞菌目、口蘑科、金钱菌属。我国金针菇产业从 20 世纪 80 年代起步，近几年随着农业结构调整的深入推进，面积不断扩大，产量逐年增加，已成为农村经济最具活力的增长点之一。金针菇生产投资少，见效快，成本低，方法简便，经济效益高，适合农村基地化规模发展。

金针菇经历了栽培品种从黄色品系发展到白色品系、生产工艺从玻璃瓶栽发展到塑料袋栽、生产模式从家庭手工操作到工厂化的发展过程。我国金针菇工厂化生产经过近 20 年的探索，正在逐步走向成熟，各地涌现出一批工厂化栽培白色金针菇的企业，主要分布在上海、福建、山东、北京、浙江、江苏等地，金针菇工厂化生产作为食用菌生产的一种新模式，在我国前景良好并且有巨大的发展空间。

一、金针菇生物学特性

（一）形态特征

1. 菌丝体

母种菌丝浓密，有短绒毛状气生菌丝，低温保存时，在培养基表面易形成子实体。黄色品种常在培养后期出现黄褐色色素，使菌丝不再洁白而稍具污黄，同时培养基中也有褐色分泌物；浅黄色品种菌丝较白；白色品种的菌丝纯白色，且气生菌丝更旺盛。

2. 子实体

金针菇子实体丛生，由菌盖、菌褶、菌柄 3 部分组成。菌盖直径 1～7 cm，大的可达 10 cm 左右。幼时呈球形，最后边缘反卷成波状，菌盖表面有一层胶状物质，湿时有黏性，干燥时有光泽；菌肉白色，中央厚，色浅黄或黄褐，边缘薄，呈浅黄色。菌褶白色或浅黄色，稍密。菌柄离生或弯生，长 5～20 cm，直径 12～18 mm，柄上部稍细，呈白色或浅黄色，基部暗褐色，初期菌柄内部实心，后期中空。

（二）生长发育条件

1. 营养条件

金针菇和其他生物一样，都要摄取一定的营养物质。在自然条件下，金针菇是一种腐生菌，只能通过酶的作用从天然培养料中吸收营养物质。在人工栽培条件下，它要从基质中摄取碳源、氮源、无机盐和维生素营养，所以栽培中其培养料的选择对产量和品质都有很大影响。

（1）碳源。在自然界中，金针菇能利用木材、棉籽壳、玉米芯中的单糖、纤维素、木质素等化合物。

（2）氮源。金针菇菌丝可利用多种氮源，其中以有机氮为最好。氮源不足会影响菌丝生长，在生产栽培中通常加麦麸、米糠、玉米粉、棉籽粉、豆饼粉等以增补氮源。在营养生长阶段，碳氮比以 20∶1 为好；在生殖生长阶段，碳氮比以（30～40）∶1 为宜。

（3）无机盐和维生素。金针菇需要一定量的无机盐类物质，特别是镁离子、磷酸根离子是金针菇子实体分化不可缺少的。金针菇是维生素 B_1 和维生素 B_2 天然缺陷型，必须由外界添加才能良好生长，故习惯上在培养料中加玉米粉、米糠等。

2. 环境条件

（1）温度。金针菇属低温型菌类，菌丝耐低温能力很强。据试验，在 −21℃ 时经过 138 天后仍能生存；超过 34℃ 菌丝便会死掉。菌丝体生长的温度范围是 3℃～34℃，最适温度为 23℃左右；子实体分化，要求的温度为 10℃～15℃，最适宜温度为 12℃～13℃；原基可在 10℃～20℃ 范围内生长，超过 23℃ 形成的原基会萎缩消失。子实体正常生长所需的温度为 5℃～20℃，最适温度为 8℃～12℃，子实体发生后在 4℃ 下以冷风短期抑制处理，可使金针菇发生整齐，菇形圆整。

（2）湿度。金针菇菌丝生长阶段，要求培养料的含水量为 60％～68％，实践证明，根据培养料质地的不同，适当增加培养料的含水量，能起到一定的增产作用。培养料水分如果低于 50％，菌丝生长稀疏，结构性不好；水分高于 75％，则通气不良，菌丝生长缓慢或停止生长。

子实体形成时培养料最适含水量为 65％，低于 50％子实体不会形成。原基分化时空气相对湿度保持在 80％～85％；子实体发育阶段，要求较高的空气相对湿度，除依靠本身的水分来满足菇体生长发育外，空气相对湿度应提高到 85％～95％。

（3）空气。金针菇是好气性真菌，必须有足够的氧供应才能正常生长，因此菌丝体生长阶段和子实体发育阶段，要注意通风换气，保持空气新鲜。在菌丝体生长阶段，对氧的要求不严格；但在子实体形成阶段，需要有足够的氧。否则菇的生长缓慢，菌柄纤细，不形成菌盖，形成针尖菇。金针菇的子实体对空气中的二氧化碳浓度很敏感，当二氧化碳含量超过 1％时就抑制菌盖的发育；超过 5％时，便不能形成子实体。

（4）光线。金针菇基本上属厌光性的菌类，菌丝在黑暗条件下生长正常、日光曝晒即会死亡。金针菇原基在黑暗条件下也能形成，菌柄在黑暗条件下也能生长。但是，光线对子实体形成有促进作用，是子实体形成所必需的。

金针菇在较强的光线下，菌柄短，菌盖开伞快，色泽深，不符合商品要求。为了得到优质商品菇，必须在暗室中栽培。

（5）酸碱度。金针菇需要弱酸性的培养基，在 pH 为 3～8.4 范围内菌丝皆可生长。菌丝体生长阶段，培养料的 pH 最适值是 4～7。在一定的 pH 范围内，培养料偏碱会延迟子实体的发生，微酸性的培养料，菌丝体生长旺盛。子实体在 pH 为 5～6 时产生最多最快，培养料中的 pH 低于 3 或高于 8，菌丝停止生长或不发生子实体。所以，一般是采用自然的 pH，但若在培养基中加入适量的磷酸根离子和硫酸镁，菌丝生长更旺盛。

二、金针菇高效栽培技术要点

（一）栽培季节

利用自然季节栽培金针菇应安排在 9～11 月，栽培时间过早气温高，杂菌污染率高；栽培时间过晚，气温低，发菌慢，影响产量，一般 4～5 月结束出菇。

（二）栽培场所

根据金针菇是低温品种及需要微弱光线的特性，可建地沟棚、大拱棚等；也可利用闲置的窑洞、塑料大棚、房屋、养鸡棚、蚕棚等。有林地条件的可建地沟棚。

（三）栽培配方

（1）木屑 70％、米糠或麦麸 27％、蔗糖 1％、石膏粉 1.5％、石灰粉 0.5％。

（2）棉籽壳 75％、米糠或麦麸 22％、蔗糖 1％、过磷酸钙 1％、石膏粉 1％。

（3）玉米芯 70％、米糠或麦麸 25％、蔗糖 1％、石膏粉 2％、过磷酸钙 1％、石灰粉 1％。

（4）甘蔗渣 75％、米糠或麦麸 20％、玉米粉 3％、蔗糖 1％、石膏粉 1％。

（四）装袋及灭菌

1. 装袋

培养料拌好后应立即装袋。栽培袋规格一般为 17 cm×（30～33）cm，如果用的不是成品袋，应提前把筒袋的一头扎好，使之不透气。装袋时边提袋边压实，扎口要系活扣，一般每袋可装干料 0.30～0.35 kg。装袋松紧要适宜，过紧透气不良，影响菌丝生长，过松薄膜间有空隙，容易被杂菌污染。拌料装袋必须当天完成，以防酸败。

2. 灭菌

栽培袋装进灭菌灶后，要用猛火烧，使料温在 4 h 内达到 100℃后稳火保持 10～12 h。停火后闷 8～10 h，卸出栽培袋，搬入棚内（冷却室或接种室）冷却。在搬运过程中要轻拿轻放，以免袋子扎孔、杂菌污染，如果发现破裂袋子应及时挑出。

（五）地沟棚栽培技术要点

1. 地沟棚的建造

（1）棚口上宽 1.7 m，底宽 1.4 m，下挖 0.6 m，上筑 0.5 m 墙，长度一般为 20 m。取土筑墙时用棚内土，这样就自然形成了地沟。

（2）建好地沟，插拱架，竹片 3 m 长，间隔 0.3～0.5 m，然后再用细竹竿顺次将竹片连接起来。

（3）棚顶先覆盖一层塑料薄膜，然后覆盖麦秸草或稻草，草的厚度以棚内无光线为准，然后再覆上一层薄膜以防雨雪，棚的两侧各留 3～5 个通风口，以备通风。棚与棚之间留好排水沟。

（4）棚两头各做一个草门，草门不能透光。建好棚后，棚内基本处于黑暗状态。

2. 消毒

在将灭好菌的料袋进棚前 2 d，密闭棚进行消毒，每个棚用甲醛 2 kg。一种方法是用炉子加热甲醛使其挥发；另一种方法是用高锰酸钾与甲醛按 1∶2 配比，密闭熏蒸。

3. 接种

当料袋温度降至 25℃以下时接种，接种前 2 h 消毒，如果用甲醛消毒要提前 12 h 进行。消毒前把菌种及接种工具放入棚内，接种时如果有强烈的甲醛味，可加适量的氨水或碳酸氢铵，利用其挥发出的氨气中和甲醛。

接种时一般 3～4 人一组，一人接种，2～3 人扎口，每棚 2～3 组，接种人员穿戴要干净卫生，手、工具要用 75％的酒精擦洗消毒，接触菌种的工具要用酒精灯火焰灼烧冷却后使用，一般 500 g 瓶装菌种接 25～30 袋。

4. 发菌期管理

接种完毕，自然温度发菌，一般棚内自然温度在 15℃～20℃，菌丝体生长范围 3℃～34℃，最适温度为 23℃左右，按正常情况 30 d 左右菌丝全部吃透料。若接种时间偏早、气温高，此时要注意防止高温"烧菌"，将温度表放入袋与袋中间，若发现温度超过 28℃，应立即通风并翻袋；若接种时间晚，棚内温度低，则可采取将菌袋集中发菌，每天除去棚上麦草利用阳光增温等措施。

5．出菇期管理及采收

待菌丝吃透料的一半时即可排袋，4～5 d 后解口，待菌丝发至料袋的 2/3 时撑口，盖上地膜并向棚内灌水，增加湿度。若棚内温度在 15℃以上，早晚需通风降温。正常情况下，每天早晚各通风一次，每次 20 min 左右。根据金针菇的生长情况可适当增减通风时间。若菌柄细，菇盖小，为氧气不足所致，此时应适当延长通风时间；若菇盖大，菌柄短粗，要减少通风次数或不通风，直至长出适合市场需求的金针菇。若温度适宜，开口后 7 d 左右袋口就出现大量菇蕾，再过 7 d 左右即可采收，金针菇子实体生长温度范围 4℃～20℃，最适温度为 8℃～15℃。

一般在菇柄长 12～18 cm，菇盖直径 0.5～1.5 cm 时即可采收。金针菇生长过程中不需要喷水，只要在棚内灌水，保持棚内湿度即可。

每采完一潮菇后，需加大通风量，向料面喷水两天，每天两次，并向棚内灌水，然后按正常管理，经 10 d 左右又长出大批菇蕾，一般可采收 4～6 潮。

（六）金针菇工厂化生产技术要点

近年来，金针菇工厂化生产在各地迅速发展，据生产的先进程度可分为两类：一是机械化、自动化程度高，栽培条件完全可控；二是一定程度的机械化，自动化程度低，以控制温度为主。目前国内主要以第二类为主，其主要特征为投资少（仅为前者的 1/30～1/20），见效快，且以人工管理为主要手段。

1．库房结构及制冷设备配置

（1）库房结构。库房要求相对独立，各冷库排列于两侧，中间过道，库门开于过道，过道自然形成缓冲间，减小空气交换时外界与栽培冷库内的温差。菌丝培养库面积以 60 m² 宜，出菇库面积以 40 m² 宜，培养出菇库比例为 2：1。

（2）制冷设备配制。240 m³ 培养库，160 m³ 出菇库，每库配 7.5 kW 制冷机、冷风机 2 台。

2．主要生产设施

主要生产设施包括栽培架、灭菌筐、常压灶、锅炉、拌料机、破碎机等。

（1）栽培架。培养库栽培架 8 层，层间距 40 cm；出菇库栽培架 7 层，层间距 45 cm，第一层离地 50 cm 以上。

（2）灭菌筐、推车。灭菌筐可装菌袋 16 袋，推车可装菌筐 10 筐。

（3）常压灶、锅炉。常压灶由锅炉提供蒸汽，每灶可装菌筐 250 筐（即 4000 袋），锅炉以 0.3 吨以上为宜。

（4）拌料机、破碎机。拌料机以每次 150 袋为宜，颗粒粗的培养料需预先用破碎机进行破碎。

3．制袋

栽培袋采用 17.5 cm×40 cm×0.05 cm 聚丙烯塑料袋，中间插入直径 2 cm 的接种棒后，以套环和棉花塞封口，高压灭菌后接种。

4．接种

当料温降至 30℃以下时接种，拔出接种棒，将菌种接入孔中并盖满料面后封口，接种完成后及时搬入培养室。

5. 菌丝培养、催蕾

培养室温度控制在 24℃左右，暗光培养，菌丝生长后期每天适当进行通风。菌丝基本长满菌袋后进行催蕾；培养库温度降至 12℃～15℃，每天适当开灯，约 7 d 即可长出针尖菇，菌柄 1～2 cm 时转入抑制室管理。

6. 抑制

抑制室温度 3℃～5℃，湿度 80%，每天换气 4 次，每次 30～40 min。经 7～10 d 抑制，菌柄长至 3～5 cm 时转入出菇室管理。

7. 出菇管理

出菇库温度控制在 5℃～8℃，经 5～7 d，针尖菇倒伏。一般倒伏后第三天，可明显看到从菇柄的基部重新长出密集的菇蕾，且长度一致。如果 3～4 d 后仍无新的菇蕾出现，手触摸已萎蔫的菇蕾有刺感，则可轻喷水一次，并覆盖塑料膜保湿。再生菇蕾长至 5～6 cm，及时套袋或拉袋口。

抑蕾结束后，子实体逐步进入快速生长期，应加强温、湿、氧、光等诸方面的综合管理。温度控制在 12℃～18℃范围内，空气相对湿度 80%～90%。为了抑制菌盖生长，促进菌柄伸长，可适当提高袋内二氧化碳浓度，一般每天通风 1～2 次，每次 20～30 min。主要进行弱光培养。

8. 采收

当子实体长至 17 cm 左右，菌盖 1～1.5 cm 时即可采收。根据市场要求进行分级包装，包装时切去菇根，每 2.5 kg 装入食品袋排放整齐，后装入泡沫箱，移至保藏库（4～6℃）保鲜。

9. 工厂化栽培易出现的问题

（1）出菇不整齐且量少，出菇有早有晚，大小不一。

①主要原因：接种量过大或菌种块大；发菌温度偏低，特别是低于 15℃；菌袋膨胀。

②解决方法：接种量控制在 3% 左右，菌种块 1 cm 左右；适温发菌，温度控制在 20℃～22℃；采取搔菌措施，即当菌丝长满培养料时，用镊子和铁丝钩将表面老化菌丝和接种块去掉，搔菌不能太重，否则会推迟出菇；将灭菌后料袋膨胀的重新装袋。

（2）产量低、品质差（商品率低）。

①当出菇室内通风不良、二氧化碳浓度过高时，便会出现子实体纤细、顶部纤细、中下部稍粗，而且东倒西歪的现象。若继续缺氧会停止生长，甚至死亡。

②若出菇室内经常改变光线方向，则会出现子实体菌柄弯曲或扭曲，且子实体个体多，幼菇弱小且发育不良的现象。

③子实体过早开伞，失去商品价值。出现此现象的原因很多，如温度、湿度、空气、光线管理不当和出现病虫害等。

（3）不能出二潮菇或产量低，品质差。

①主要原因：培养料营养及水分不足或料面污染。

②解决方法：采收一潮菇后及时清理料面，避免污染；及时补肥，如 1% 葡萄糖水、煮菇水或 0.3%～0.5% 尿素液；低价处理菌袋给菇农，让其分散出菇。

第四节　黑木耳高效栽培技术

黑木耳又称木耳、细木耳，属木耳目、木耳科、木耳属。我国地域辽阔，林木资源丰富，大部分地区气候温和，雨量充沛，是世界上黑木耳的主要产地，主要产区是湖北、四川、贵州、河南、吉林、黑龙江、山东等省区。黑木耳是我国传统的出口商品之一。

黑木耳质地细嫩、滑脆爽口、味美清新、营养丰富，是一种可食、可药、可补的黑色保健食品，倍受世人喜爱，被称为"素中之荤、菜中之肉"。据分析，每 100 g 干木耳中含蛋白质 10.6 g、氨基酸 11.4 g、脂肪 1.2 g、碳水化合物 65 g、纤维素 7 g，还有钙、磷、铁等矿物质元素和多种维生素。在灰分元素中，铁的含量比肉类高 100 倍，钙的含量是肉类的 30～70 倍，磷的含量是番茄、马铃薯的 4～7 倍，维生素 B_2 的含量是米、面和蔬菜的 10 倍。

黑木耳不仅营养丰富，而且具有较高的药用价值。黑木耳味甘性平，自古有"益气不饥、润肺补脑、轻身强志、活血养颜"等功效，并能防治痔疮、痢疾、高血压、血管硬化、贫血、冠心病、产后虚弱等病症，它还具有清肺、洗涤胃肠的作用，是矿山、纺织工人良好的保健食品。近年来的科学研究发现，黑木耳多糖对癌细胞具有明显的抑制作用，并有增强人体生理活性的医疗保健功能。

一、黑木耳生物学特性

（一）形态特征

1. 菌丝体

菌丝洁白、浓密、粗壮，有气生菌丝，但短而稀疏。母种培养期间不产生色素，放置一段时间能分泌黄色至茶褐色色素，不同品种色素的颜色和量不同。镜检有锁状联合，但不明显。

2. 子实体

黑木耳子实体的形状、大小、颜色随外界环境条件的变化而变化，其大小为 0.6～12cm，厚度 1～2 mm，红褐色，晒干后颜色更深。子实体的颜色除与品种有关外，还与光线有关，因子实体中色素的形成与转化受到光的制约。

（二）生长发育条件

1. 营养条件

（1）碳源。主要来源于各种有机物，如锯木屑、棉籽壳、玉米芯、稻草等。

（2）氮源。氮素是黑木耳必需的营养物质之一，可利用的氮源主要有稻糠、麦麸等。碳和氮的比例一般为 20∶1，比例失调或氮源不足会影响黑木耳菌丝体的生长。

（3）无机盐。黑木耳生长还需要少量的钙、磷、铁、钾、镁等无机盐，虽然用量少，但不可缺少，其中磷、钾、钙最重要，直接影响黑木耳的质量好坏、产量高低，其主要来源于石膏、过磷酸钙、磷酸二氢钾等。

2. 环境条件

（1）温度。黑木耳属中温性真菌，具有耐寒怕热的特性。菌丝在 4℃～32℃之间均能生长，最适温度为 22℃～26℃，低于 10℃，生长受到抑制，但在 -30℃的环境下也不会被冻死；高于 30℃，菌丝体生长加快，但纤细、衰老加快。子实体在 15℃～32℃下能形成子实体，最适温度为 20℃～25℃。

（2）水分。黑木耳整个生育阶段均需要较高的湿度，尤其是在子实体发育期，空气相对湿度要求为 90%～95%。低于 80%子实体生长缓慢，低于 70%不能形成子实体，但很低的湿度菌丝也不致被干死；袋料培养基含水量以 60%～65%为好，湿度过低会显著影响后期产量；段木栽培中，木段含水量应在 35%以上，过低不易定植成活。黑木耳子实体富含胶质，有较强的吸水能力，如果在子实体阶段一直保持适合子实体生长的湿度，会因"营养不良"而生长缓慢，影响产量和质量。如果采取干湿交替，耳片在干时收缩停止生长后，菌丝在基质内聚积营养，恢复湿度后，耳片长得既快又壮，产量高。

（3）光照。黑木耳是喜光性菌类，光对子实体的形成有诱导作用，在完全黑暗条件下不会形成子实体。光线不足，生长弱，耳片变为浅褐色；只有在 400 lx 以上的光照条件下，耳片才是黑色的，且健壮、肥厚。但在菌丝培养阶段要求暗光环境，光线过强容易提前现耳。所以，在袋料栽培中，菌丝在暗光中培养成熟后，从划口开始就给以光照刺激，促进耳基早成。

（4）空气。黑木耳属好气性真菌，在生长发育过程中需要充足的氧气。如果二氧化碳积累过多，不但生长发育受到抑制，而且易发生杂菌感染和子实体畸形，使栽培失败。

（5）酸碱度（pH）。黑木耳菌丝体生长的 pH 范围在 4～7 之间，其中以 pH 为 5.5～6.5 时酶的活性最强。但在袋料栽培中，培养基添加麦麸或米糠时，菌丝在生长发育中产生足量有机酸使培养基酸化，而这种酸化的环境适于杂菌生长，导致制袋污染率上升。

二、黑木耳高效栽培技术要点

（一）季节选择

黑木耳是一种中温型菌类，适于春、秋季栽培。在华北地区 1 年中可生产 2 批。春栽 2～3 月生产栽培袋，4～5 月出耳；秋栽 8～9 月生产栽培袋，10～11 月出耳。由于我国南北方温度差异较大，因此各地必须按照当地气温选择黑木耳的栽培季节。

（二）栽培场地选择

场地选择可利用闲置的房屋、棚舍、山洞、窑洞、房屋夹道或搭塑料大棚，或在林荫地、甘蔗地挂袋出耳。要求周围环境清洁，光线要充足，通风良好，保温保湿性能好，以满足黑木耳在出耳期间对温度、湿度、空气和光照等环境条件的要求。不要选在山坡上或山顶上，更不能选在浸水窝里，最好选在有少量透光的树林中，以能流利阅读报纸的散射光为好。

（1）大田。整畦做床，挖宽 1～1.5 m、深 20 cm，长不限的浅地畦，畦间留 0.6～0.8 m 宽走道，摆袋出耳。

（2）林地。成片林地的空气新鲜，光照充足，通风良好，接近野生黑木耳生长的自然条件，耳片厚，颜色深，品质好，不易受杂菌侵染。

（3）阳畦。适用于春季气温低、空气干燥时出耳。选择向阳、背风、地势高干燥平坦的地方，坐北朝南建造地下式阳畦，畦深 30～40 cm、宽 1 m、长 3～5 m。畦框要坚实，框壁要铲平，防止塌陷。畦底要夯实，框壁最好抹上一薄层麦秸泥。畦面用竹片搭拱形棚架，畦底至棚顶高度为 60 cm，棚顶拉 4 行铁丝挂袋，棚上覆盖塑料薄膜保湿，塑料薄膜外面盖草帘遮阴。

（三）原材料准备及质量标准

（1）木屑。要求无杂质、无霉变，以阔叶硬杂树为主。如果木屑过细，可适当添加农作物秸秆（粉碎）调节粗细度，以颗粒状木屑 80％加细锯末 20％为宜。

（2）麦麸、米糠。麦麸、米糠要求新鲜无霉变，麦麸以大片的为好。一般好的米糠一麻袋为 60～75 kg，否则就是里面掺加了稻壳，购买时一定要注意鉴别。

（3）塑料袋。为保护生态环境，现在生产黑木耳一般用木屑、棉籽壳等原料袋式栽培。要求每个袋重量都必须在 4 g 以上为好，塑料袋太薄装袋灭菌后就会变形。

生产中建议使用规格为 17 cm×35 cm、重量为 4.2 g 的低压聚乙烯或高压聚丙烯袋。低压聚乙烯袋不能用于高压灭菌生产，其优点是不易脱袋。高压聚丙烯袋为通用袋，其优点是便于检查杂菌，便于割口。

（4）双套环（无棉盖体）。无棉盖体分两种，一种是用纯原料生产的，一种是用再生料生产的。再生料生产的价格便宜，规格有上盖直径 3 cm 和 2.8 cm 的两种。购买 2.8 cm 规格的比较适合，2.8 cm 规格的污染率低。也可用单环加棉塞代替双套环使用，可以节约成本，单环要用塑料打包带自己制作，棉花选用普通的即可。

（5）相关药品。黑木耳生产常用药品分为三大类：促进生长类药品、消毒类药品、病虫害防治药品。促进生长的常用药品主要有三十烷醇、食用菌营养素、菇耳壮等，生产上可按使用说明书使用；消毒类药品常用的有甲醛、来苏儿、硫黄、高锰酸钾、熏蒸消毒剂、漂白粉、过氧乙酸、新洁尔灭、酒精、多菌灵、绿霉净、石灰等；病虫害防治药品常用的有甲基托布津、多菌灵、石灰水、乐果、敌杀死、敌敌畏等。

（四）黑木耳高产配方

（1）硬杂木屑 64％，玉米芯 20％，麦麸 12％，豆饼粉 2％，石膏粉 1％，生石灰 1％（pH 调至 8～9 为准）。

（2）锯木屑（硬杂木）86.5％，麦麸 10％，豆饼粉 2％，生石灰 0.5％，石膏粉 1％。

（3）玉米芯 48.5％，锯木屑 38％，麦麸 10％，豆饼粉 2％，生石灰 0.5％，石膏粉 1％。

（4）豆秸 72％，玉米芯或锯木屑 17％，麦麸 10％，生石灰 0.5％，石膏粉 0.5％。

（5）稻草 84.5％，麦麸 12％，豆饼粉 2％，生石灰 0.5％，石膏粉 1％。

（五）拌料

木屑过筛，筛除掉较大的木块，可有效地减少破袋的情况发生。拌料前先将麦麸、石膏、石灰称好后放在一起，先干拌 2 遍，然后再放入木屑中进行搅拌 2 遍。将拌料水与木屑等原料混合翻拌 2 遍，要保证混拌均匀。后 2 遍时要注意调整混合料的水分，保证含水量在 62％～63％之间，通过加生石灰调整 pH 为 6.0～7.0。

（六）灭菌

可参照香菇栽培中的灭菌方法。

（七）接种

接种前对接种室进行消毒，接种时要严格按照无菌操作进行。

接种量以全部封住栽培袋袋口的料面为度，接完种后把袋口盖紧，搬入培养室内进行养菌。培养室必须卫生、干燥、避光，培养室湿度要保持在 60％～70％，不得大于 70％，否则容易产生杂菌，原则是"宁干勿湿"。

（八）菌袋培养

（1）前期防低温。养菌初期 5～7 d 要保持培养室内温度在 25℃～28℃，空气相对湿度为 45%～60%，菌袋上面菌丝长满前通小风，促进菌丝定植吃料以占据绝对优势，使杂菌无法侵入。

（2）中、后期防高温。当菌丝长到栽培袋的 1/3 时，要控制室温不超过 28℃，最低不低于 18℃。最高温度、最低温度测量以上数第二层和最下层为准，上下温差大时，要用换气扇进行通风降温。

（3）适时通风。保证发育过程中的空气清新，每次可以通风 20 min 左右。

（4）避光养菌以防止提早出现耳基。在室内养菌 40～50 d，当菌丝长到袋的 4/5 时，可以拿到室外准备出耳。同时创造低温条件（15℃～20℃），菌丝在低温和光线刺激下很易形成耳基。

（九）出耳管理

1. 搭设好耳床或耳棚

耳床的制作可根据地势和降雨量做成地上床或地下床，以地面平床形式较好。做好耳床后，床面要慢慢地浇重水一次使床面吃足吃透水分，再用 1∶500 甲基托布津溶液喷洒消毒，同时将准备盖袋用的草帘子也用甲基托布津药液浸泡，然后拎出控干水分。耳棚在移入栽培袋前也要对地面（地面铺层煤渣和石灰最好）和草帘子等进行消毒。

2. 划口摆袋或吊袋

（1）划"V"形口。用事先消毒好的刀片在栽培袋上划"V"形口，"V"形口角度是 45°～60°，角的斜线长 1.8 cm 左右、深 0.5 cm 左右。每个袋划 8～12 个口，分 3 排，每排 4 个，呈"品"字形排列。

（2）划"一"字形口。用灭过菌的刀片在袋的四周均匀地割 6～8 条"一"字形口，以满足黑木耳对氧和水分的要求，有效地促进耳芽形成。"一"字形口宽 0.2 cm、长 5 cm。

划口后的栽培袋就可摆袋或吊袋，一般地栽可摆袋 25 袋/平方米。若吊挂栽培袋可用塑料绳吊袋，每串间距 20 cm，袋与袋间距不小于 10 cm，一条绳上可吊 10 袋左右，每行间距 40 cm。

3. 出耳方式

（1）吊袋栽培。将划口的菌袋用预先备好的"S"形铁丝钩钩在扎袋口橡皮筋上，悬挂在出耳场地。挂袋时一定要控制挂袋密度，切忌超量；要顺风向、有行列、分层次，袋与袋之间互相错开，上、下、前、后、左、右距离不小于 10～15 cm，以便每个菌袋都能得到充足的光照、水分和空气。此法的优点是省地（10 000 袋占地 140 m²）、易管理（1人能管理 5000～10 000 袋）、烂耳少、病虫害轻、黑木耳杂质少。此法的不足之处是通风和湿度不易控制，产量低，平均每袋鲜耳重 400 g 左右（总产量）。

（2）大田仿野生畦栽。这种出耳形式是模拟自然条件下栽培木耳的方法，可充分利用地面的潮气，能够很好地协调湿度、通气和光照的关系，增加袋栽木耳的成功率，产量高，平均每袋鲜耳重 500 g（总产量）。此法不用搭建耳棚，可在房前屋后空地制作耳床，地面摆袋出耳。这种方法的缺点是占地面积大、空间利用率低、费工，1 人管理难以超过

20000 袋；湿度大时易出现烂耳现象；杂质较多，晾干前通常需要清洗去杂质；在连阴雨天时管理较烦琐。

4. 出耳管理

接种的料袋经培养 40～50 d，菌丝便长满培养料成为菌袋。菌丝满袋后不要急于催耳，应再继续培养 10～15 d，使菌丝充分吃料，积累营养物质，提高抗霉抗病能力。这时培养室要遮光，同时适当降低温度，防止耳芽发生和菌丝老化。在菌袋出耳前，应增加培养室的光照，刺激原基后即可转入出耳管理。

（1）出耳环境的控制。

①保持湿度。出耳期间，应以增湿为主，协调温、气、光诸因素，尤其在子实体分化期需水量较多，更应注意。菌袋开口摆袋后，喷大水 1 次，使菌袋淋湿、地面湿透、空气相对湿度保持在 90% 左右，以促进原基形成和分化。整个出耳阶段，空气相对湿度都要保持在 80% 以上。如果湿度不足，则干缩部位的菌丝易老化衰退，尤其在出耳芽之后，耳芽裸露在空气中，这时空气中的相对湿度如果低于 90%，耳芽易失水僵化，影响耳片分化。

②控制温度。出耳阶段的温度以 22℃～24℃ 为宜，最低不低于 15℃，最高不超过 27℃。温度过低或过高都会影响耳片的生长，降低产量和质量。尤其在高温、高湿和通气条件不好时，极容易引起杂菌的污染和发生烂耳。遇到高温时，管理的关键是尽快把高温降下来，可采取加强通风、早晚多喷水、用井水喷四周墙壁与空间和地面等办法进行降温。

③增加光照。黑木耳在出耳阶段需要有足够的散射光和一定的直射光。增加光照强度和延长光照时间，能加强耳片的蒸腾作用，促进其新陈代谢活动，使耳片变得肥厚、色泽黑、品质好，光照强度以 400～1000 lx 为宜。袋栽黑木耳，在出耳期间，要经常倒换和转动菌袋的位置，使各个菌袋都能均匀地得到光照，提高木耳的质量。

（2）出耳阶段的管理。

①耳基形成期。耳基形成期是指划口处出现子实体原基，逐渐长大直到原基封住划口线，"V" 形口两边即将连在一起的这段时期。这段时期一般为 7～10 d，要求温度在 10℃～25℃ 范围内，空气相对湿度在 80% 左右，可通过往草帘上喷雾状水（耳棚向空间喷雾状水）来调节湿度。要注意绝不能向栽培袋上浇水，以免水流入划口处造成感染。这段时期还要适时通风，早晚给予一定的散射光照，促进耳基的形成，增加木耳干重。

②子实体分化期。经 5～7 d 原基形成珊瑚状并长至桃核大时，上面开始伸展出小耳片，这个阶段要求空气相对湿度控制在 80%～90% 的范围内，保持木耳原基表面不干燥即可（偶尔表面发干也无妨，这可以给子实体分化生长积聚营养）。这段时期还要创造冷热温差（利用白天和夜间的温差），及时流通空气，利于子实体的分化。

③子实体生长期。待耳片展开到 1 cm 左右时，便进入子实体生长期。这段时期要加大湿度（空气相对湿度在 90%～100% 之间）和加强通风。浇水时可用喷水带直接向木耳喷水，让耳片充分展开。过几天要停止浇水，让空气湿度下降，耳片干燥，使菌丝向袋内培养料深处生长，吸收和积累更多的养分。然后再恢复浇水，加大湿度，使耳片展开。这个阶段的水分管理十分重要，要做到"干湿交替、干就干透、湿就湿透、干湿分明"。

干，可以干 3～4 d，干得比较透，目的是让胶质状的子实体停止生长，让耗费了一定营养、紧张过一段的菌丝休养生息、复壮一些，再继续供应子实体生长所需的营养（这也是胶质状耳类和肉质状菇类的不同所在）；干是为了更好地长，但它的表现形式是"停"，干要和子实体生长的"停"相统一。湿，是要把水浇足、细水勤浇，浇3～4 d，其目的就是长子实体，只有这样的湿度才能长出、长好子实体，最好利用阴雨天，3 d就可成耳。这样可以"干长菌丝，湿长木耳"，增强菌丝向耳片供应营养的后劲。

子实体生长期为10～20 d，在这一阶段要有足够的散射光或一定的直射光。可以在傍晚适当晚一些遮盖草帘或早晨时早一些打开草帘来满足木耳对光线的要求，促进耳片肥厚，色泽黑亮，提高品质。

④成熟期。当耳片展开，边缘由硬变软，耳根收缩，出现白色粉状物（孢子），说明耳片已成熟。在耳片即将成熟阶段，严防过湿，并加大通风，防止杂菌侵染造成流耳。

⑤转潮耳的管理。管理得好，可采三潮耳，分别占总产量的70%、20%和10%左右。二潮耳的管理技术要点：一是采收后的耳床要清理干净，进行一次全面消毒。清理耳根和表层老化菌丝，促使新菌丝再生；二是将菌袋晾晒1～2 d，使菌袋和耳穴干燥，防止感染杂菌；三是盖好草帘，停水5～7 d，使菌丝休养生息，恢复生长。待耳芽长出后，再按一潮耳的方法进行管理。

（3）转潮耳杂菌污染原因及措施。

黑木耳正常情况下能出三潮耳，但目前有些地区头潮耳采收后，未等二潮耳长出就感染了杂菌，分析原因如下：

①暑期高温。菌丝生长阶段的温度是4℃～32℃，如果袋内温度超过35℃，菌丝死亡，逐步变软、吐黄水，采耳处首先感染杂菌。

②采耳过晚。当朵片充分展开，边缘变薄起褶子，耳根收缩时采收。这时采收的黑木耳弹性强、营养不流失，质量最好。

③上潮耳根或床面未清理干净。残留的耳根，因伤口外露，易感染杂菌。采耳时掀开草帘，让阳光照射，使子实体水分下降、适度收缩，采收时不易破碎，利于连根拔下。拔净残留耳根利于二潮耳形成，避免杂菌滋生。

④菌丝体断面未愈合。采耳时要求连根抠下并带出培养基，菌丝体产生了新断面，在未恢复时，抗杂能力差，这时浇水催耳，容易产生杂菌感染。

⑤草帘霉烂传播杂菌，所以草帘要定期消毒。

⑥采耳后菌袋未经光照干燥，草帘或床面湿度大。二潮耳还未形成前，菌丝体应有一个愈合断面、休养生息、高温低湿的阶段。倘若此时草帘或床面湿度大，又紧盖畦床，菌袋潮湿不见光，很易产生杂菌污染。采耳后菌袋要晒3～5 h，使采耳处干燥；床面和草帘应晒彻底，晒完的袋盖上晒干的帘子，养菌7～10 d。

⑦浇水过早过勤。二潮耳还未形成和封住原采耳处断面，就过早浇水。

（十）流耳及防治措施

1. 症状

耳片成熟后，耳片变软，耳片甚至耳根自溶腐烂。

2. 病原

黑木耳流耳是细胞充分破裂的一种生理障碍现象，黑木耳在接近成熟时期，不断地产生担孢子，消耗子实体里面的营养物质，使子实体趋于老化，此时遇到过大的湿度极容易溃烂。在温度较高时，特别是湿度较大，而光照和通气条件又比较差的环境中，子实体常常发生溃烂，细菌的感染和害虫的危害也是造成烂耳的原因之一。

3．发生原因

耳片成熟时，若此时持续高温、高湿、光照差、通风不良，常造成大面积烂耳。袋料栽培黑木耳，培养料过湿，酸碱度过高或过低，影响黑木耳正常生长而造成烂耳。

4．防治

（1）针对上述发生烂耳的原因加强栽培管理，注意通风换气、光照等。

（2）及时采收，耳片接近成熟或已经成熟时立即采收。

（3）可用 25 mg/kg 的金霉素或土霉素溶液喷雾，防止流耳。

（十一）采收加工

1．停水采耳

待耳片充分展开、边缘起褶变薄、耳根收缩、孢子即将弹射前采收木耳，采耳前 1～2 d 应停水，让阳光直接照射栽培袋和木耳，待木耳朵片收缩发干时，连根采下。采收后的栽培袋再让阳光照射 3～5 h，使其干燥，以防长杂菌，之后便可进入第二潮耳管理。

2．晾晒加工

采收后的木耳要及时晒干。晒干前要用剪刀剪去木耳根部的培养基。地栽黑木耳要用清水洗去杂质，一等品撕成直径 2 cm 以上的朵片，二等品撕成直径 1 cm 以上的朵片，放在纱网上晾干。晒干后的黑木耳（含水量在 14％以下）应及时装进塑料袋，扎紧袋口，要防潮防蛀。

第四章　草腐型食用菌高效栽培

第一节　双孢蘑菇高效栽培技术

双孢蘑菇，也称蘑菇、洋蘑菇、双孢菇，属担子菌纲、伞菌目、伞菌科、蘑菇属。双孢蘑菇属草腐菌，中低温型菇类，是世界第一大宗食用菌。目前，全世界已有 80 多个国家和地区栽培，其中荷兰、美国等国家已经实现了工厂化生产。

双孢蘑菇也是我国食用菌栽培中栽培面积较大、出口增收较多的拳头品种。我国稻草、麦草等农作物秸秆和畜禽粪便等资源丰富，北方地区的气候属季风影响的暖温带半湿润大陆性气候，四季分明，夏短冬长，比较适合双孢蘑菇的生长。目前其在山东、河南、福建、河北、浙江、上海等省市栽培较多，而山东、福建、河南等省份实现了双孢蘑菇的工厂化生产。

双孢蘑菇不仅味道鲜美，色白质嫩，而且营养极其丰富。双孢蘑菇中的蛋白质含量不仅大大高于普通蔬菜，其含量和牛奶及某些肉类相当，而且双孢蘑菇中的蛋白质都是植物蛋白质，容易被人体吸收。另外，双孢蘑菇具有抑制癌细胞与病毒、降低血压、治疗消化不良、增加产妇乳汁的疗效，经常食用能起预防消化道疾病的作用，并可使脂肪沉淀，有益于人体减肥，对人体保健十分有益。

一、双孢蘑菇生物学特性

（一）生态习性

双孢蘑菇一般在春、秋季于草地、路旁、田野、堆肥场、林间空地等生长，单生及群生。

（二）形态特征

1. 菌丝体

菌丝体是双孢蘑菇生长的营养体，为白色绒毛状。双孢蘑菇菌丝体适时覆土调水后，经培养表面陆续形成白色菌蕾，即子实体。

2. 子实体

子实体是双孢蘑菇的繁殖部分，由菌盖、菌柄、菌环 3 部分组成。菌盖初期呈球形，后发育为半球形，老熟时展开呈伞形，开伞时不能采收，否则影响商品价值。优质的双孢蘑菇菌盖圆整，肉肥厚而脆嫩、结实、色白、光洁，耐运输。

（三）生长发育条件

1. 营养条件

双孢蘑菇是一种粪草腐生菌，不能进行光合作用，只能依靠培养料中的营养物质来进行生长发育。因此，配料时在作物秸秆（麦草、稻草、玉米秸等）中须加入适量的粪肥（如牛、羊、马、猪、鸡粪和人粪尿等），还须加入适量的氮、磷、钾、钙、硫等元素。

合理的配方是获得双孢蘑菇高产的一个重要因素，但由于粪肥的氮、磷含量不一样，因此在使用粪肥时要适当添加。培养料堆制前碳氮比以（30～35）：1为宜，堆制发酵后，由于发酵过程中微生物的呼吸作用消耗了一定量的碳源和发酵过程中多种固氮菌的生长，培养料的碳氮比降至21：1，子实体生长发育的适宜碳氮比为（17～18）：1。

2. 环境条件

（1）温度。双孢蘑菇对温度的要求因品种、发育阶段、培养条件等而异。如我国栽培面积较大的AS2796品种的菌丝体在5℃～33℃均能生长，最适温度为20℃～26℃，高于26℃，菌丝体生长快，但稀疏纤细；低于15℃，菌丝体生长缓慢；低于5℃，则停止生长，但不致冻死。子实体生长范围为7℃～25℃，最适温度为13℃～18℃，高于20℃，子实体生长快、菌柄细长，薄皮易开伞、质量差；低于10℃，子实体生长慢、菇大、肥厚、组织致密、单菇重，但产量低；室温连续几天在25℃以上，会引起子实体死亡。

（2）水分。双孢蘑菇菌丝体及子实体的含水量均在90%左右，尤其是子实体生长发育阶段更需大量的水分，这些水分主要来源于培养料、覆土和空气。

①培养料含水量。一般要求培养料含水量为65%～70%，过低，菌丝体生长缓慢，绒毛菌丝多而纤细，不易形成子实体；过高，料内氧气不足，出现线状菌丝，菌丝生命力差，易窒息死亡。

②覆土含水量。双孢蘑菇覆土的含水量一般为40%～50%，具体可以"以手握成团，落地即散"的标准来衡量。

③空气相对湿度。不同发菌方式要求空气相对湿度不同，传统菇房栽培开放式发菌，要求空气相对湿度高些，应为80%～85%，否则料表面干燥，菌丝不能向上生长；薄膜覆盖发菌则要求空气相对湿度要低些，在75%以下，否则易发生杂菌污染。

（3）空气。双孢蘑菇是好气（氧）性真菌。菌丝体生长最适的二氧化碳含量为0.1%～0.5%；子实体生长最适的二氧化碳含量为0.03%～0.2%，超过0.2%，菇体菌盖变小，菇柄细长，畸形菇和死菇增多，产量明显降低。因此菇房要定期通风换气，特别是出菇期，应加大通风量。

（4）光照。双孢蘑菇属厌光性菌类。菌丝体和子实体能在完全黑暗的条件下生长，此时子实体朵形圆整、色白、肉厚、品质好。所以，很多地方使用防空洞、山洞（土洞）、林下进行栽培。光线过强会使菇体表面干燥发黄、粗糙，甚至菌柄徒长，菌盖歪斜变色，影响菇的质量。

（5）酸碱度。双孢蘑菇喜稍碱性，偏酸对菌丝体和子实体生长都不利，而且容易产生杂菌。菌丝生长的pH范围是5～8，最适为7.0～8.0，进棚前培养料的pH应调至7.5～8.0，土粒的pH应为8～8.5。掌握好pH是促进菌丝生长的重要一环，每采完一潮菇喷水时适当加点石灰，以保持较高的pH，抑制杂菌滋生。

（6）土壤。双孢蘑菇与其他多数食用菌不同，其子实体的形成不但需要适宜的温度、湿度、通风等环境条件，而且需要土壤中某些化学和生物因子的刺激，因此，出菇前需要覆土。

二、双孢蘑菇种类

（一）按母种菌丝形态划分

1. 贴生型

在PDA培养基上，该类品种菌丝生长稀疏，灰白色，紧贴培养基表面呈扇形，放射状生长，菌丝尖端稍有气生性，易聚集成线束状。基内菌丝较多而深。从播种到出菇一般需 35～40 d。子实体菌盖顶部扁平，略有下凹。肥水不足时，下凹较明显，有鳞片，风味较淡。贴生型菌丝耐肥、耐温、耐水性及抗病力较强，出菇整齐，转潮快，单产较高。但畸形菇多，易开伞，菇质欠佳，加工后风味淡，适宜于盐渍加工和鲜售。

2. 气生型

该品种菌丝初期洁白，浓密粗壮，生长旺盛，爬壁力强。菌丝易徒长形成菌被，基内菌丝少。从播种到出菇需 40～50 d。该菌株耐肥、耐温、耐水性及抗病力较贴生型差，出菇较迟而稀，转潮较慢，单产较低。但菇质优良，菇味浓香，商品性状好，适宜于制罐或鲜销。

3. 半气生型

半气生型菌株是通过人工诱变、单孢分离或杂交育种等方法选育出的介于贴生型和气生型之间的类型。菌株特点是，菌丝在 PDA 培养基上呈半贴生、半气生状态，线束状菌丝比贴生型少，比气生型多，基内菌丝较粗壮。该菌株兼有贴生型和气生型二者的优点，既有耐肥、耐水、耐温、抗逆性强、产量高的特性，又有菇体组织细密、色泽白、无鳞片、菇形圆整、整菇率高的品质。如 AS2796、浙农 1 号等都是我国栽培最广的半气生型菌株。

（二）按子实体色泽划分

1. 白色

白色双孢蘑菇的子实体圆整，色泽纯白美观，肉质脆嫩，适宜于鲜食或加工罐头。但管理不善，易出现菌柄中空现象。因该品种子实体富含有酪氨酸，在采收或运输中常因受损伤而变色。

2. 奶油色

奶油色双孢蘑菇的菌盖发达，菇体呈奶油色。其出菇集中，产量高，但菌盖不圆整，菌肉薄，品质较差。

3. 棕色

棕色双孢蘑菇具有柄粗肉厚、菇香味浓、生长旺盛、抗性强、产量高、栽培粗放的优点。菇体呈棕色，菌盖有棕色鳞片，菇体质地粗硬，在采收或运输中受损伤也不会变色。

（三）按子实体生长最适温度划分

按子实体生长最适温度划分，可分为中低温型（如 AS2796）、中高温型（如四孢菇）及高温型（如夏秀 2000）3 种。

三、双孢蘑菇高效栽培技术要点

（一）原料选择

双孢蘑菇原始配料中的碳氮比以（30～33）∶1，发酵后以（17～20）∶1 为宜。碳源主要有植物的秸秆如稻、麦、玉米、地瓜、花生等的茎叶；氮源主要有菜籽饼、花生饼、麸皮、米糠、玉米粉及禽畜粪便等，棉籽壳、玉米芯及牛马粪等原料中碳与氮的含量都很丰富。双孢蘑菇不能同化硝态氮，但能同化铵态氮。此外，在生产上还要用石膏、石灰等作为钙肥。

（二）高产栽培配方（单位：kg/100 m²）

（1）干牛粪 1800，稻草 1500，麦草 500，菜籽饼 100，尿素 20，石膏粉 70，过磷酸钙

40，石灰50。

（2）干牛粪1300，稻草2000，饼肥80，尿素30，碳酸氢铵30，碳酸钙40，石膏粉50，过磷酸钙30，石灰100。

（3）麦秸2200，干牛粪2000（或干鸡粪800），石膏100，石灰70，过磷酸钙40，石灰40，硫铵20，尿素20。

（4）干牛、猪粪1500，麦草1400，稻草800，菜籽饼150，尿素30，碳酸氢铵30，石膏80，石灰调pH。

（5）稻草或麦草3000，菜籽饼200，石膏粉25，石灰50，过磷酸钙50，尿素20，硫酸铵50。

（6）棉秆2500，牛粪1500，鸡粪250，饼肥50，硫酸铵15，尿素15，碳酸氢铵10，石膏50，轻质碳酸钙50，氯化钾7.5，石灰97.5，过磷酸钙17.5。

（三）栽培季节

自然条件下，北方大棚（温室、菇房等）栽培双孢蘑菇大都选择在秋季进行，提倡适时早播。8月气温高，日平均气温在24～28℃，利于培养料的堆积发酵；8月底～9月上旬，大部分地区月平均气温在22℃左右，正有利于播种后的发菌工作；而到10月，大部分地区月平均气温为15℃左右，又正好进入出菇管理阶段，这样，省时省工，管理方便，且产量高，质量好。南方地区可参考当地平均气温灵活选择栽培季节。

一般情况下，8月上、中旬进行建堆发酵，前发酵期为20 d左右，后发酵期约7 d；从播种到覆土的发菌期约需18 d；覆土到出菇也需18 d左右，所以秋菇管理应集中在10月、11月、12月。1～2月的某段时间，北方大部分地区气温降至－4℃左右，可进入越冬管理。保温条件差的菇棚可封棚停止出菇；保温性能好的应及时做好拉帘升温与放帘保温工作，注重温度、通风、光线、调水之间的协调，争取在春节前能保持正常出菇，以争取好的市场价格。第二年2月底便开始春菇管理，3～5月都能采收，而5月也伴随着整个生产周期的结束。

近几年来秋菇大量上市，供大于求而"菇贱伤农"的现象时有发生，在实际栽培中可根据市场行情适当提前、推迟双孢蘑菇的播种时期，例如，山东及周边地区可延迟至12月中旬以前在温室播种，适当晚播的双孢蘑菇在春天传统出菇少的时间大量出菇，经济效益反而比春节前还要高。

（四）高效栽培模式的选择

根据双孢蘑菇的品种特性、当地气候特点及出菇过程中不需要光线的特点，因此，栽培模式可灵活选择，不可千篇一律，死搬硬套，造成不必要的损失。南方气候具有气温高、湿度大等特点，双孢蘑菇生产周期较短，栽培场所一般可选择大拱棚、层架式菇房栽培；北方气候具有气温低、干燥等特点，栽培场所一般可选择塑料大棚、层架式菇房、土制菇房等。当然闲置的窑洞、房屋、养鸡棚、林地、地沟棚、养蚕棚等场所也可用于双孢蘑菇的栽培。

（五）培养料的堆制发酵

由于双孢蘑菇菌丝不能利用未经发酵分解的培养料，因此培养料必须经过发酵腐熟，发酵的质量直接关系到栽培的成败和产量。

培养料一般采用二次发酵，也称前发酵和后发酵技术。前发酵在棚外进行，后发酵在消毒后的棚内进行，前发酵大约需要20 d，后发酵需要5 d左右。全部过程需要22～28 d。二次发酵的目的是进一步改善培养料的理化性质，增加可溶性养分，彻底杀灭病虫杂菌，特别是在搬运过程中进入培养料的杂菌及害虫。因此二次发酵也是关键的一个环节。

在后发酵（料进菇房）前，要对出菇场所进行一次彻底消毒杀虫，用水浇灌一次，通风，当地面不黏时，把生石灰粉均匀撒于地面，每平方米地面撒 0.5 kg 并划锄，进料前 3 d，再按每立方米用 10 mL 的甲醛溶液消毒，进料前通风，保证棚内空气新鲜，以利于操作。

1. 发酵机理

详见平菇栽培。

2. 发酵方法

在双孢蘑菇培养料堆制发酵过程中，温度、水分的控制，翻堆的方法，时机的把握决定着发酵的质量。

（1）培养料预湿。有条件时可浸泡培养料 1～2 d，捞出后控去多余水分直接按要求建堆。浸泡水中要放入适量石灰粉，每立方水放石灰粉 15 kg。

在浸稻麦草时，可先挖一个坑，大小根据稻麦草量决定，坑内铺上一层塑料薄膜，再加水，放入石灰粉。边捞边建堆，建好堆后，每天在堆的顶部浇水，以堆底有水溢出为标准，经 3～4 d 麦秸（稻草）基本吸足水分。

棉柴因组织致密、吸水慢和吃水量小等原因，水分过小极易发生"烧堆"，所以棉秆、粪肥要提前 2～3 d 预湿。预湿的方法：开挖一沟槽，内衬塑料薄膜，然后往沟里放水，添加水量 1% 的石灰。把棉柴放入沟内水中，并不断拍打，使之浸泡在水中 1～2 h，待吸足水后捞出。检查棉柴吃透水的方法是抽出几根长棉柴用手掰断，以无白心为宜。

（2）建堆。料堆要求宽 2 m、高 1.5 m，长度可根据栽培料的多少决定，建堆时每隔一米竖一根直径 10 cm 左右、长 1.5 m 以上的木棒，建好堆后拔出，自然形成一个透气孔，以增加料内氧气，有利于微生物的繁殖和发酵均匀。

堆料时先铺一层麦草或稻草（大约 25 cm 厚），再铺一层粪，边铺边踏实，粪要撒均匀，照此法一层草一层粪地堆叠上去，堆高至 1.5 m，顶部再用粪肥覆盖。将尿素的 1/2 均匀撒在料堆中部。

（3）翻堆（前发酵）。翻堆的目的是使培养料发酵均匀，改善堆内空气条件，调节水分，散发废气，促进微生物的继续生长和繁殖，便于培养料得到良好的分解、转化，使培养料腐熟程度一致。

翻堆时不要流于形式，否则达不到翻堆的目的，应把料堆最里层和最外层翻到中间，把中间的料翻到里边和外层。翻堆时发现整团的稻、麦草或粪团要打碎抖松，使整个料堆中的粪和草掺匀，绝不能原封不动堆积起来，否则达不到翻堆的目的。

在正常情况下，建堆后第二天料堆开始升温，大约第三天料温升至 70℃ 以上，大约维持 3 d 后料温开始下降，这时进行第一次翻堆，将剩余的石灰、石膏粉、磷肥，边翻堆边撒入，要撒匀。重新建好堆后，待料温升到 70℃ 以上时，保持 3 d，进行第二次翻堆，每次翻堆方法相同。一般翻堆 3 次即可。

（4）后发酵（二次发酵）。后发酵是双孢蘑菇栽培中防治病虫害的最后一道屏障，目的是最大限度地降低病菌及虫口基数，也能起到事半功倍的效果，否则，后患无穷。同时，要完成培养料的进一步转化，适当保持高温，使放线菌和腐殖霉菌等嗜热性微生物利用前发酵留下的氮、酰胺及三废为氮源进行大量繁殖，最终转化成可被蘑菇利用的菌体蛋白，完成无机氮向有机氮的转化。此外，微生物增殖、代谢过程产生的代谢产物、激素、生物素均能很好地被双孢蘑菇菌丝体所利用，同时创造的高温环境可使培养料内及菇棚内的病虫害得以彻底消灭。

后发酵可经过人为空间加温（层架栽培），使料加快升温速度。如果用塑料大棚栽培，通过光照自然升温就可以了。后发酵可分 3 个阶段：

①升温阶段。在前发酵第三次翻堆完毕的第 2～4 d 内，趁热入棚，建成与菇棚同向的长堆，堆高、宽分别为 1.3 m、1.6 m 左右。选一个光照充足的日子，把菇棚草帘全部拉开，使料温快速达到 60℃～63℃、气温 55℃左右，保持 6～10 h，这一过程又称为巴氏灭菌。10 月以后，如果温度达不到指标，则需用炉子或蒸汽等手段强制升温。

②保温阶段。控制料温在 50℃～52℃，维持 4～5 d，此时，每天揭开棚角小通风 1～2 h，补充新鲜空气，促进有益微生物繁殖。

③降温阶段。当料温降至 40℃左右时，打开门窗通风降温，排出有害气体，此时后发酵结束。

（5）三次发酵。三次发酵是近年来推广的双孢蘑菇增产技术措施之一。研究表明，运用三次发酵法能增加产量，减少病虫、杂菌的危害，出菇早，菇形好，次菇少，品质高，潮次明显，转潮快。有条件的地区可采取三次发酵，具体做法如下：

在二次发酵结束后，待其温度自然降至 30℃时，才能通风。通风完全后（通风不足，禁止人员进入，以防止中毒事件发生），将培养料均匀摊铺于各个出菇床面，上下翻透抖松，然后平整料面，常温保持 48 h 让未杀死的芽孢经过培养长成营养体后，再重新密闭菇房，通入蒸汽升温至 60℃保持 8 h，再降温至 48℃～57℃保持 48 h，让其自然降温至 30℃时，再打开门窗通风，当料温稳定在 28℃左右，同时外界气温在 30℃以下时，可进行播种。

（6）优质发酵料的标准如下：

①质地疏松、柔软、有弹性，手握成团，一抖即散，腐熟均匀。

②草形完整，一拉即断，为棕褐色（咖啡色）至暗褐色，表面有一层白色放线菌，料内可见灰白色嗜热性纤维素分解霉、浅灰色绵状腐殖霉等微生物菌落。

③无病虫杂菌，无粪块、粪臭、酸味、氨味，原材料混合均匀，具蘑菇培养料所特有的料香，手握料时不黏手，取小部分培养料在清水中揉搓后，浸提液应为透明状。

④培养料 pH 为 7.2～8.0，含水量为 63%～65%，以手紧握指缝间有水印，欲滴下的状况为佳。

⑤培养料上床后温度不回升。

（六）播种、发菌与覆土

1. 菇房消毒

不管新菇房还是老菇房，在培养料进房前和进房后都要进行消毒杀菌处理。用 0.5%的敌敌畏溶液喷床架和墙壁，栽培 111 m² 蘑菇的菇房用量为 2.5 kg，然后紧闭门窗 24 h。

2. 铺料

后发酵结束后，把料堆按畦床大体摊平，把料抖松，将粪块及杂物拣出，通风降温，排出废气，使料温降至 28℃左右。铺料时提倡小畦铺厚料，以改善畦床通气状况，增加出菇面积，提高单产，一般床面宽 1～1.2 m，料厚 25～30 cm。

3. 播种

按每平方米 2 瓶（500 mL/瓶）的播种量（一般为麦粒菌种），把总量的 3/4 先与培养料混匀（底部 8 cm 尽量不播种），用木板将料面整平，轻轻拍压，使料松紧适宜，用手压时有弹力感，料面呈弧形或梯形，以利于覆土；后把剩余的 1/4 菌种均匀撒到料床上，用手或耙子耙一下，使菌种稍漏进表层，或在菌种上盖一层薄麦草，以利于定植吃料，不致使菌种受到过干或过湿的伤害。

4. 覆盖

播种结束，应在料床上面覆一层用稀甲醛消过毒的薄膜，以保温保湿，且使料面与外界隔绝，阻止杂菌和虫害的入侵。经 2~3 d，薄膜的近料面会布满冷凝水，此时应在外面喷稀甲醛后翻过来，使菌种继续在消毒的保护之中，而冷凝水被蒸发掉，如此循环。我国传统的覆盖方法是用报纸调湿覆盖，这种方法需经常喷水，很容易造成表层干燥。

5. 发菌

此时应采取一切措施创造菌丝生长的适宜条件，促进菌丝快速、健壮生长，尽快占领整个料床，封住料面，缩短发菌期，尽量减少病虫害的侵染，这是发菌期管理的原则。播种后 2~3 d，菇房以保温保湿为主，促进菌种萌发定植。3 d 左右菌丝开始萌发，这时应加强通风，使料面菌丝向料内生长。

6. 覆土

（1）理想的覆土材料应具有喷水不板结，湿时不发黏，干时不结块，表面不形成硬皮和龟裂，蓄水力强等特点，以有机质含量高的偏黏性壤土、林下草炭土最好。生产中一般多用稻田土、池塘土、麦田土、豆地土、河泥土等，一般不用菜园土，因其含氮量高，易造成菌丝徒长，结菇少，而且易藏有大量病菌和虫卵。

土应取表面 15 cm 以下的土，经过烈日曝晒，杀灭虫卵及病菌，而且可使土中一些还原性物质转化为对菌丝有利的氧化性物质。覆土最好呈颗粒状，小粒 0.5~0.8 cm，粗粒 1.5~2.0 cm，掺入 1% 的石灰粉，喷水调湿，土的湿度用手捏不碎、不黏。

（2）覆土。菌丝基本长满料的 2/3，这时应及时覆土，常规的覆土方法分为覆粗土和细土两次进行。粗土对理化性状的要求是手能捏扁但不碎，不黏手，没有白心为合适。有白心、易碎为过干；黏手的为过湿。覆盖在床面的粗土不宜太厚，以不使菌丝裸露为度，然后用木板轻轻拍平。覆粗土后要及时调整水分，喷水时要做到勤、轻、少，每天喷 4~6 次，2~3 d 把粗土含水量调到适宜湿度，但水不能渗到料里。覆粗土后的 5~6 d，当土粒间开始有菌丝上窜，即可覆细土。细土不用调湿，直接把半干细土覆盖在粗土上，然后再调水分。细土含水量要比粗土稍干，有利于菌丝在土层间横向发展，提高产量。整个覆土层的厚度在 3 cm 左右。过厚容易出现畸形菇和地雷菇；太薄容易出现长脚菇和薄皮菇，易开伞。

7. 覆土后管理

覆土以后管理的重点是水分管理，覆土后的水分管理称为"调水"，调水采取促、控结合的方法，目的是使菇房内的生态环境能满足菌丝生长和子实体形成。

（1）粗土调水。粗土调水是一项综合管理技术。管理上既要促使双孢蘑菇菌丝从料面向粗土生长，同时又要控制菌丝生长过快，防止土面菌丝生长过旺，包围粗土造成板结。因此，粗土调水应掌握"先干后湿"这一原则，粗土调水工艺：粗土调水（2~3 d）→通风状菌（1d）→保湿吊菌（2～3 d）→换气促菌（1～2 d）→覆细土。

（2）细土调水。细土调水的原则与粗土调水的原则是完全相反的。细土调水的原则是"先湿后干，控促结合"。其目的是使粗土中的菌丝生长粗壮，增加菌丝营养积蓄，提高出菇潜力。其调水工艺：第一次覆细土后即进行调水，1～2 d内使细土含水量达18%～20%，其含水量应略低于粗土含水量。喷水时通大风，停水时通小风，然后关闭门窗2～3 d。当菌丝普遍串上第一层细土时，再覆第二次干细土或半干半湿细土，不喷水，小通风，使土层呈上部干、中部湿的状态，迫使菌丝在偏湿处横向生长。

8. 耙平

覆土后第八天左右，因大量调水导致覆土层板结，要采取"耙平"工艺：用几根粗铁丝拧在一起，一端分开，弯成小耙状，松动畦床的覆土层，改善其通气及水分状况，且使覆土层混匀，使断裂的菌丝遍布整个覆土层。

9. 发菌期常见问题的原因及防控措施

（1）播种后菌丝不萌发、不吃料，生长不良，甚至萎缩死亡。播种后造成此状况的原因如下。

①菌种：所使用的菌种老化、退化；质量欠佳；受高温或高湿伤害；携带病虫杂菌；温型不适等。因此，菇农一定要慎重购种。

②培养料：培养料配制不当，碳氮比失调导致含氮不足或氮肥过量，会造成原料分解不足或腐熟过度，使营养贫乏，或培养料酸化，或产生大量氨气等有害气体，使菌种难以定植生长并受伤害。应合理配制培养料，严格按照发酵工艺进行，含氮化肥要在第一次翻堆时加入，播种前要排除废气，并检查酸碱度。

③湿度：播种前培养基过湿或过干，过湿造成菌丝供氧不足，活力下降；过干，菌丝吃料困难，失水萎缩。播种后覆膜发菌的，因揭膜通风不及时，使表层菌种"淹死"，要注意掌握培养料水分，在第三次翻堆时，可采用摊晾或加水的办法进行调节。

④温度：发菌温度过高或过低。后发酵不彻底，导致播种后堆温升高；播种前料温未降至30℃以下；发菌期棚温过高等均会造成高温"烧菌"。棚（料）温低于8℃以下，菌种也很难生长。

⑤虫害：受螨虫、线虫等害虫的危害。当每平方米虫口密度达50万只时，会使菌丝断裂、萎缩、死亡。因此，要严格按照发酵工艺进行，尤其是后发酵；对覆土进行消毒。

（2）覆土后菌丝徒长。菌床覆土后，绒毛状菌丝生长旺盛，常冒出土面，形成一种致密、不透水的白色"菌被"，消耗了养分，阻碍了正常出菇。主要原因如下：

①培养料配制不当，氮素过量；或培养料腐熟过度，速效成分多，播种后营养生长过旺。

②遇高温、高湿环境，通风不良；播种期偏早，播种后料温长时间处于20℃以上，有利于菌丝生长，而不利于子实体形成。

③使用气生型品种时，在制种过程中过多挑取了气生菌丝；生产种培养温度过高，瓶口上部气生菌丝过多。

④覆土层水分内干外湿。

当菌丝长出覆土层时，要加强通风，降低温度、湿度，并及时喷"结菇水"，以利于原基形成。喷水不要太急，宜在早晚凉爽时喷。一旦发现菌丝徒长，要及时用小刀或竹片轻微搔菌或挑掉菌被，并重新盖一层覆土。

（3）覆土调水后菌丝不上土。覆土后5～10 d菌丝不上土，呈灰白色、细弱，严重者床面见不到菌丝，甚至料面发黑。主要原因如下：

①用水过急或过大、水渗入培养料，造成料层与土层菌丝脱节，产生"夹层"。

②25℃以上高温连续调水，通风又不及时，菌丝较长时间处于高温高湿缺氧状态，使菌丝衰退、变黄、失去活力。

③土层含水量过少的假湿现象。

④菇房保温性能差或床面土层受风过量。

⑤料面或土层喷药过多或过浓，产生药害。

⑥病虫害侵染与破坏所致。

⑦土层酸碱度差异大。

（七）出菇管理

覆土后15～18 d，经适当地调水，原基开始形成，这些小菌蕾经过管理开始长大、成熟，这个阶段的管理就是出菇管理，按照双孢蘑菇出菇的季节又可分为秋菇管理、冬菇管理和春菇管理。

1. 秋菇管理

双孢蘑菇从播种、覆土到采收，需要40 d左右的时间。秋菇生长过程中，气候适宜，产量集中，一般占总产量的70%，其管理要点是在保证出菇适宜温度的前提下，加强通风，调水工作是决定产量的关键所在，既要多出菇、出好菇，又要保护好菌丝，为春菇生产打下基础。

（1）水分管理。当床面的菌丝洁白旺盛，布满床面时要喷重水，让菌丝倒伏，这时喷水也称"出菇水"，以刺激子实体的形成。此后停水2～3 d，加大通风量，当菌丝扭结成小白点时，开始喷水，增大湿度，随着菇量的增加和菇体的发育而加大喷水量，喷水的同时要加强通风。

当双孢蘑菇长到黄豆大小时，须喷1～2次较重的"出菇水"，每天一次，以促进幼菇生长。之后，停水2 d，再随菇的长大逐渐增加喷水量，一直保持即将进入菇潮高峰，再随着菇的采收而逐渐减少喷水量。

（2）温度管理。温度是双孢蘑菇生长过程中一个重要的因素，创造菇房内适宜的出菇温度是秋菇夺取高产的关键。秋菇管理前期气温高，当菇房内温度在18℃以上时，要采取措施降低棚内温度，如夜间通风降温、向棚四周喷水降温、向棚内排水沟灌水降温等。秋菇管理后期气温偏低，当棚内温度在12℃以下时，要采取措施提高棚内温度，一般提高棚内温度的方法有采取中午通风提高温度、夜间加厚草苫保持棚内温度，或用黑膜、白膜双层膜提高棚内温度等措施。

（3）通风管理。双孢蘑菇是一种好气性真菌，因此菇房内要经常进行通风换气，不断排除有害气体，增加新鲜氧气，有利于双孢蘑菇的生长。菇房内的二氧化碳含量为0.03%～0.1%时，可诱发原基形成，当二氧化碳含量达到0.5%时，就会抑制子实体分化，超过1%时，菌盖变小，菌柄细长，就会出现开伞和硬开伞现象。

秋菇管理后期气温下降，双孢蘑菇子实体减少，此时可适当减少通风次数。菇房内空气是否新鲜，主要以二氧化碳的含量为指标，也可从双孢蘑菇的子实体生长情况和形态变化确定氧气是否充足，如通风差的菇房，会出现柄长盖小的畸形菇，说明菇房内二氧化碳超标，需及时进行通风管理。

（4）采收。出菇阶段，每天都要采菇，根据市场需要的大小采，但不能开伞。采菇时要轻轻扭转，尽量不要带出培养料。随采随切除菇柄基部的泥根，要轻拿轻放，否则碰伤处极易变色，影响商品价值。

（5）采后管理。每次采菇后，应及时将遗留在床面上的干瘪、变黄的老根和死菇剔除，否则会发霉、腐烂，易引起绿色木霉和其他杂菌的侵染和害虫的滋生。采过菇的坑洼处再用土填平，保持料面平整、洁净，以免喷水时，水渗透到培养料内影响菌丝生长。

2. 冬菇管理

双孢蘑菇冬季管理的主要目的是保持和恢复培养料内和土层内菌丝的生长活力，并为春菇打下良好的基础。长江以北诸省，12月底至第二年2月底，气候寒冷，构造好、升温快、保温性能强或有增温设施的菇棚可使其继续出菇，以获丰厚回报，但在控温、调水和通风等方面与秋菇、春菇管理有较大差异，要根据具体的气温灵活掌握，不可死搬硬套。升温、保温性能差的简易棚，棚内温度一般在5℃以下，菌丝体已处于休眠状态，子实体也失去应有的养分供给而停止生长，此时应采取越冬管理，否则会入不敷出，且影响春菇产量。

（1）水分管理。随着气温逐渐降低，出菇越来越少，双孢蘑菇的新陈代谢过程也随之减慢，对水分的消耗减少，土面水分的蒸发量也在减少，为保持土层内有良好的透气条件，必须减少床面用水量，改善土层内透气状况，保持土层内菌丝的生命力。

（2）通风管理。冬季要加强菇房保暖工作，同时还要有一定的换气时间，保持菇房内空气新鲜。菇房北面窗户及通风气洞要用草帘等封闭，仅留小孔。一般每天中午开南窗通风2~3 h；当气温特别低时，通风暂停2~3 d，使菇房内温度保持在2~3℃。

（3）松土、除老根。

①松土的作用。松土可改善培养料表面及覆土层通气状况，减少有害代谢物；同时清除衰老的菌丝和死菇，有利于菌丝生长。菌丝生长较好的菌床，冬季进行松土和除老根工作，对促进第二年春菇生产有良好作用。

②松土的类型。双孢蘑菇料内菌丝有壮弱之分，两种类型松土应区别对待：

第一种：土层与料层中菌丝比较壮，色泽洁白，无病虫害，应采用"小动"的办法处理。即秋菇生产结束后，把土层内发黄的老根和死菇剔除干净，对暴露菌丝的床面补土，再用两齿把从覆土层面向料底撬动几下，增加料层的透气性，使新鲜空气进入料内，利于菌丝的再生。

第二种：土层菌丝衰退，与土层相接处的料层菌丝有夹层，甚至已变黑，有杂菌发生。但夹层下的料层中仍然有较好的菌丝，底部菌丝白色较浓密。应采用"大动"的办法处理。在春节前，先把土层铲出菇棚，再将有菌丝发黑或有杂菌的料清除。若有发酵料，调节好酸碱度和含水量，补在有菌丝的床面上，然后重新覆土，调节土层湿度以偏干为佳。若没有剩余的发酵料则在料面喷一些促进菌丝生长的营养液，进行追肥，然后重新覆土，调节土层含水量偏干一些。按上述办法加以处理后，菌丝一般可复壮，并大大提高产量。

③松土的具体措施。在1月先停水7 d左右，将覆土挑松，边挑边将土中的枯黄菌丝、

发黄的菇根、老菌块、死菇等去除掉，随即拍平。注意不要损伤大量白色菌丝和粗土周围的菌丝，否则会影响春菇产量。再将细土盖上铺平，如果土层薄可补充部分新土。

土层不厚的可补加一层新细土。在加细土之前，可喷20％～50％经煮沸的稀粪尿水1～2次，使粗土得到充足的营养，以补充秋菇生产的营养消耗。松土10 d左右，当菌丝萌发生长时，再盖1～2 cm厚的细土。若土中菌丝生长一般，老根不多的菌床，不必刮细土，可先停水2 d，粗、细土一起松动，拣去老根及死菇即可。若培养料上层菌丝萎缩，中下层菌丝较好，可先停水数天，去土后剥去上层无菌丝的培养料，加铺一薄层培养料，并配合施1次2％的葡萄糖液，然后分别盖上粗、细土。

④松土后管理。松土及除老根后，需及时补充水分以利于发菌。"发菌水"应选择在温度开始回升以后喷洒，以便在有适当水分和适宜的温度下，促使菌丝萌发、生长。"发菌水"要一次用够，用量要保证恰到好处，即用2～3 d时间，每天1～2次喷湿覆土层而又不渗入料内，防止用量不足或过多，使菌丝不能正常生长。喷水后应适当进行通风。菌丝萌发后，一定要防止西南风袭击床面，以免引起土层水分的大量蒸发和菌丝干瘪后萎缩。

3. 春菇管理

2月底至3月初，日平均气温回升到10℃左右，此时进入春菇管理。春菇管理和秋菇管理相比有几个不利的条件：首先，越冬后双孢蘑菇菌丝的生命力比秋菇有所下降，培养料内养分也相应减少；其次，秋季气温变化由高到低，整个气温的变化趋势与双孢蘑菇菌丝体和子实体生长对温度的要求相一致，而春季天气变化正好相反，且天气变化无常，忽高忽低。因此，春菇的管理更需谨慎从事，一旦管理不当，容易造成菌丝变黄萎缩、死菇和病虫害的大面积发生。

(1) 水分管理。春菇前期调水应勤喷轻喷，忌用重水。随着气温的升高，双孢蘑菇陆续出菇后，可逐渐增加用水量。把握出菇时间尤为重要，出菇过早，易受冻害；出菇过迟，则会因温度过高造成死亡。一般气温稳定在12℃左右，调节出菇水，就能正常出菇。出菇后期，菌床会变酸性，可定期喷施石灰水进行调节。

(2) 温、湿、气的调节。春季气候干燥，温度变化较大，因而要特别注意加强菇房的保温、保湿工作。尤其在我国北方地区，春菇管理前期应以保温保湿为主，通风宜在中午进行，防止昼夜温差过大，使菇房保持在一个较为稳定的温湿环境，有利于双孢蘑菇的生长。春菇管理后期防高温、干燥，通风宜在早、晚进行。通风时严防干燥的西南风吹进菇房，以免引起土层菌丝变黄萎缩，失去结菇能力。

(八) 出菇期的生理病害

1. 出菇过密且小

菌丝纽结形成的原基多，子实体大量集中形成，菇密而小。

[主要原因] 出菇重水使用过迟，菌丝生长部位过高，子实体在细土表面形成；出菇重水用量不足；菇房通风不够。

[防治措施] 出菇水一定要及时和充足；在出菇前就要加强通风。

2. 死菇

双孢蘑菇在出菇阶段，由于环境条件的不适，在菇床上经常发生小菇蕾萎缩、变黄直至死亡的现象，严重时床面的小菇蕾会大面积死亡。

　　[主要原因] 出菇密度大，营养供应不足；高温高湿，二氧化碳积累过量，幼菇缺氧窒死；机械损伤，在采菇时，周围小菇受到碰撞；培养基过干，覆土含水量过小；幼菇期或低温季节喷水量过多，导致菇体水肿黄化，溃烂死亡；用药不当，产生药害；秋菇时遇寒流侵袭，或春菇棚温上升过快，而料温上升缓慢，造成温差过大，导致死菇；秋末温度过高（超过25℃），春菇气温回升过快，连续几天超过20℃，此时温度适合菌丝体生长，菌丝体逐渐恢复活性，吸收大量养分，易导致已形成的菇蕾产生养分倒流，使小菇因养分供应不足而成片死亡；严冬棚温长时间在0℃以下，造成冻害而成片死亡；病原微生物侵染和虫害，螨虫、跳虫、菇蚊等泛滥。

　　[防治措施] 根据当地气温变化特点，科学地安排播种季节，防止高温时出菇；春菇后期加强菇房降温措施，防止高温袭击；土层调水阶段，防止菌丝长出土面，压低出菇部位，以免出菇过密；防治病虫杂菌时，避免用药过量造成药害。

　　3. 畸形菇

　　常见的畸形菇有菌盖不规则、菌柄异常、草帽菇、无盖菇等。

　　[主要原因] 覆土过厚、过干，土粒偏大，对菇体产生机械压迫；通风不良，二氧化碳浓度高，出现柄长、盖小、易开伞的畸形菇；冬季室内用煤加温，一氧化碳中毒产生的瘤状凸起；药害导致畸形；调水与温度变化不协调而诱发菌柄开裂，裂片卷起；料内、覆土层含水量不足或空气湿度偏低，出现平顶、凹心或鳞片。

　　[防治措施] 为防止畸形菇发生，土粒不要太大，土质不要过硬；出菇期间要注意菇房通风；冬季加温火炉应放置在菇房外，利用火道送暖。

　　4. 薄皮菇

　　薄皮菇症状为菌盖薄，开伞早，质量差。

　　[主要原因] 培养料过生、过薄、过干；覆土过薄，覆土后调水轻，土层含水量不足；出菇期遇到高温、低湿，调水后通风不良；出菇密度大，温度高，湿度大，子实体生长快，成熟早，营养供应不上。

　　[防治措施] 控制出菇数量，菇房通气，降低温度，能有效地防止薄皮早开伞现象。

　　5. 硬开伞

　　症状为提前开伞，甚至菇盖和菇柄脱离。

　　[主要原因] 气温骤变，菇房出现10℃以上温差及较大干湿差；空气湿度高而土层湿度低；培养基养分供应不足；菌种老化；出菇太密，调水不当。

　　[防治措施] 加强秋菇后期保温措施，减少菇房温度的变幅；增加空气湿度，促进菇体均衡生长。

　　6. 地雷菇

　　结菇部位深，甚至在覆土层以下，往往在长大时才被发现。

　　[主要原因] 培养基过湿、过厚或培养基内混有泥土；覆土后温度过低，菌丝未长满上层便开始扭结；调水量过大，产生"漏料"，土层与料层产生无菌丝的"夹层"，只能在夹层下结菇；通风过多，土层过干。

　　[防治措施] 培养料不能过湿、不能混进泥土，避免料温和土温差别太大；合理调控水分，适当降低通风量，保持一定的空气相对湿度，以避免表层覆土太干燥，促使菌丝向土面生长。

7. 红根菇

菌盖颜色正常，菇脚发红或微绿。

[主要原因] 用水过量，通风不足；肥害和药害；培养料偏酸；采收前喷水；运输中受潮、积压。

[防治措施] 出菇期间土层不能过湿，加强菇房通风。

8. 水锈病

表现为子实体上有锈色斑点，甚至斑点连片。

[主要原因] 床面喷水后没有及时通风，出菇环境湿度大；温度过低，子实体上水滴滞留时间过长。

[防治措施] 喷水后，菇房应适当通风，以蒸发掉菇体表面的水分。

9. 空心菇

症状为菇柄切削后有中空或白心现象。

[主要原因] 气温超过20℃时，子实体生长速度快，出菇密度大；空气相对湿度在90％以下，覆土偏干。菇盖表面水分蒸发量大，迅速生长的子实体得不到水分的补充，就会在菇柄产生白色疏松的髓部，甚至菌柄中空，形成空心菇。

[防治措施] 盛产期应加强水分管理，提高空气相对湿度，土面应及时喷水，不使土层过干；喷水时应轻而细，避免重喷。

10. 鳞片菇

[主要原因] 气温偏低，前期菇房湿度小，空气干，后期湿度突然拉大，菌盖便容易产生鳞片；但有时，鳞片是某些品种的固有特性。

[防治措施] 提高菇房内的空气相对湿度，尽量避免干热风吹进菇房或直吹出菇床面。

11. 玫冠病

玫冠病是一种畸形菇。这种菇失去了它的正常形状，菌盖边缘向上翻翘，菌褶密集地暴露在菌盖上面，有时菌盖边缘上翘后垂直而拥挤地竖立在菌盖上面，露出水红色直立的菌褶，形状像玫瑰色的鸡冠，故名"玫冠病"。

[主要原因] 由汽油、柴油、酚类化合物、沥青、农药等污染的覆土、水或空气造成的，或某些杀虫剂使用过量；蒸汽也会刺激子实体出现这种畸形生长。

[防治措施] 发现玫冠病后要仔细查找培养料，什么部位有特殊气味存在，就可能有某种有毒物质，要立即小心地清除这部分料，在清除掉这类污染源后，双孢蘑菇又会恢复正常生长。

12. 群菇

许多子实体参差不齐地密集成群菇，既不能增加产量，又浪费养分和不便于采菇。

[主要原因] 使用老化菌种；采用穴播方式。

[防治措施] 可采用混播法；在覆土前把穴播的老种块挖出，用培养料补平。

四、双孢蘑菇工厂化生产技术要点

在欧美各国，双孢蘑菇生产的特点是高度专业化，生产工业化，菌种、培养料、发酵和栽培等工序分别由专业的公司和菇场完成，各工序的参数控制非常严格，各菇场蘑菇的单产水平均较高。目前，国内一些蘑菇工厂引进和借鉴国外蘑菇工业化生产技术，在培养料发酵和蘑菇栽培等环节精确按参数控制，使蘑菇单产水平接近了国外的标准，并摆脱了季节性束缚，实现了周年生产。

（一）生产工序

从工艺技术方面看，我国现有双孢蘑菇工厂化栽培企业的工艺流程、主要生产设施、设备各有不同，根据工艺流程顺序、工序特点归纳，基本情况见表4-1。

表4-1 双胞蘑菇生产工序及特点

主要工序	生产方式及主要设备	主要特点
混合预湿	（1）用大型混料机械混料预湿	投资大，效率高，对原料有要求
	（2）用铲车、泡料池混料预湿	投资小，需要有一定的预湿场地
一次发酵	（1）用翻堆机在发酵棚内发酵	简单节能，占地大，质量不匀
	（2）用一次发酵隧道发酵	发酵质量好，占地小，投资较大
二次发酵	（1）在菇房内通蒸汽消毒和后发酵	能耗高，消毒和后发酵不匀，菇房利用率低，菇房损害大
	（2）在二次发酵隧道内消毒发酵	节能，消毒和后发酵质量好
上料、卸料方式及菇床架	（1）拉布式机械化上料、卸料，需要配备高标准的菇床架	铺料均匀，效率高，不易污染，投资大，生产成本高
	（2）压块打包后人工上料、卸料，可配一般结构的菇床架	铺料均匀，效率高，不易污染，打包投资大，热缩膜成本高
	（3）传送带上料、卸料，人工铺平压实，可配一般结构菇床架	效率较高，投资较小，生产成本较低，人工铺平压实有不匀现象
	（4）人工搬运上料、卸料，可配一般结构菇床架	投资小，效率低，劳动强度大，人工铺平压实有不匀现象
菇房空气调节系统	（1）水冷却（加热）方式，集中制冷（热）水，每个菇房安装风机盘管	安全可靠，便于维护，夏季菇房湿度不易控制
	（2）单体式水源冷（热）空调机组，每个菇房一台，可分别制冷制热	结构简单，造价适中，每个菇房可按工艺要求，灵活转换制冷制热模式，夏季菇房除湿效果好
	（3）单体式制冷机组，每个菇房一台，只能制冷，冬季取暖需另配热源	结构简单，造价低，夏季菇房除湿效果好，冬季需要另配供热系统

（二）工厂化生产的主要环节

1. 发酵隧道

（1）拉布式隧道。在地下通风空间上面安装水泥横梁，每个横梁之间要留出一定通风间隙，在水泥横梁上面铺两层高强度尼龙布，将发酵料装在尼龙布上面，出料使用专用设备拉动上层尼龙布，将发酵好的培养料移出隧道。此法的优点是出料快捷卫生，不踩压成品料，通风均匀风阻小，风机电耗少，发酵料质量好；缺点是需要有两层高强度尼龙布，要有专用的出料设备，隧道造价高。这种二次发酵隧道也可用作隧道发菌（或称三次发酵）。

（2）打孔式隧道。在地下通风空间上面安装开了孔的水泥板。此法的优点是可利用铲车出料，操作方便；缺点是通风阻力相对较大，如果设计施工不精确会导致隧道两端通风量不匀，地下通风空间内不易清理。国内前几年做了一些这样的二次发酵隧道，应用效果不明显，主要原因是通风系统设计不够精确。

（3）通风管道式隧道。这种隧道采用塑料管加喇叭口气嘴制成。其优点是结构简单便于维护，通风均匀，进出料方便；缺点是要求风机的送风压力较大，电耗较高。

（4）专用通风板式隧道。该隧道采用专用小风阻通风板，其优点是风阻小，需要的送风压力低，风机电耗少，操作简单，温度均匀；缺点是设计施工复杂，造价较高。

2. 上料方式

对于上料方式，目前主要有拉布式机械上料、压块打包式上料、传送带式上料、人工上料 4 种。

（1）拉布式机械上料。通过上料设备把播好菌种的培养料均匀铺平压实在尼龙网布上，并将其拉到菇床架的床面上。这种上料方式的优点是料面平整压实均匀，上料速度快不易污染，卸料容易；缺点是要有专用的上料设备，对菇床架的要求比较高，投资很大，适合大型栽培企业。

（2）压块打包式上料。将二次发酵好的培养料播好菌种后，通过压块打包设备加工成菌包，用机械或人工摆放到菇床架上。这种上料方式的优点是菌包运输方便，便于上料不易污染，对菇床架的要求不高；缺点是要有专用的压块打包设备，要消耗大量热缩膜，投资大，生产成本高。此方式只适用于大型培养料生产基地与出菇房距离较远或出菇房分散且周边硬化场地空间不大的情况。

（3）传送带式上料。将二次发酵好的培养料播好菌种后，通过传送带把散料送到菇床架上，用人工铺平并压实（也可用压实设备）。这种上料方式的优点是对菇床架要求不高，投资较小，生产成本较低；缺点是人工铺平压实有不匀现象。

（4）人工上料。人工搬运上料、卸料，投资小，效率低，容易污染，劳动强度大，人工铺平压实有不匀现象。

3. 菇房空气调节控制系统

对于菇房的空气调节控制系统，工厂化栽培的出菇房一定要有能够制冷和供热的空调设备，同时还要有能够调节室内空气成分（二氧化碳含量）和湿度（夏季比较重要）的调控设备。在我国应用比较成功的主要有以下 3 种。

（1）水冷却式中央空调系统。采用集中制冷（热）水，通过管道送到各个菇房的风机盘管内，各个房间分别调节。这种空调系统的优点是安全可靠，便于维护，房间较多时投资相对减小；缺点是夏季菇房湿度不易控制，蘑菇的含水量偏高，不易保鲜。这种空调系统适用于菇房较多、不以鲜销为主的大型双孢蘑菇栽培企业。

（2）单体式水源冷（热）空调机组。每个菇房设一套，可分别制冷制热。这种空调系统的优点是安全可靠，节能效率高，便于控制，夏季菇房除湿效果好，蘑菇的含水量容易控制，易于保鲜，特别适合以鲜销为主的双孢蘑菇栽培企业；缺点是菇房多时投资会增加。

（3）单体式制冷空调机组。每个菇房设一套，只能制冷，这种空调系统的优点是安全可靠，便于控制，夏季菇房除湿效果好，蘑菇易于保鲜，适合以鲜销为主的双孢蘑菇栽培；缺点是只能夏季使用，且菇房多时投资也会增加。

4. 栽培技术要点

（1）培养料的配比。

①常用培养料。工厂化的双孢蘑菇生产常用的原料有麦草、稻草、鸡粪、牛粪、饼

肥、石膏、磷肥等。原料的选择，既要考虑营养，又要考虑到培养料的通透性，麦草和鸡粪是首选原材料。

②培养料要求。新鲜无霉变，麦草含水量 18%～20%，含氮量 0.4%～0.6%，以黄白色草茎长者为佳。鸡粪要尽量得干，不能有结块，含水量 30% 左右，含氮量 4%～5%，以雏鸡粪最好，蛋鸡粪次之。石灰、石膏等辅料，要求无杂质，不含没有必要的重金属，特别是镁含量不宜过高，氧化镁（MgO）含量控制在 1% 以下。

③培养料配制原则。培养料配制时，首先要计算初始含氮量，然后确定粪草比，最后确认培养料中碳和氮的比例。以粪草培养料配方为主的初始含氮量控制在 1.5%～1.7% 之间。以合成培养料配方为主的初始含氮量控制在 2.0% 左右。培养料配制的粪草比不能超过 5∶5，否则游离氨气将很难排尽。

④推荐配方。麦草 1000 kg，鸡粪 1400 kg，石膏 110 kg。其中麦草水分 18%，含氮量 0.48%；鸡粪水分 45%，含氮量 3.0%。培养料中初始含氮量 1.6%，碳氮比为 23∶1。

（2）培养料的堆制发酵。

①场地要求。工厂化双孢蘑菇生产的培养料发酵在菌料厂内完成，菌料厂封闭运行，分原料储备区、预湿混料区、一次发酵区和二次发酵区 4 个部分，对场地的要求是地势高、排水畅通、水源充足，菌料厂的地面都应采取水泥硬化，并根据生产需求设计合理的给水排水系统，菌料厂的布局细节暂不做论述。

②发酵用水。符合饮用水的卫生标准，用自来水或深井水，同时排水系统要有防污染设置，对排水要充分净化，发酵用水的质量控制指标是 pH 为 7～8，氮含量尽量低，浸料池水的含氮量每批料都需要测量。

③堆制发酵。双区制的双孢蘑菇工厂，采取二次发酵技术，用料仓进行为期 16 d 的一次发酵，用隧道进行为期 7～9d 的二次发酵。双区制双孢蘑菇培养料堆制发酵流程为：原料预处理→培养料预湿处理→混料调制→一次发酵隧道二次发酵→降温上料播种。

（3）栽培设施条件。

控温菇房车间采用钢塑结构或砖混结构建造，封闭性、保温性及节能性好，利于控温、保湿、通风、光照和防控病虫害。单库菇房大小以 10 m×6 m×4 m 为宜，中架宽 1.3 m，边架宽 0.9 m，层间距 0.5 m，底层离地面 0.2 m 以上，架间走道 0.7 m，按冷库标准要求进行建造，制冷设备与冷库大小相匹配，配置制冷机及制冷系统、风机及通风系统和自动控制系统；应有健全的消防安全设施，备足消防器材；排水系统畅通，地面平整。

（4）上料、发菌。

①准备。上料前结合上一个养殖周期用蒸汽将菇房加热至 70℃～80℃ 维持 12 h，撤料并清洗菇房，上料前控制菇房温度在 20℃～25℃，要求操作时开风机保持正压。

②上料。用上料设备将培养料均匀地铺到床架，同时把菌种均匀地播在培养料里，每平方米大约 0.6 L（占总播种量的 75%），料厚 22～25 cm，上完料后立即封门，床面整理平整并压实，将剩余的 25% 菌种均匀地撒在料面，盖好地膜。地面清理干净，用杀菌剂和杀虫剂或二合一的烟雾剂消毒一次。

③发菌。料温控制在 24℃～28℃，相对湿度控制在 90%，根据温度调整通风量。每隔 7 d 用杀虫杀菌剂消毒一次。14 d 左右菌丝即可长好，覆土前 2 d 揭去地膜，消毒一次。

养殖菇房内二氧化碳含量在 1200 mg/kg 左右。

④病虫害防治。此期间病虫害很少发生，对于出现的病害要及时将培养料清除出菇房做无害化处理；虫害（主要为菇蝇、菇蚊）在菇房外部设立紫外灯或黑光灯进行诱杀。菇房内定期结合杀菌用烟雾剂熏蒸杀虫即可。

（5）覆土及覆土期发菌管理。

①覆土的准备。草炭土粉碎后加 25％左右的河沙，用福尔马林、石灰等拌土，同时调整含水量在 55％～60％，pH 在 7.8～8.2，覆膜闷土 2～5 d，覆土前 3～5 d 揭掉覆盖物，摊晾。

②覆土。把覆土材料均匀铺到床面，厚度 4 cm，环境条件同发菌期一致；菌丝爬土后连续 3 天加水，加到覆土的最大持水量。

③搔菌。菌丝基本长满覆土后进行搔菌，2 d 后将室温降到 15℃～18℃，进入出菇阶段。

（6）出菇。

①降温。进入出菇阶段后，24 h 内将料温降到 17℃～19℃，室温降到 15℃～18℃，空气相对湿度在 92％，二氧化碳含量低于 800 mg/kg。

②出菇。保持上述环境到菇蕾至黄豆粒大小，降低湿度至 80％～85％，其他环境条件不变；当双孢蘑菇长到花生粒大小后增加加水量。

③采摘。蘑菇大小达到客户要求后即可采摘，每潮菇采摘 3～4 d，第四天清床，将所有的蘑菇不分大小一律采完，采后清理好床面的死菇、菇脚等。清床后根据覆土干湿和菇蕾情况加水 2～3 次，二潮菇后管理同第一潮菇。

④清料。三潮菇结束后，及时清理废菌料，并开展菌糠生物质资源的无害化循环利用。对生产场地及周围环境定期冲刷、消毒，菇房通入蒸汽使菇房温度达到 70℃～80℃，维持 12 h，降温后撤料开始下一周期的生产。

第二节　鸡腿菇高效栽培技术

鸡腿菇又名鸡腿蘑、毛头鬼伞，属真菌门、担子菌亚门、层菌亚纲、伞菌目、伞菌科、鬼伞属。20 世纪 70 年代西方国家开始人工栽培鸡腿菇，我国在 20 世纪 80 年代开始人工栽培，并将野生鸡腿菇驯化成人工栽培种。近年来鸡腿菇种植规模迅速扩大，已成为我国大宗栽培的食用菌之一。目前，山东、河北、福建等省已经从单一栽培模式发展为多种栽培模式，可以在室内栽培、棚内栽培，也可利用防空洞、土洞、林下进行反季节栽培；可以阳畦栽培，也可以床架栽培、工厂化栽培；可以生料栽培，也可以发酵料、熟料栽培；在原料上可以利用农业和工业生产中的下脚料（如秸秆、稻草、棉籽壳、废棉、酒糟、酱渣、甘蔗渣、木糖醇渣）栽培鸡腿菇。出菇后的菌袋废料，可制作生物有机肥料，也可以用作畜禽饲料或生产沼气原料，畜禽粪便又可用作培养鸡腿菇辅料，因此可形成农业生产的良性循环，属于环保型的产业，具有广阔的发展前景。

鸡腿菇营养丰富，100 g 干品中含粗蛋白质 25.4 g，脂肪 3.3 g，总糖 58.8 g，纤维 7.3 g，灰分 12.5 g，热量值 $1.4×10^6$ J。鸡腿菇蛋白质中含有 20 种氨基酸，其中人体必需的 8 种氨基酸全具备。鸡腿菇也是一种药用菌，有益胃、清神、助食、消痔、降血糖等功效，对糖尿病有辅助疗效。据《中国药用真菌图鉴》载，鸡腿菇的热水提取物对小鼠肉瘤 S-180 和艾氏癌抑制率分别为 100％及 90％。鸡腿菇还有治疗糖尿病的功效，长期食用对降低血糖浓度、治疗糖尿病有较好疗效。另外经常食用鸡腿菇有助消化、增进食欲，特别对治疗痔疮效果明显。

一、鸡腿菇生物学特性

（一）形态特征

1．菌丝体

鸡腿菇菌丝在母种培养基上，初期呈灰白色、浓密、整齐，随着菌丝的不断生长，后期呈灰褐色；在原种培养基（麦粒、玉米粒及其他稻壳等）上呈灰白色，有轻微爬壁现象，长时间保藏菌丝会分泌黑色素。

2．子实体

鸡腿菇的菌盖初呈圆柱形至卵圆形，随着菌盖长大，菌盖表面产生较大的鳞片状物；开伞后边缘菌褶很快溶化成墨汁状液体。菌柄白色、圆柱状中空、较脆、上部较细、基部较粗，直径一般为 1～5 cm，其直径与品种及生长环境条件有密切关系；菌柄长一般为 5～25 cm，也因品种及生长环境条件而异。

（二）生长发育条件

1．营养条件

鸡腿菇是腐生性真菌，其菌丝体利用营养的能力特别强，纤维素、葡萄糖、木糖、果糖等均可利用。但在生产中为使其生长正常和加快生长速度，提高产量和商品质量，还是应适当添加一些氮素营养，如麦麸、豆饼粉等，一般培养料的碳氮比在（20～40）：1 即可。

2．环境条件

（1）温度。鸡腿菇是一种中温偏低型菇类，菌丝生长的温度范围为 3℃～35℃，最适温度为 26℃，其菌丝抗寒能力特强，能忍受－30℃低温。温度低，菌丝生长缓慢，呈现稀绒毛状；温度高，菌丝生长快，呈绒毛状，气生菌丝发达，基内菌丝变稀。当温度超过 37℃时，菌丝会自溶，导致生产失败。

子实体形成需低温刺激，当温度降到 20℃以下、9℃以上时，鸡腿菇菇蕾即会破土而出。鸡腿菇子实体生长温度范围为 9℃～30℃，一般低于 8℃、高于 30℃时，子实体不易形成，即使勉强现蕾，也会很快老化，且产量、品质都很差。在 9℃～30℃范围内，随温度升高，子实体品质下降，最佳出菇温度为 20℃。在 12℃～18℃范围内，温度越低，子实体发育越慢，个头大，个个像鸡腿，甚至像手榴弹。20℃以上菌柄易伸长、菌盖易开伞。人工栽培时，温度在 16℃～24℃子实体发生最多，产量最高。

（2）湿度。菌丝生长时基料含水量以 65％左右为宜，春季拌料因空气干燥，水分蒸发快，水分可适当调高一些；秋季栽培因高温季节发菌，水分可适当降至 60％以下。为确保发菌成功，发菌期间相对空气湿度应控制在 70％左右，出菇时空气相对湿度应控制在 80％～90％，湿度过低易使子实体过早翻卷鳞片；过高易引发某些病害，包括褐色斑点病等生理性病害。

（3）光照。适宜的光照强度有利于子实体形成，如无一定强度的散射光刺激，子实体生长很慢；如果光照太强，子实体生长受抑制，且质地差，干燥、变黄，降低商品价值。理想的光照强度为 500～800 lx，在这样的光照强度下出菇快、产量高、品质好，不易感染杂菌。一般认为菌丝生长不需要光，但微弱的光不影响菌丝生长。

（4）空气。鸡腿菇是一种好氧性腐生菌，一生中都需要较好的通风条件，尤其是出菇阶段，更要加强通风，保持菇棚内空气新鲜，当菇棚内"食用菌气味"很小甚至没有时，鸡腿菇子实体如同在野生条件下，其生长发育才良好。

（5）酸碱度。鸡腿菇不论菌丝生长阶段还是子实体生长阶段，适宜的 pH 为 7 左右，过高或过低均会对菌丝生长有抑制作用。但在生产中，为了防止杂菌滋生，往往将 pH 调至大于 8，虽然不太适宜，但经过一段时间生长之后，培养料 pH 会被菌丝自动调至 7。

（6）土壤。鸡腿菇菌丝体长满培养料后，即使达到生理成熟，如果不予覆土处理，便永远不会出菇，这是鸡腿菇的重要特性之一。鸡腿菇子实体生长前提条件之一是必须覆土，覆土要求中性或偏碱性，且覆土材料要经过消毒、杀菌、灭虫处理。

覆土主要作用：①控制温度，起隔热和遮阴作用；②调节湿度，减少菇畦内水分蒸发，有利于水分管理；③覆土后由于加大了对栽培料的压力、缩小了栽培料的空隙，有利于菌丝吃料、穿透和交织；④土壤中含有 N、P、K 等营养成分以及土壤微生物代谢产物，可改进及平衡栽培料的营养供给，使鸡腿菇顺利出菇。

二、鸡腿菇高效栽培技术要点

（一）栽培季节

我国北方省份如果利用大棚、半地下或地下式的菇棚、拱棚等设施，可春、秋两季栽培。春栽可在 2～6 月，秋栽宜在 8～12 月出菇，也可利用山洞、土洞、林地进行反季节栽培。

（二）培养料配方

（1）棉籽壳 96%，尿素 0.5%，磷肥 1.5%，石灰 2%。

（2）稻草、玉米秸各 40%，牛、马粪 15%，尿素 0.5%，磷肥 1.5%，石灰 3%。

（3）玉米芯 95%，尿素 0.5%，磷肥 1.5%，石灰 3%。

（4）玉米芯 90%，麸皮 7%，尿素 0.5%，石灰 2.5%。

（5）菇类菌糠 80%，马粪（或牛粪）15%，尿素 0.5%，磷肥 1.5%，石灰 3%。

（6）菇类菌糠 50%，棉籽皮 38%，玉米粉 7.5%，尿素 0.5%，石灰 4%。

（7）玉米秸 88%，麸皮 8%，尿素 0.5%，石灰 3.5%。

（8）玉米秸及麦秸各 40%，麸皮 15%，磷肥 1%，尿素 0.5%，石灰 3.5%。

（三）拌料及栽培原料处理

拌料及栽培原料处理同平菇。

（四）栽培方法

1. 畦式直播栽培

（1）挖畦。根据栽培棚的类型和大小在棚内挖畦。2 m 宽的拱棚，可沿棚两侧挖畦，畦宽 80 cm，中间留 40 cm 宽的人行道。在倾斜式半地下棚内，沿棚向留三条人行道，每条 40 cm，平分成 4 个长畦，每畦宽 95 cm 左右；或者在靠近北墙处留一条 0.7 m 左右的人行道，南北向挖畦，畦宽 1 m，两畦之间留 40 cm 人行道。在地上棚中，靠北墙留一条宽 0.7～0.8 m 的人行道，南北向挖畦，畦宽 1 m，两畦之间留 40 cm 宽人行道。在以上 3 种棚内挖畦时，将挖出的土筑于人行道上及畦两端，使畦深为 20 cm。

（2）铺料、播种。挖好畦后，在畦底撒一薄层石灰，将拌好的生料或发酵料铺入畦中，铺料约 7 cm 厚时，稍压实，撒一层菌种（菌种掰成小枣大），约占总播种量的 1/3，畦边播量较多；然后铺第二层料，至料厚约 13 cm 时，稍压实，再播第二层菌种，占总播种量的 1/3（总播种量占干料重的 15%），再撒一层料，约 2 cm 厚，将菌种盖严，稍压实后，覆盖塑料薄膜，将畦面盖严、发菌。

（3）发菌期管理。播种覆膜后，保持畦内料温在 20℃左右，如果料温高于 28℃，应及时揭膜散温，但应注意勿使料面干燥。如果畦内料过湿，也应揭膜散潮。当料面出现菌丝时，每天掀动薄膜 1～2 次，进行通风换气，使畦面空气清新。正常情况下 15～20 d 料面即发满菌丝。发菌期如果出现杂菌，应及时清除，以免蔓延。

（4）覆土。理想的覆土材料应具有喷水不板结、湿时不发黏、干时不结块、表面不形成硬皮和龟裂等特点，一般多用稻田土、池塘土、麦田土、豆地土、河泥土、林地土等，一般不用菜园土，因其含氮量高，易造成菌丝徒长，结菇少，并且易藏有大量病菌和虫卵。

土应取表面 15 cm 以下的土，并且经过烈日曝晒，以杀灭虫卵及病菌，而且可使土中一些还原性物质转化为对菌丝有利的氧化性物质。覆土最好呈颗粒状，小粒 0.5～0.8 cm，粗粒 1.5～2.0 cm，掺入 1% 的石灰粉，喷甲醛及 0.05% 的敌敌畏，堆好堆，盖上塑料薄膜闷 24 h。然后，掀掉薄膜，摊开土堆，等散发完药味后即可覆土。土的湿度以手握成团，抖之即散为好。

鸡腿菇菌丝生长发育成熟后，不接触土壤不形成子实体，因此料面发满菌丝后应及时覆土，覆土层约 3 cm 厚，分 3 天每天 1 次用清水喷至覆土最大持水量，覆土层上可覆盖塑料薄膜进行发菌，切忌覆土后喷水过大。

2. 袋式栽培

（1）拌料、装袋播种、发菌。鸡腿菇生料、发酵料栽培可选用低压聚乙烯塑料袋，规格为（40～50）cm×（25～28）cm，可装干料 1～1.7 kg；也可用大袋，其规格为 70 cm×60 cm，可装 5 kg 干料，拌料、装袋播种、发菌同平菇；鸡腿菇熟料栽培可选用低压聚乙烯袋，其规格为（20～22）cm×（40～45）cm，可装干料 2.0 kg，拌料、装袋、灭菌、接种、发菌同香菇。

（2）覆土。鸡腿菇菌丝体抗老化能力强，可较长时间存放，因此，可根据栽培场所和市场需求来决定脱袋及覆土时间。

鸡腿菇袋式栽培覆土分为脱袋覆土和不脱袋覆土两种方式。脱袋覆土方式同平菇全覆土栽培；不脱袋覆土一般是把发满菌菌袋的扎口绳去掉，拉直袋口，然后在菌袋上端覆土 2～3 cm，盖膜保温保湿，养菌出菇。

（五）出菇管理

覆土后，加强对湿度的管理，使土层湿润，保持空间相对湿度为 75% 以上。当菌丝长出覆土层时，就要适当降温，尽量创造温差，减少通风，降低湿度，及时喷"结菇水"，以利于原基形成。喷水不要太急，宜在早晚凉爽时喷。气温高时，每天喷水 1～2 次，要掌握"菇蕾禁喷，空间勤喷；幼菇（菌柄分化）酌喷，保持湿润；成菇（完全分化）轻喷"的科学用水方法。

适当增加散射光强度进行催蕾，避免直射光照射，以使菇体生长白嫩；并注意将薄膜两端揭开通小风，刺激菌丝体扭结现蕾。实践证明，适当缺氧能使子实体生长快而鲜嫩，菇形好。若大田栽培，4～5月应加盖双层遮阳网，若在树林或果树下栽培，加一层遮阳网，避免直射光的照射。菇蕾形成后，经精心管理，过7～10 d，子实体达到七八成熟，菌环稍有松动，即可采收。

（六）采收及采后管理

鸡腿菇成熟开伞后，子实体很快自溶，呈墨汁状，失去商品价值。因此，当鸡腿菇达七八成熟，菌盖尚紧包菌柄时即应及时采收。采收时用手捏住菇柄基部左右转动后轻轻拔出，勿带出基部土壤。

采收后应及时清理畦面，勿留残菇和老化菌根，并一次性补足水分，用土覆平采菇留下的孔、洞和缝隙，保湿养菌直至下潮菇出现。一般可采收4～5潮菇，生物学效率可达100%以上。

三、鸡腿菇主要病害及防治

（一）鸡爪菌

鸡爪菌即叉状炭角菌，是近年来危害严重的一种寄生性病原真菌，主要发生在鸡腿菇的子实体生长阶段，其子实体酷似鸡爪，俗称为"鸡爪菌"。

1. 发生原因

鸡腿菇菌丝生长时，受土壤中杂菌菌丝侵扰，二者结合扭结发生变态，长成鸡爪菇。发生时呈暗褐色、尖细、基部相连，其菌丝与鸡腿菇争夺养分并抑制鸡腿菇菌丝生长，造成鸡腿菇严重减产，甚至绝产。鸡爪菌多在夏初及二潮菇后大量发生，阴暗、温度高、湿度大、通风不良、菌床水分多时易诱发此病。病源为培养基或覆土中携带的病原菌。

2. 无公害防治

（1）使用优质菌种。

（2）原材料必须新鲜、干燥、无霉变。

（3）培养料中加入0.1%～0.2%的50%多菌灵等，抑制杂菌生长。

（4）堆积发酵要彻底，最好进行熟料栽培。

（5）选用覆土要慎重，必要时进行消毒处理。

（6）在气温偏高的季节栽培时，最好进行不脱袋覆土出菇，避免相互传染。

（7）管理上注意降温、降湿，加大通风，避免菇棚内积水。

（8）春末夏初或夏秋高温季节栽培时发病率高，一般选在9～10月种植为好。

（9）一旦发现鸡爪菌要及时挖除，防止孢子成熟和扩散。

（二）腐烂病

腐烂病是由细菌引起的常见病害，危害较重。染病子实体初为褐色，后菌盖变黑腐烂，最终只残留菌柄。高温高湿、通风不良时易诱发此病，夏季反季节栽培时发病率高。

无公害防治：投料前用石灰水、烧碱等对菇棚进行消毒；空气湿度及覆土含水量要稍低；发病初期可用农用链霉素（含量100～200 mg/kg）防治；及时拔除病菇，以防传染。

（三）褐斑病

褐斑病在染病初期，子实体菌柄和菌盖上出现褐色斑块，逐渐扩大，最终使整个菇体变褐。覆土层和环境的湿度过大及出菇期间喷水不当易诱发此病，夏季反季节栽培时易发生。

无公害防治：出菇期覆土含水量不宜过高，以土壤不黏手、表土露白为宜；出菇期尽量避免向幼菇上喷水，环境湿度大时，应加强通风降湿。

4. 褐色鳞片菇

褐色鳞片菇表现为菌盖表面鳞片多，呈褐色，是一种生理病害，主要原因是光照过强、湿度偏低。为预防该病发生，出菇期间应做好光管理，使其处在弱光下生长，避免强光照，相对湿度在 $80\%\sim85\%$ 之间，若低于 70% 时要及时向墙壁和地面喷水。

第三节　草菇高效栽培技术

草菇又名兰花菇、味草菇、美味苞脚菇、中国蘑菇，属真菌门、担子菌纲、伞菌目、柄菇科、小苞脚菇属。我国是世界上生产草菇最多的国家，产量世界首位。据考证，草菇最早栽培于我国，距今已有 200 多年的史，清道光二年（1822 年）《广东通志》就有关于"南花菇"的记载，广东南华寺的僧侣，以稻草加牛粪堆制腐烂后做栽培料，用长过草菇的腐草作为接种材料，在夏季的湿热条件下栽培出菇。之后，华侨将草菇栽培技术传至日本、韩国、马来西亚、菲律宾、泰国、新加坡、印度、印度尼西亚等地，又传到非洲的尼日利亚、马达加斯加。近年来，一些欧美国家也开始栽培。

草菇不仅味道鲜美，而且营养价值也很高，鲜草菇蛋白质含量 2.68%，脂肪 2.24%，矿物质（氧化物） 0.91%，还原糖 1.66%，转化糖 0.95%。草菇中含有丰富的维生素 C（抗坏血酸），100 g 鲜草菇就含有 206.27 mg，比富含维生素的水果、蔬菜高很多。此外，草菇中还含有一种叫作异种蛋白的物质，可以增强机体抗癌能力；草菇所含的含氮浸出物嘌呤碱，又能抑制癌细胞的生长。同时，夏天食用草菇又有防暑去热的作用，因此，草菇是一种养丰富的保健食品。

一、草菇生物学特性

（一）形态特征

草菇是一种腐生真菌，由营养器官（菌丝体）和繁殖器官（子实体）两部分构成。

1. 菌丝体

草菇菌丝体呈白色或黄白色，半透明，具有丝壮分枝。根据其发育程度和形态特征可分为初生菌丝和次生菌丝两种。

（1）初生菌丝。初生菌丝是由担孢子萌发形成的，菌丝有隔膜呈分枝状。每个细胞内含有一个核，核平均大小为 $1.5\sim2.5~\mu m$。这些初生菌丝能形成厚担孢子。

（2）次生菌丝。初生菌丝互相融合，完成同宗配合而形成次生菌丝。次生菌丝的每个细胞内含有两个核。次生菌丝粗壮，生长快往往形成很多厚担孢子。

2. 子实体

成熟的草菇子实体由菌盖、菌褶、菌柄和菌托四部分组成。

（1）菌盖。菌盖是子实体的最上部分。菌盖呈钟形，成熟时平原开，直径 6～20 cm，表面平滑，灰褐色或鼠灰色，中间凸起处色较深，向四周渐变为浅灰色，有的菌盖表面出现放射状的深灰色条纹。

（2）菌褶。菌褶位于菌盖的底面，呈肉红色，有 250～380 片，长短交错，呈辐射状排列，与菌柄离生。菌褶是担孢子的发生场所每个菌褶由 3 层交织的菌丝体组成。里层菌丝体交织得比较疏松叫作菌髓；中层菌丝体交织得比较紧密，叫作子实亚层；外层即菌褶的两侧，叫子实层，它是菌丝体的末端细胞，产生担子和担孢子每个担子顶端通常有 4 个小梗，每个小梗上着生一个担孢子。担孢子初期白色，成熟后变成水红色或红褐色，表面光滑，椭圆形或卵形，一般长度为 7～9 μm、宽 4.5～6.5 μm，担孢子是单核的。每个成熟的草菇产生担孢子的数量很大，从几亿到几十亿不等。

（3）菌柄。菌柄着生于菌盖下面的中央，与菌托相连接，具有支撑菌盖、运输营养物质和水分的作用，菌柄白色，内实，含较多的纤维素。菌柄的长度为 5～18 cm，直径 0.5～1.5 cm，上细下粗，有菌环。

（4）菌托。菌托位于菌柄下端，是子实体的最下部分。菌托是于实体发生初期的保护物，称为包被，是柔软的薄膜，包裹着菌盖和菌柄。后期由于菌柄伸长，包被破裂而残留于菌柄基部。菌托的身部具有吸收营养物质的根状菌索。

（二）生长发育条件

1. 营养条件

草菇是一种腐生真菌，依靠分解吸收培养料中的营养为主，其生长发育过程中需要的营养物质，可分为碳源、氮源、矿物质和维生素 4 类。

（1）碳源。主要有糖类，如葡萄糖、蔗糖、淀粉、纤维素和半纤维素等。在草菇栽培中，常用富含纤维素的稻草、麦秸、棉籽壳、废棉作为碳素营养源。草菇菌丝生长过程中产生的各种酶，将纤维素、半纤维素分解成单糖，然后吸收利用。因此，凡含有纤维素的材料，均可作为草菇的培养料。

（2）氮源。主要是有机含氮化合物如蛋白质和氨基酸，还有无机含氮化合物硫酸铵、硝酸铵（对硝态氮利用很差），培养料中氮源不足会影响草菇菌丝生长，用稻草、麦秸栽培草菇，在培养料中适当添加一些含氮素较多的麸皮，可促进菌丝生长，缩短出菇期，提高产菇量。培养料中添加氮源时，以添加 5％麸皮效果较好，用畜禽粪要经过发酵处理。添加尿素补充氮源，一定要注意使用的浓度，一般用量 0.1％～0.2％为宜，浓度过高，因产生氨气多，会抑制菌丝生长，往往引起鬼伞等杂菌大量发生。

（3）矿物质。钾、镁、硫、磷、钙等矿物质是草菇生长发育所必需的，但在一般含纤维素原料中已有足够的含量，无须补充。草菇生长还需要铁、铜、钼、锌、钴、锰等微量元素，这些在普通水中的含量就能满足需要，不需要另外添加。

（4）维生素。一般麸皮、米糠中维生素含量较多，在培养料中加入这些原料可以解决草菇所需的维生素。

2. 环境条件

（1）温度。草菇原产于热带和亚热带地区，长期的自然选择使它具有独特的喜高温的特性。草菇对温度的要求，因不同生育期而有所不同。孢子萌发的最适温度为 35℃～40℃，低于 25℃或高于 45℃，孢子都不萌发。菌丝生长的温度范围为 20℃～40℃，最适温度为 35℃，在 15℃生长极微弱，10℃停止生长，5℃以下，菌丝很快死亡。所以，草菇菌种不应放在冰箱中保存，以免被冻死。子实体发生的最适温度为 28℃～34℃，在适温范围内，菌蕾在偏高温度中发育快，很易开伞，菇体小而质次；在偏低的温度中，长势好，不易开伞，菇体大而质优。夏季气温高，最好在树荫下栽培，温度调节到 25℃～28℃。初夏和早秋昼夜气温变化大，夜间要注意保温，防止温度骤然下降，造成菌蕾萎缩烂掉。

（2）水分。水分是影响草菇生长发育的重要条件之一，培养料中的含水量直接影响草菇的生长发育。水分不足使菌丝和菌蕾干枯死亡；水分过多，培养料通气不良，抑制呼吸过程，影响代谢活动正常进行，使菌丝和菌蕾大量死亡，导致病虫害滋生和蔓延。实践表明，培养料的含水量为 70%～75%，空气相对湿度为 85%～90% 适于菌丝和子实体的生长。若湿度长期处在 95% 以上，菇体容易腐烂，引起杂菌和病虫害繁殖，小菌蕾萎缩死亡。

（3）空气。草菇是好气性真菌，氧气不足，二氧化碳积累太多菇蕾呼吸受到抑制，导致生长停止或死亡。当空气中二氧化碳含量超过 1% 时，对草菇生长发育就能产生抑制作用。所以草菇栽培过程中，培养料含水量不宜太高，草被不宜太厚，塑料薄膜覆盖不要过严，注意定期进行通风，及时排除污浊气体，保持空气新鲜。出菇阶段更应注意通风，以满足菌丝生长发育和子实体形成所需要的新鲜空气。

（4）光照。草菇生长发育需要有一定的散射光，适量的光照可促进子实体的形成。据试验观察，以 500～1000 lx 的光照强度，每天照射 12 h 以上有利于菌丝生长和子实体发育。草菇不需要直射光，强烈的阳光严重抑制草菇生长。因此，露天栽培必须覆盖草被，搭草棚或挂草帘，防止太阳光直射。

（5）酸碱度。草菇喜偏碱性环境，培养料的 pH 以 8～9 为宜，偏酸性的培养料对草菇菌丝体和菇蕾生育均不利。为了满足草菇对 pH 的要求，在配料时应加入一定量的石灰粉或用 1% 石灰水浸泡原料。

二、草菇高效栽培技术要点

（一）栽培季节

草菇属高温型真菌，在生长过程中要求气温稳定在 23℃以上，只有这样才有利于菌丝生长和子实体形成。在自然季节，室外栽培温度难于人工控制，只有选择好栽培适期，才能满足草菇生长发育适宜的温度。据山东省中南部地区的气象观测，从 5 月下旬至 9 月中旬，塑料地棚内的温度可保持在 22℃～31℃，在此期间，用棉籽壳栽培草菇，一般于播种后第二天菌丝萌发，第三天菌丝吃料，第 9～12 d 采收第一潮菇，可连续收菇 2～3 潮，生长期为 25～30 d，生物学效率达 24.8%～32.3%。在山东省中南部地区，5 月下旬至 9 月中旬可作为草菇的适宜栽培日期，北部地区推迟到 6 月上旬为适期，栽培期为 110 d 左右，其他地区可根据当地气温变化确定栽培适期。

（二）栽培原料及处理

草菇培养料主要有棉籽壳、废棉、麦秸和稻草，以废棉最好，棉籽壳次之，麦秸和稻草稍差。栽培过平菇、金针菇、银耳的棉籽壳废料，以及陈旧棉籽壳和污染料，经过适当处理也可用来种草菇。

1. 棉籽壳

棉籽壳的质量直接影响到栽培的成败，要选用绒毛多的优质棉籽壳，最好是刚加工存放时间短的新鲜棉籽壳。栽培前，先在日光下曝晒 2～3 d，每 100 kg 棉籽壳加入石灰粉 5 kg，用 180 kg 清水拌匀后，堆闷一夜；也可在棉籽壳中加入麦秸 30%～40%，麸皮 3%～5%，然后进行堆积发酵。在阳光充足的地方，地面平铺 10 cm 厚麦秸，把堆闷一夜的棉籽壳堆积在麦秸上。料少时，堆成 1m 高的圆堆；料多时，堆成高 1m、宽 1m 的长形堆。用木棍通气孔至料底，进行发酵。料堆中心温度上升到 60℃时，维持 24 h 后进行翻堆，使上下、里外发酵均匀。当培养料颜色呈红褐色，长有白毛菌丝，有发酵香味，无霉及氨臭味，发酵即可结束，发酵时间 3～5 d。发酵好的培养料应立即栽培，放置过久，易引起杂菌污染。

2. 废棉

废棉是轧花厂、棉纺厂、弹花厂废弃的下脚料，俗称飞绒或破籽棉，含有大量纤维素，是栽培草菇的优质培养料。废棉的保温、保湿性能好，但透气性较差。使用前应先将其放入 pH 为 10～12 的石灰水中浸泡一夜，然后捞出沥干后堆积发酵（方法同棉籽壳）。

3. 麦秸

要选用当年收割、未经雨淋、未变质的麦秸。麦秸的表皮细胞组织中含有大量硅酸盐，质地比较坚硬，且蜡质多，吸水性差，不易软化。使用前需经过破碎、浸泡碱化和发酵处理。

（1）破碎。将整捆麦秸散开铺在地上，用石碾或车轮滚压，使之破碎，质地变软。

（2）浸泡软化。将压碎的麦秸用石灰水浸泡，促使麦秸软化和吸水。可挖一个长方形平底坑，坑的大小视麦秸的数量而定。坑内平铺一层塑料薄膜，再分层撒入碎麦秸，不断注入 2% 石灰水，用脚踩踏，使麦秸浸透，浸泡时间为一昼夜（有条件的可砌水泥池）。

（3）堆积发酵。将浸泡的麦秸捞出堆成垛，垛高 1.5 m，宽 1.5 m，长度不限。当麦秸堆中心温度上升到 60℃左右时，保持 24 h，然后翻堆，将外面的麦秸翻入堆心，使堆内外发酵均匀。翻堆后中心温度再上升到 60℃左右时，再保持 24 h，发酵即可终止，发酵时间一般为 3～5 d。应控制好发酵的时间和温度，防止发酵过度，造成腐生菌大量繁殖，消耗养分。发酵结束，检查发酵麦秸的质量，优质发酵麦秸的标准：麦秸质地柔软，表面脱蜡，手握有弹性感，金黄色，有麦秸香味，无异味，有少量的白毛菌丝，含水量为 70% 左右，偏碱性（pH 为 9 左右）。

4. 稻草

应选用隔年优质稻草，要足够干、无霉变、呈金黄色。这种稻草营养丰富，发酵时间长，杂菌少。使用前，将稻草曝晒 1～2 d，然后放入 1%～2% 石灰水中浸泡半天，用脚踩踏，使其柔软、紧实并充分吸水后，捞出即可用于栽培。

5. 污染料

此处污染料指棉籽壳贮放受潮、发霉、结块的污染料，陈旧料，栽培平菇的污染料。先将受潮发霉的料块打碎，在太阳光下摊开曝晒 3～5 d，添加 10%～20% 麦秸（发酵过的）、3%～5% 麸皮或 2%～3% 鸡粪和 10%～20% 圈肥。鸡粪和圈肥经曝晒、打碎、过筛去掉其中粪块，然后加入 pH 为 14 的石灰水拌料，堆积发酵 3 d。

6. 食用菌栽培废料

（1）平菇、银耳废料。将块料压碎或晾干后压碎，加入3％～5％石灰粉和少量新鲜棉籽壳，用水拌匀，堆闷半天后堆积发酵3 d。

（2）金针菇废料。废料脱袋打碎晒干后存放。使用前，加入5％～10％麸皮、1％磷肥和3％石灰，加水拌匀后发酵3～5 d，当料面现有白色放线菌菌丝，有香味时，就可用于栽培。

（三）栽培场地选择

北方春夏季节风多雨多，且气温不稳定，在室外栽培草菇，受自然气候影响，温度与湿度不易人工控制，很难达到理想产量。要获得草菇高产，必须有保护性栽培设施，栽培设施一般以夏季休闲的塑料大棚较为实用，其建造容易，费用少，能达到保温、保湿和调节通风光照的要求，给草菇生长发育创造适宜的小气候环境。

（四）栽培方式的选择、播种

为保持适宜的料温和增加出菇面积，栽培草菇要选择适宜的栽培方式，大面积栽培比较理想的方式有下列几种。

1. 立式压块栽培法

栽培时，将长70 cm、宽22 cm、高35 cm的木模子放在畦床上，先在木模框内铺一层发酵好的培养料，适当压平，四周撒上一圈菌种；接着上面再铺一层培养料，再撒一层菌种，第二层菌种应撒在整个料面上；上面再盖一层薄培养料，以刚盖住菌种为止，共铺3层培养料、2层菌种，菌种用量为培养料干重的5％。培养料铺完后，去掉木模子，就成了一个立式料块。料块与料块之间应有20 cm以上的间距，以利于通风透光和子实体生长。料块大小，可根据其营养、温度和有效出菇面积而定。麦秸料块，以干重5 kg左右为宜；棉籽壳、废棉为3～4 kg，在压制麦秸料块时，要用力压实，用脚踩踏，使料块坚实、空隙缩小，有利于草菇菌丝吃料、蔓延和扭结。立式堆料，也可用无底的废铁筒或用铁板（木板）制作圆筒，将培养料做成圆柱形料块，圆柱形料块比长方形的出菇面大，可增产20％左右。

2. 畦栽法

畦床宽80～100 cm，长度不限。做床时，先将畦床挖10 cm左右深，把土围于四周筑埂，做成龟背形床面，埂高30 cm左右，周围开小排水沟。播种前2 d，将畦床灌水浸透。播种前一天，畦床及其四周撒石灰粉消毒。播种时，将发酵好的麦秸、棉籽壳铺入畦内（每平方米按干料20 kg下料）。铺平后将麦秸踩踏一遍，再在料面上均匀地捅些透气孔。然后把菌种撒在料面上，菌种用量为5％～8％。菌种撒完后，轻轻压一遍，上面再覆盖一层薄料，然后在畦埂上盖塑料薄膜。

3. 波形料垄栽培法

将培养料在畦床床面上横铺或纵铺成波浪形的料垄，料垄厚15～20 cm（气温高铺薄些，气温低铺厚些），垄沟料厚10 cm左右，表面撒上菌种封顶，用木板轻轻按压，使菌种与料紧密接触。波形料垄栽培，可充分发挥表层菌种优势，防止杂菌侵染，使发菌迅速、出菇集中、整齐，提高出菇率和成菇率。菌种用量，一般为培养料总量的5％左右，有条件时可适当增加接种量，有助于增产。

4. 梯形菌床栽培法

顺着畦床纵向将培养料做成宽 25 cm、高 20 cm 的上窄下宽的梯形菌床。菌种层播 3 层，表层撒满料面，用薄料覆盖。梯形菌床，有利于调节料温，防止高温伤菌，改善床面通风透光状况，有利于草菇子实体形成和生长。

5. 小草把堆草栽培法

用稻草栽培草菇，一般以小草把堆草为好。其优点是省草、简便，堆草紧实整齐，产量高。方法：取一把用石灰水浸泡过的稻草（约 0.5 kg 干稻草），扭成"8"字形，拦腰扎紧，做成小草把。堆草时，将草把弯头朝外，一捆捆排紧在畦床上，中间填入浸湿的乱稻草，用脚踩实，使堆心稍高。排好第一层草把后，在离外沿 10～12 cm 处，撒上一圈麸皮（或畜禽粪），然后在麸皮的外圈，播入一圈菌种。第一层播后，接着堆第二层，第二层稻草把的外沿向内缩进 5 cm 左右，依然弯头向外排列，中间空隙填满乱稻草，踩实，播种。第二层堆完播种后，堆第三层，第三层草把同样向内缩进 5 cm，弯头向外，中间填满，踩实。第三层播种与一、二层不同，在整个表层撒布麸皮和菌种。播完后堆第四层，堆法和前三层相同，但不再播种。这样堆成上小下大的长条梯形。草堆大小视季节而定，初夏和早秋稍大些，有利于增温保温，宽 1 m，高 0.7 m；夏季气温高，草堆宜小一些，防止发酵产生高温伤害菌丝，一般宽 0.7 m，高 0.5 m。菌种用量为 5％左右，表层多播，促使表层多出菇。堆草播种完毕，接着进行踩踏和淋水，使草堆含水量达 70％～75％，太高会影响草堆的通气性，不利于草菇菌丝生长；太低，草堆温度过低，会影响菇蕾形成。最后，草堆顶上加盖厚为 20 cm 的乱稻草，使草堆呈龟背状。

6. 二次接种栽培法

草菇菌丝生长速度快，极容易老化而使生命力减弱，采用二次接种有利于增产。具体做法：采用棉籽壳、废棉栽培时，在采收第一潮菇后，撬松料面，用石灰水泼浇湿透，调整 pH 到 8～9，在料面撒菌种，菌种上面盖一薄层发酵过的棉籽壳（或废棉），按常规管理出菇。也可在采收一、二潮菇后，将料块翻起来，把底层培养料翻到表层，用 1％石灰水喷洒、补水，调整酸碱度，再在表面第二次接种，接种量为 2％～3％，一般可增产 30％左右。

（五）栽培管理

1. 覆土

在培养料面覆盖一薄层土，既能减少料中水分散失，又能为草菇生长发育提供营养，覆土可在播种后 2～3 d 进行。覆土选用肥沃的沙壤土，覆土厚度一般掌握在 0.7～1 cm，看气温高低和土粒大小而定。气温低，土粒粗时可厚一些，以利于保温；反之则薄一些，以利散热。

播种后是否覆土，应根据气温变化情况而定。在春末气候变化较大、气温不稳定的情况下，覆土可以增产，在气温较高而稳定时，覆土却会减产。

2. 覆膜管理

覆膜管理是草菇栽培的一项新技术措施，实践证明具有显著的增产作用。

草菇接种后，在料块、菌床和草堆四周，用塑料薄膜覆盖，可提高和稳定料温，保持湿度，增加料面四周小气候中二氧化碳浓度，促使有益微生物繁殖，促进草菇菌丝生长。覆膜在接种后立即进行，宜早不宜迟。为防止薄膜紧贴料面，影响菌种正常呼吸，可在料面撒放一些经石灰水消毒的稻草和麦秸。覆膜后要注意检查料温变化，如果料温超过40℃，应及时揭膜降温。夏季气温高，薄膜要适当架空或揭开一角，以防料温骤升，烧伤菌丝。当出现菇蕾后，应及时将覆盖的薄膜揭去，或将地膜支起，以防菇蕾缺氧闷死。

3．增温和控温

草菇属高温型菌类，菌丝生长发育适宜的气温（周围空间温度）为30℃～32℃，适宜的料温（堆温）为35℃～38℃，掌握好适宜的温度是草菇栽培成败的关键。一般情况下，气温高，料温也高，而提高料温，改善小气候环境，又可以弥补气温低的不足。料温的高低，与培养料的种类、堆料厚度、培养料的营养成分以及料面有无覆盖有关。在气温适宜时，接种后2～4 d，料温不断升高，当料块中间温度升高到35℃～40℃时，料块表面的温度一般为32℃～35℃，与草菇菌丝生长适宜温度趋于一致。草菇接种后，每天要定期观测料温，控制和掌握好料温变化。若料温太高，超过40℃，应及时将盖在料块上的地膜掀开，通风散热，降低料温；料温过低，应采取增温保温措施，在料面上盖草被或覆盖双层塑料薄膜。白天揭开草帘利用太阳热能提高棚温，发菌期间菇棚（房）温度应维持在25℃以上，如温度低于20℃则料温难以上升，菌丝难以萌发生长。在初夏和早秋季节，气温变化大，要注意菇棚（房）保温，防止夜间温度骤然下降，使正发育的菌丝受到伤害，发生枯萎。

草菇子实体形成与发育一般料温维持在30℃～35℃，菇棚（房）温度以28℃～32℃为宜。出菇阶段，温度适当低一些，子实体生长慢，开伞迟，菇形大，菇肉厚实，质量好。盛夏季节，气候炎热，白天受太阳光照晒，菇棚温度往往升高到35℃以上，应及时通风散热。一旦菇棚内温度过高时，可向棚外覆盖的草帘上喷凉水降温。

4．保湿和增湿

室外畦栽草菇的保湿与增湿管理，一般采取灌水与喷水相结合的形式。播种前几天将畦床灌水湿透，播种后头几天料块上覆盖的地膜一般不要揭开，以减少料内水分蒸发，使培养料含水量保持在70％～75％。当湿度不够时，可以采取向畦沟内灌水的方法，使畦床潮湿，增加空间相对湿度，灌水时一定注意不能浸湿料块。室内栽培草菇，菇房保湿性能好，一般空气相对湿度可保持在75％～80％，发菌期间不需要喷水补湿。湿度过高，容易促使鬼伞类杂菌大量繁殖。

草菇出菇期间，空气相对湿度以90％左右为宜。湿度太高，影响菇体表面水分的交换，容易引起子实体腐烂和遭受病害；湿度太低，子实体发育受阻碍，菇蕾不易形成，已形成的菇蕾也会枯死。为维持菇棚有较好的湿度，仍采取畦沟灌水与喷水相结合的办法，不宜直接向料块喷水，尤其在刚见到菇蕾时，严禁向菇蕾喷水。对幼菇不要喷重水，且在喷水后进行通风换气，防止菇体积水。一旦料块过干必须补水时，一定要喷清水，喷头向上，轻喷、勤喷。喷水的水温要与气温相近（与料温不能相差4℃以上），以防水温过凉喷后料温下降，引起幼菇死亡。

5．通风

草菇是一种好气性真菌，在菌丝生长期一般只需少量通风，每天中午短时间打开菇棚（房），通风15～20 min，把盖在料块上的地膜掀起一角透气就可以了。过多通风会使温度、湿度降低，影响草菇菌丝生长。在出菇阶段，应加强通风，刚见菇蕾时，应马上揭去覆盖料面的塑料薄膜，或将薄膜架高，让料面通风。子实体形成时，菌丝的生理活动最旺盛，若小气候环境中二氧化碳含量增高到 0.3％～0.5％，子实体发育将会受到抑制；当二氧化碳含量继续增高至 1％时，草菇就停止生长。长期闷热不通风，二氧化碳浓度过高，往往出现包膜缺口的畸形菇，影响产品质量，甚至造成大批幼菇枯萎死亡。为满足子实体生长需要的氧，菇棚（房）应增加通风次数，延长通风时间。室内栽培，应将菇房的地窗和门打开，加强气体对流，以保持室内空气新鲜。

出菇期间的通风，往往与保湿增湿发生矛盾，菇棚（房）内空气流通加快，促使水分蒸发加快，湿度下降，影响草菇生长发育。因此，应把通风与喷水保湿结合进行。具体做法：通风前先向地面、空间喷雾，然后通风 20 min 左右，每天 2～3 次。这样既能起到通风作用，又能保持菇棚（房）内适宜湿度，使出菇迅速、整齐。

6. 光照

光照对草菇生长也有明显的影响，发菌初期光线宜暗些；出菇时，适量光照可促进子实体的形成，没有光照或光照不足，不易形成子实体。栽培草菇，通常在栽培后第四天就要求有光线照射，一直维持到采菇结束。但不易有直射阳光照射，以免晒死幼菇。

7. 追肥和调整酸碱度

草菇在生长过程中消耗了大量养分，产生了大量有机酸，培养料酸度增高，影响草菇继续出菇。可在第一潮菇采收后，补施一些营养液，调整培养料的 pH，使之呈偏碱性，以延长采菇期，提高产菇量。方法：①向料堆喷洒 3％石灰清液，给予补水和调整 pH；②喷洒 0.1％尿素和麸皮水（按 100 L 水中加 10 kg 麸皮，煮后过滤，取滤液 50 kg 加清水 50 L 混合后使用），尿素用量为 0.1％～0.2％，用量过多，则产氨量增加，容易发生鬼伞杂菌。

（六）采收

1. 草菇子实体发育阶段

草菇子实体发育可以分为 6 个阶段，即针头期、细纽期、纽期、蛋期、伸长期和成熟期。

（1）针头期。次生菌丝体扭结后，出现一个针头大小的小菇蕾，这一阶段叫针头期。这时，组织尚未分化，整个结构还是一个菌丝体细胞小团。

（2）细纽期。针头阶段经过 2～3 d，小针头发育成一个圆形小纽扣大小的幼菇，叫作细纽期。这时，组织已开始分化，切开幼菇，可见幼小菌盖和初形成的菌褶。

（3）纽期。子实体继续增大，除菌盖、菌褶外，形成了菌柄，进入纽期。

（4）蛋期。在纽期以后，子实体顶部由尖变圆，整个菇体变为卵形，发育成蛋期。这时，子实体像卵圆形的鹌鹑蛋，顶部深灰色，其余部分为浅灰色。

（5）伸长期。菌柄顶着菌盖向上伸长，突破包被伸展出来，菌柄几乎达到成熟时的长度。

（6）成熟期。这时菌盖张开平展，形如伞状。菌褶由白色变为肉红色，担孢子成熟，菌盖表面银灰色，有一丝丝深灰色条纹，菌柄白色，子实体发育成熟。

2. 采收

在正常情况下，菌种质量好，管理得当，播种后 7～10 d，培养料面上就可以看到小菇蕾。菇蕾刚长出时，呈灰白色，一两天后迅速长大如鸟卵，经 3～4 d 大如鹌鹑蛋。当草菇由基部较宽、顶部稍尖的宝塔形变为卵形，菇体饱满光滑，由硬实变松，颜色由深变浅，包膜未破裂，菌盖、菌柄没有伸出时采收最好。这时菇味鲜美，蛋白质含量高，品质最好。开伞的草菇，质量降低。因此，草菇应在包被没有破裂的蛋期及时采收。

三、草菇栽培中常见的问题及其防治

草菇栽培过程中，往往出现生长异常，降低成菇率，影响产量和品质，造成经济损失，常见的有以下 6 种异常状况。

（一）菌丝徒长

草菇菌丝生长阶段，在料面形成大量白色绒毛状气生菌丝，有的成为一层白色菌膜，使菌丝营养生长不能及时转入生殖生长，菇蕾出现推迟，成菇少，产量低。这种状况一般是因为料堆覆膜时间过长，覆盖过严，缺乏定期揭膜透气所致，在气温高、料温高、湿度大、二氧化碳浓度高的小气候环境影响下，刺激菌丝徒长。

草菇接种后，覆膜时间一般应控制在 3～4 d，经 3～4 d 视菌丝生长情况，白天应定期揭膜或将薄膜用木棒支起，进行适度通风降温降湿，促使菌丝往料内延伸，增加料内菌丝生长量，防止料面气生菌丝过度生长。

（二）菌种现蕾

草菇接种 2～3 d 后裸露料面的菌种上出现很多白色菇蕾，影响菌丝吃料和向料内生长。多见于接种后塑料大棚未及时覆盖草帘遮阴，棚内光线过强，菌种受强光的刺激，使一部分菌丝扭结，过早形成菇蕾；用菌龄过老的菌种接种也容易在菌种上过早产生菇蕾。防治的办法：栽培时要选用菌龄短的菌种接种；接种时菌种外覆盖一薄层培养料；不使菌种外露；发菌初期，棚上覆盖草帘遮阴，防止强光刺激形成菌蕾。

（三）脐状菇

草菇子实体形成过程中，因缺氧使外包膜顶部生长异常，出现整齐的圆形缺口，形似脐。脐状菇主要发生在通风不良、二氧化碳浓度过高的出菇场地，如为了保温保湿而覆盖严密的塑料大棚和通风条件差的菇房。草菇子实体形成期间，管理上应定期进行通风，及时排出积聚的二氧化碳，保持空气新鲜，防止脐状菇的产生。

（四）子实体长出白毛

在已分化的草菇子实体周围表面长出一丛丛白色浓密的绒毛状菌丝，影响子实体生长成熟，重者引起子实体萎缩死亡。主要是通气不好缺氧所致，多见于料面覆盖的塑料薄膜没有定期揭开进行通气。这种现象一经发现，应立即揭去薄膜，加强通风换气，绒毛菌丝即可自行消退，子实体仍能继续生长。

（五）子实体生长过速

在适温范围内，草菇子实体由纽扣期进入成熟期，一般需经过 2～3 d；但遇到高温环境，则出现生长过速，往往在十几个小时出现开伞。大批子实体菇型变小，菇肉薄，菇体轻，若不能及时采摘，就会产生大批开伞菇，影响产量和品质。夏季室外种菇正值高温季节，白天气温过高时应适时将菇棚的塑料薄膜卷起，通风散热，必要时可在棚顶的草帘上喷凉水降低棚温。

（六）幼菇枯萎

幼菇因条件不适宜，停止生长，发生枯萎死亡。

1. 主要原因

（1）气温骤降。多见于初夏和早秋气温多变季节，寒潮的侵袭使气温骤然降至20℃以下，使刚形成的幼菇生长突然停止，发生枯萎死亡。

（2）床温下降。由于菇蕾形成过晚或生长第二潮菇时，培养料的营养已被消耗，床温降至30℃以下，不适合幼菇生长。

（3）中断营养。如采菇时松动幼菇，引起菌丝断离，或害虫啃食损伤菇体组织，中断菇体营养来源。

2. 防治办法

（1）稳定出菇温度。当寒潮来临之时，夜间应将菇棚盖严，棚外加盖草帘保温，晚间停止喷水，使棚内温度保持在23℃以上。

（2）掌握床温，促使适时出菇。床温的持续时间，因培养料不同而有较大差别。以棉籽壳、废棉和稻草为原料，床温持续时间长，一般为20～25 d；以麦秸为原料，床温保持在30℃的时间只有10～14 d。管理上应根据不同原料的床温变化特点，掌握适宜床温出菇。

（3）合理采菇。采菇时一定要轻，切忌用力硬拔，以免牵动周围幼菇。对丛生菇，应将整丛大小菇一起用刀割下，不宜采大留小。

（4）防治害虫。马陆是北方草菇栽培的一大害虫，它群集于料面啃食菌丝和菇体，往往引起大批幼菇死亡。除治马陆，出菇前可在草堆四周喷洒敌敌畏和鱼藤精，驱杀效果很好。

第四节　大球盖菇高效栽培技术

大球盖菇属担子菌门、伞菌纲、伞菌目、球盖菇科，又名皱环球盖菇。大球盖菇为草腐菌，主要利用稻草、麦秸、玉米秸秆、大豆秆等农作物下脚料进行生料栽培。其栽培周期短，从出菇到收获结束仅需40 d左右；产量高，每平方米投料25～30 kg，可收获鲜菇15～25 kg。可利用温室大棚反季节栽培，也可利用成年混杂林地、退耕还林杨树林地、松树林地、果园、大田小拱矮棚等进行间作或套种。

大球盖菇是国际菇类交易市场上较突出的十大菇类之一，也是国际粮农组织（FAO）向发展中国家推荐栽培的特色品种之一。鲜菇肉质细嫩，营养丰富，有野生菇的清香味，口感极好；干菇味香浓，可与香菇媲美，有"山林珍品"之美誉。

国内市场除鲜销外，也可以进行真空清水软包装加工和速冻加工，另外其盐渍品、切片干品在国内外市场潜力也极大。

一、大球盖菇生物学特性

（一）形态特征

1. 菌丝体

在PDA培养基上，菌落形态有绒状、毡状和絮状；有的有同心轮纹，有的有放射纹；有的菌丝生长旺盛、浓密、菌落平坦、圆形，有的则相反。

2. 子实体

子实体单生、丛生或群生，中等至较大，单个菇团可达数 kg 重。菌盖近半球形，后扁平，直径 5～45 cm。菌盖肉质，湿润时表面稍有黏性。幼嫩子实体初为白色，常有乳头状的小凸起，随着子实体逐渐长大，菌盖渐变成红褐色至葡萄酒红褐色或暗褐色，老熟后褪为褐色至灰褐色。有的菌盖上有纤维状鳞片，随着子实体的生长成熟而逐渐消失。菌盖边缘内卷，常附有菌幕残片。菌肉肥厚，色白。菌褶直生，排列密集，初为污白色，后变成灰白色，随菌盖平展，逐渐变成褐色或紫黑色。菌柄近圆柱形，靠近基部稍膨大，柄长 5～20 cm，柄粗 0.5～4 cm，菌环以上污白，近光滑，菌环以下带黄色细条纹。菌柄早期中实有髓，成熟后逐渐中空。菌环膜质，较厚或双层，位于柄的中上部，白色或近白色，上面有粗糙条纹，深裂成若干片段，裂片先端略向上卷，易脱落，在老熟的子实体上常消失。

（二）生长发育条件

1. 营养条件

营养物质是大球盖菇生命活动的物质基础，也是获得高产的基本保证。大球盖菇对营养的要求以碳水化合物和含氮物质为主。碳源有葡萄糖、蔗糖、纤维素、木质素等，氮源有氨基酸、蛋白质等。此外，还需要微量的无机盐类。实际栽培结果表明，稻草、麦秆、木屑等作为培养料，能满足大球盖菇生长所需的碳源。栽培其他蘑菇所采用的粪草料以及棉籽壳反而不适合作为大球盖菇的培养基。麸皮、米糠可作为大球盖菇氮素营养来源，不仅补充了氮素营养和维生素，也是早期辅助的碳素营养源。

2. 环境条件

（1）温度具体要求如下。

①菌丝生长阶段。大球盖菇菌丝生长温度范围是 5℃～36℃，最适生长温度是 24℃～28℃，在 10℃以下和 32℃以上生长速度迅速下降，超过 36℃，菌丝停止生长，高温延续时间长会造成菌丝死亡。在低温下，菌丝生长缓慢，但不影响其生命力。当温度升高至 32℃以上时，虽还不致造成菌丝死亡，但当温度恢复适宜温度范围，菌丝的生长速度已明显减弱。在实际栽培中若发生此种情况，将影响草堆的发菌，并影响产量。

②子实体生长阶段。大球盖菇子实体形成所需的温度范围是 4℃～30℃，原基形成的最适温度是 12℃～25℃。在此温度范围内，温度升高，子实体的生长速度增快，朵型较小，易开伞；而在较低的温度下，子实体发育缓慢，朵型常较大，柄粗且肥，质优，不易开伞。子实体在生长过程中，遇到霜雪天气，只要采取一定的防冻措施，菇蕾就能存活。当气温超过 30℃以上时，子实体原基难以形成。

（2）水分。水分是大球盖菇菌丝及子实体生长不可缺少的因子基质中含水量的高低与菌丝的生长及长菇量有直接的关系，菌丝在基质含水量为 65%～80%的情况下能正常生长，最适含水量为 70%～75%。培养料中含水量过高，菌丝生长不良，表现稀疏、细弱，甚至还会使原来生长的菌丝萎缩。在南方实际栽培中，常可发现由于菌床被雨淋后，基质中含水量过高而严重影响发菌，虽然出菇，但产量不高。子实体发生阶段一般要求环境相对湿度在 85%以上，以 95%左右为宜。菌丝从营养生长阶段转入生殖生长阶段必须提高空气的相对湿度，方可刺激出菇，否则菌丝虽生长健壮，但空间湿度低，出菇也不理想。

（3）光线。大球盖菇菌丝的生长可以完全不要光线，但散射光对子实体的形成有促进作用。在实际栽培中，栽培场选半遮阴的环境，栽培效果更佳。主要表现在两个方面：一是产量高；二是菇的色泽艳丽，菇体健壮，这可能是因为太阳光提高了地温，并通过水蒸气的蒸发促进基质中的空气交换以满足菌丝和子实体对营养、温度、空气、水分等的要求。但是，如果较长时间的太阳光直射，造成空气相对湿度降低，会使正在迅速生长而接近采收期的菇柄龟裂，影响商品的外观。

（4）空气。大球盖菇属于好气性真菌，新鲜而充足的空气是保证其正常生长发育的重要环境条件之一。在菌丝生长阶段，对通气要求不敏感，空气中的二氧化碳含量可达 $0.5\%\sim1\%$；而在子实体生长发育阶段，要求空间的二氧化碳含量低于 0.15%。当空气不流通、氧气不足时，菌丝的生长和子实体的发育均会受到抑制，特别在子实体大量发生时，更应注意场地的通风，只有保证场地的空气新鲜，才有可能获得优质高产。

（5）酸碱度。大球盖菇 pH 在 $4.5\sim9$ 之间均能生长，但以 pH 为 $5\sim7$ 的微酸性环境较适宜。在 pH 较高的培养基中，前期菌丝生长缓慢，但在菌丝新陈代谢的过程中，会产生有机酸，而使培养基的 pH 下降。菌丝在稻草培养基自然 pH 条件下可正常生长。

（6）土壤。大球盖菇菌丝营养生长阶段，在没有土壤的环境能正常生长，但覆土可以促进子实体的形成。不覆土，虽也能出菇，但时间明显延长，这和覆盖层中的微生物有关。覆盖的土壤要求含有腐殖质，质地松软，具有较高的持水率。覆土切忌用沙质土或黏土。土壤的 pH 以 $5.7\sim6.0$ 为好。

二、大球盖菇高效栽培技术要点

（一）栽培季节

大球盖菇适温广，在 $4℃\sim30℃$ 均可出菇，除 $6\sim9$ 月气温超过 $30℃$ 不利于出菇外，其余季节都可出菇。在温室大棚内反季节栽培要在 10 月中旬起开始投料播种，12 月或元旦起开始大量出菇，春节前出完二潮菇，正月期间出三潮菇，二月期间出四潮菇。这几个出菇的高峰期正值节日，市场价格高、效益好，是投料栽培的黄金时节。如果投料播种过早，大棚内温度高，容易热害伤菌，造成栽培失败。在林地、果园、向日葵、玉米地套种栽培，应在 9 月末起于始投料播种，10 月下旬开始出菇，在上冻前出 $1\sim2$ 潮菇，越冬后第二年春天再出三潮菇。

（二）配方

（1）单独使用稻草或稻壳或麦秸或玉米秸秆 100%，营养土适量。

（2）稻草或麦秸 50%，稻壳 50%，营养土适量。

（3）玉米秸秆（粉碎）50%，稻壳 50%，营养土适量。

（4）稻壳 85%，木屑 15%，营养土适量。

（5）稻壳 70%，大豆秆（粉碎）30%。

（6）稻壳（稻草）85%，草炭土 15%。

（三）培养料处理

自然气温 $20℃$ 以下，单独使用麦秸（稻草）处理后，可以生料栽培。栽培料处理方法：可将秸秆投入沟池中，引入干净水进行浸泡，48 h 后捞出沥水；也可以将秸秆铺在地面，采用多天喷淋方式秸秆吸足水分，每天多次喷浇水并翻动，使其吸水均匀。用手抽取有代表性的秸秆拧紧，若草中有水滴渗出而水滴是断线的，表明含水量在 $70\%\sim75\%$，此时可以铺料播种了。

（四）高效栽培

1. 栽培环境处理

清理杂草及其他植物根茎，平整土地，栽培前用旋耕机将地翻一次，土层呈颗粒状最好。翻耕前要对地面、棚顶、后墙及周边环境进行一次灭菌杀虫处理，减少病虫危害，用 g 霉灵等杀菌剂和辛硫磷杀虫剂进行处理。

2. 做畦

栽培场地内做畦，畦床宽 1.3 m、深 4～5 cm，将土放在畦床的作业道上，以备覆土用。畦面呈中间略高的龟背形以防积水，畦面撒石灰至见白即可。作业道宽 40～50 cm。

3. 铺料、播种

当培养料含水量在 70%～75%，料温在 25℃ 以下时进行铺料播种，铺料播种分 2 次完成。

首先铺 8 cm 厚、1.2 m 宽的培养料，然后将 1.2 m 的料床分成两垄，两垄间距 12 cm 左右，双垄两头用料封围，以增加投料量、出菇量，并且便于灌水。料层要平整，厚度均匀，宽窄一致。将菌种掰成核桃大小块状，每个单垄横向播 3 穴，间距 10 cm，顺垄 3 行穴播，菌种间隔 10 cm。完成第一层播种后，在每个单垄上再铺 8 cm 厚的培养料，整理成拱形垄状，然后将菌种按入表层料内 2 cm 深处，顺垄 3 行穴播，菌块间距 10 cm，用手或耙子将穴内菌块用料盖严，两垄间距的沟内料厚 3 cm，利于沟内大量出菇。

两垄侧面呈斜面坡形，不能立陡，防止覆土时滑落。一畦双垄通过技术标准整形后，用木板轻轻拍平，使菌种和培养料紧密接触，部分菌种落入草中，利于早封面，避免杂菌侵染。

4. 覆土及覆草遮盖

覆土可利用作业道上的土，覆土厚度 2.5 cm。覆土后从料垄两侧面扎两排 3～5 cm 粗的孔洞至料垄中心下部床面，孔洞呈品字形，间隔 15～20 cm，以使料垄中心有充足的氧气，并防止料垄中心升温"烧菌"。覆土后要在遮光不好的林地采用横向覆盖麦草（稻草）的方法来避光、保湿、防雨；在出菇期采用麦草（稻草）顺床覆盖的方法用于浇水时料垄表层充分吸水。覆草要到位，料垄边缘要封盖严密，以不见覆土为准，防止阳光直射土层向料内传导热量。遮蔽度大的林地可不用覆盖麦草（稻草）。

5. 发菌管理

早春投料播种由于自然气温低，料垄中部不易升温，发菌安全率高。但在夏季或初秋播种，播种覆草后要布设雾化喷水设施，采用雾化喷水带进行喷水增湿降温。覆草要保持湿润，但不能用过大水喷浇使水浸入培养料内。

播种后 15～25 d 料温易急剧升高，如果发现料温超过 25℃，就要用铁叉子插入料垄底部向上掘起，使料垄表层裂缝，利于散热透氧。当菌丝长至培养料 2/3 h，培养料内的菌丝开始进入土层，要求覆土层保持湿润，不能用大水喷浇，否则菌丝不易上土。如果土层过于干燥，菌丝更不易进入土层，以致出菇迟缓。如果在秋季高温进行发菌，作业道沟必须勤灌水，以降低床温，防止高温退菌，但水不能过多，以防流入垄畦底淹死菌丝。

经 30～40 d，菌丝可布满覆土层，覆土层内和基质表层菌丝束分枝增粗，通过营养后熟阶段后即可出菇。

6. 出菇管理

覆土层中有粗菌束延伸，菌丝束分枝上有米粒大小白状物是幼菇菇蕾，是出菇前兆。

保持覆草湿润，并移动覆草，让爬生在覆草上的菌丝倒伏，迫使从营养阶段向生殖阶段转化。

（1）水分管理。大球盖菇子实体生长适宜相对湿度为90％～95％，诱导幼菇发生时，水分要少喷、勤喷。黄豆大小幼菇出现后，以保持覆土层及覆草湿度为主，每天小水喷浇，不能大水喷浇，否则造成幼菇死亡。如果正在迅速膨大生长的子实体得不到充足的水分和空气相对湿度，则生长缓慢，有的造成子实体菌盖或菌柄裸裂。

（2）温度管理。大球盖菇出菇适宜温度为10℃～25℃，低于4℃或超过30℃不能出菇。温度低时，生长缓慢，但菇体肥厚，不易开伞，腿粗盖肥。温度高虽然生长快，但朵小，盖薄柄细，易开伞，遮阴不好的林地要将覆草覆盖厚些，但覆草要膨松、不紧密，用叉子挑悬空透进一定量的光线，还能有效防止因林地风大吹干裸露的菇体。天气在晚秋初冬温度降低时更要加厚覆盖管理，利于在上冻前多出一潮菇。

7. 采收

大球盖菇以尚未开伞的菇体口感最佳，因此子实体内幕菌膜尚未破裂前要及时采收。若采收过迟，菌盖展开、菌褶变为暗紫色、菌柄中空，将失去商品价值。采摘时注意不要松动边缘幼菇，防止死亡。采收后在畦上留下的基部洞穴要用土填平。

8. 转潮管理

采摘后的菇畦要停水2～3 d，让菌丝休养生息，充分储蓄养分。并检查料垄中心的培养料是否偏干，如果偏干，可采用两垄间灌水浸入料垄中心或采取料垄扎孔洞的方法来补水，但不能大水长时间浸泡或一律重水喷灌，避免大水淹死菌丝体，使培养料腐烂退菌。

第五章 食用菌加工概述

第一节 食用菌深加工基本知识

一、食用菌深加工的特点

食用菌深加工具有紧（时间紧）、巧（巧配伍）、高（要求高）、广（原料范围广）四大特点，现分述如下。

（一）紧

（1）易开伞。如蘑菇、草菇，可在数小时内开伞，而失去商品价值。

（2）易变质。鲜菇易破碎，易腐烂变质。

（3）产期集中，高峰压力太大。部分食用菌往往潮次分明，产期集中，一旦因气温条件适宜，遇到产菇高峰，给销售、加工带来很大压力，因此，对食用菌深加工来说，具有时间上的紧迫性。

（二）巧

食用菌营养丰富，特别是必需氨基酸品种较全，且还含有很多药用成分。因此，在深加工时，若能注意与其他食物巧配伍，可加工成各种营养价值和保健价值很高的食品。这就要求从事食用菌深加工研究和生产的企业，扩大视野，打开思路，只有这样，才能把食用菌深加工抓好。

（三）高

食用菌深加工是为了提高经济效益和提高资源利用率，如果通过加工，达不到这"两高"的要求，就失去了深加工的意义。因此，对深加工的要求是高标准的。在研究深加工的有关方案时，必须围绕"两高"进行。而影响"两高"的主要因素在于深加工的产品是否适销对路，价格上是否有竞争力。因此，各地应从当地的实际条件出发。

（四）广

食用菌深加工可选用的材料十分广泛，从子实体、菌柄、菇脚、碎屑到加工废液都可以作为加工的原料。由于原料来源广，往往在存放、卫生条件上不够重视，因而会造成污染，所以，必须注意质量。应坚持霉烂变质的不用，不清除杂质的不用，堆放在有农药或不卫生环境中的不用。

二、食用菌深加工的产品分类

食用菌深加工在我国的加工业中，尚属新兴产业，没有专门的分类标准，现暂以食用菌本身的作用来作为分类的依据。食用菌的主要作用是食用、药用、农用，故下面就按这三大方面进行分类。

（一）食品类

1. 干菜类

将食用菌加工成干品。

2. 罐头类

将食用菌加工成罐头。

3. 糕点类

将食用菌与糕点加工结合，制成糕点。

4. 疗效食品类

利用食用菌的保健作用，将食用菌制成各种疗效食品。

5. 方便食品类

将食用菌加工成方便食品，如汤料类、快餐类。

6. 消闲食品类

利用食用菌的独特风味，制成各类消闲食品。

7. 饮料类

可将食用菌经发酵或提取后制成汽水、补酒等各种饮料。

8. 其他

可将食用菌制成调味品、果酱等各种制品。

（二）医药类

1. 原料初加工

为药品生产单位提供初加工的食用菌原料，如生产猴菇菌片的猴头子实体、猴头菌丝体，生产灵芝制剂的灵芝子实体和灵芝孢子粉。

2. 成品加工

有条件的药品生产单位，可利用食用菌直接提取、加工成有关药物。如猴菇菌片、安络痛、蜜环菌片、云香片等。

（三）农用类

1. 菌糠饲料

利用食用菌栽培采收结束后剩下的培养废料，经整理、干燥、粉碎，加工成菌糠饲料。据各地报道，凡采用秸秆、木屑、菌糠、棉籽壳等原料栽培食用菌后的培养废料，均可加工成菌糠饲料。其饲用价值不会低于培养食用菌前这些原料的饲用价值。

2. 食用菌肥

将采菇后剩下的废培养料作肥料应用于作物，效果良好。

3. 激素农药

从废培养料中提取获得。

三、食用菌原料处理技术

（一）鲜菇处理

1. 鲜菇的特点

（1）易开伞。部分食用菌如草菇、蘑菇会在短时间内开伞。

（2）易变质。在菇的水分过多或食用菌大量堆积时，易变质腐烂。

（3）易碎。鲜菇经运输，破碎较多。

2. 加工要领

（1）及时。应尽快处理。

（2）忌堆。装菇容器要适当，不宜用袋装，堆积厚度要控制，愈薄愈好。

（3）防颠。运送途中，防止剧烈震动。目前部分菇农将食用菌装入塑料袋以自行车运送，结果大部分变成碎菇，商品价值明显下降。

（4）通风。鲜菇运送途中，要注意通风，以减缓变质的速度。

（5）忌水。有些菇农，为了提高"产量"，在收菇前或收菇后向菇内喷水，这样做，既损害消费者利益，又影响菇农本身利益。因为余分过多，菇易变质，腐烂。

（二）干菇处理

可根据各种菇类的加工要求，采取风干、晒干、烘干、脱水干燥等各种不同方法进行加工。

干菇加工应掌握以下原则：

（1）对有效成分的影响。食用菌中有些成分不耐高温，故加工时要注意对温度的控制。

（2）有利于有效成分的转化。如香菇中的麦角醇经阳光中紫外线的照射后，最后转化为维生素 D，故香菇的干燥加工不宜单纯采用烘干或脱水干燥，应经阳光的适当照射。

（3）注意色泽保护。有时食用菌在阳光下直接曝晒会影响色泽，故往往加盖纱布或其他遮盖物。

（4）防止杂质混入。有些生产者将食用菌摊于水泥晒场曝晒，结果碎砖、泥块等杂物混入菇内，严重影响质量。

（5）脱水加工。应逐步升温，不要迅速升温；以防外干内湿，影响质量。

以上干、鲜菇的加工，基本上可参照常规加工工艺，但得从深加工角度出发，要求将加工过程中各类原来认为废弃的下脚料做好清理工作，以备深加工时应用。

（三）下脚料的处理

主要的下脚料：菇柄（如香菇柄、平菇柄），耳蒂（如银耳基部），碎菇、次菇，菇屑（干燥加工后的粉末），菌皮（如香菇菌皮、灵芝菌皮），加工废液（如杀青水）。

处理原则：对上述下脚料的处理，目的在于作为深加工原料而再利用，因此，必须严格掌握以下原则。

（1）认真清理：不允许有培养料及其他各种杂质。

（2）坚决剔除变质的菇类下脚料。

（3）对含水量较高的下脚料应及时加工，或先行干燥，以利保存。

（4）对易变质的下脚料，如杀青水，因含较多的游离氨基酸，易变质，故必须及时加工。

第二节　食用菌贮藏保鲜技术

一、贮藏特性

食用菌含有丰富的氨基酸、蛋白质等营养物质，味道鲜美。但食用菌采后呼吸作用旺盛，在常温下很快开伞、褐变、变味，品质败坏，因此只能做短期贮藏。采收后若加工处理不及时会造成严重损失。因此，采后、贮运、销售及加工前需采取措施，以防食用菌品质下降。

二、采收

食用菌采收质量的好坏直接影响其耐贮性与抗病性。采收过早，菌体未长足，影响产量；采收过晚，菌体老化变质不耐贮藏，品质下降。对菌体的要求是大而厚，采收时应轻采、轻拿、轻放，尽可能减少机械伤害。采收过程应遵循以下三原则：①先采小后留大，即菇脚小的应先采；②先采密后采疏，即出菇密度大的地方先采，而出菇密度小的地方则晚采；③劣质菇先采，凡锈渍菇、斑点菇、空心菇、脱柄菇、开伞菇、畸形菇、变色菇、虫蛀菇都应及时剔除和处理，不能用于贮藏。

采收当天不要喷水保持韧性，但过早停水会使菌盖干燥、脆裂，有的在清晨可少量喷水。采收时，将单个菌体向上转动采收，菌盖向外倾斜，不要直接拔出。用左手手指夹紧菌托，右手用刀切断菌托基部，菌柄朝上放入篮中，尽快预冷或在冷凉地方修理分级，也可以采后立即修理，再装篮。个体较大、菌柄较短的品种，剪短菇柄可延长贮藏期。修整后的食用菌尽快冷藏。

三、贮藏条件

食用菌在贮藏过程中，营养物质的损耗和菌体变色是导致其品质劣变的主要原因，因此，必须提供适宜的贮藏炎件，以降低呼吸作用，延缓变色过程，减少营养物质的损耗，从而获得良好的保鲜质量。

食用菌贮藏的适宜条件为 0～5℃的温度和 95％以上的相对湿度。食用菌的失水与黑柄和开伞有关，用薄膜包装或保持相对湿度高于95％可减少失水。气调贮藏可抑制食用菌褐变，控制 2％～4％的氧和 5％～10％的二氧化碳有利于保持食用菌的色泽和延长贮藏寿命。采用盐水、柠檬酸、抗坏血酸、二氧化硫或蒸汽热处理均能钝化多酚氧化酶活性，防止酶促褐变；贮运中应避免用金属容器装食用菌，以防产生非酶促褐变。为防止病原菌的侵染，要做好保鲜贮藏场所与用具的消毒工作，在贮运中也要尽量减少损伤、碰撞、挤压。

四、贮藏及处理方法

（一）气调贮藏

1. 自发气调

将食用菌装在 0.04～0.06 mm，通过食用菌自身呼吸造成袋内的低氧和高二氧化碳环境。包装袋不宜过大，一般为1～2 kg在适宜温度下 5 d品质保持不变。

2. 充二氧化碳

将食用菌装在 0.04～0.06 mm 厚的聚乙烯袋中，充入氮气和二氧化碳并使其分别保持在 2％～4％和 5％～10％，在适宜温度下可抑制开伞和褐变。

3. 真空包装

将食用菌装在 0.06～0.08 mm 厚的聚乙烯袋中，抽真空降低氧含量。在适宜温度下可保鲜 7 d。

（二）冰藏法

在运输中加冰块使菇体降温，在包装容器内垫一层塑料膜，底部放 4～6cm 的碎冰，中部放置冰袋，四周放置蘑菇，装七八成满时将四周薄膜向内折叠，膜上再盖约 5 cm 的碎冰，最后加盖运输。

（三）缸藏法

在洗净的缸底部放 3～4 cm 的冷水，上设木架，将食用菌码在其上，然后用薄塑料膜封口，置于低温下贮藏。

（四）药物处理

1. 盐水

食用菌采后用 0.6％的冷盐水清洗并浸泡 10 min，可起预冷和防止褐变的作用，沥干水分进行贮藏。若盐水洗后，再用 0.1％抗坏血酸或 0.1％柠檬酸漂洗后沥干，装入塑料袋中冷藏效果更好。

2. 焦亚硫酸钠

采后用 0.02％焦亚硫酸钠洗去杂物再放入 0.05％的焦亚硫酸钠中半小时，用清水洗净后，在 10℃～15℃条件下塑干贮藏，有很好护色作用，但贮存温度超过 30℃时，会很快变色。

3. 激动素

用 0.01％的 6-氨基嘌呤溶液浸泡鲜菇 10～15 min，取出沥干后贮存，能延缓衰老，保持新鲜。

4. 比久

植物生长延缓剂比久，化学名称叫琥珀酸-2，2-2 甲基酰肼。用 0.001％～0.1％的比久水溶液浸泡菌体 10 min，沥干，贮于塑料袋内，在室温 5℃～22℃条件下可保存一周左右，可有效地防止褐变，延缓衰老，保持新鲜。

（五）辐照

γ 射线辐照可防止鲜菇变色，抑制呼吸和开伞。使用剂量为 2000～3000 Gy。

第三节　食用菌加工共性技术

一、食用菌干制技术

干制是指脱出一定量的水分而设法尽量保持原料原有风味的加工技术，它是一种既经济而又大众化的加工工艺，其特点包括：①干制设备可简可繁，简易的生产技术较易掌握，生产成本比较低廉，可以就地取材，当地加工；②干制品水分含量低，干物质含量相对增高，在良好包装中容易保存，而且体积小，重量轻，携带方便，较易贮藏运输；③由于干制技术的发展，干制品质量显著改进，食用方便，已成为食品工业中重要的组成部分；④干制品可以调节生产淡旺季，有利于周年供应。

（一）食用菌干制的原理

食用菌鲜品含水量高，又含有蛋白质、糖、脂肪等多种营养物质，因此，食用菌成了许多微生物天然的优质培养基，极易被微生物入侵而造成腐败。进行食用菌的干制加工，目的就是借助热能将食用菌中的大部分水分去除，使含水量下降到13％以下，将可溶性物质的浓度增高到微生物不能利用的程度。同时干制过程也使食用菌本身所含的酶的活性受到抑制。在干燥的同时，附着在食用菌上的微生物同时脱水，干品中微生物就长期处于休眠状态，降低或减缓微生物生长和繁殖速度，从而使产品能长期保存。

（二）食用菌的干燥过程

食用菌干制过程中除去的水分，主要是游离水和部分胶体结合水。开始蒸发时，表层大部分自由水迅速从食用菌表面散失，称为水分的外扩散；随着表面水分汽化，内层水分就以液态或气态的形式向表层转移，称为水分的内扩散。如果干燥温度过高，食用菌表面失水过快，内层水分来不及转移到外层，就会导致表面结壳现象出现，并阻碍水分继续蒸发。同时水蒸气在食用菌组织内部积聚并产生一定的压力，从而使其细胞破裂，可溶性物质外溢损失。

干燥初期，食用菌表面有足够的水分，水分在表面汽化的速度起着控制作用，此时干燥速度不随时间变化而变化，此阶段称为恒速干燥阶段；当食用菌中的游离水大为减少，水分含量降低到50％～60％，开始蒸发部分胶体结合水，此时干燥速度随时间的延长而下降，此阶段为降速干燥阶段。

整个干燥过程可分为三个时期。

1. 干燥初期

干燥开始时，菇体的温度较低，热空气传给菇体的热量主要用于菇体升温，菇体表面水逐渐被蒸发。这一时期较短。

2. 干燥中期

随着菇表水分蒸发，菇体内部存在的大量游离水向表面很快扩散，水分迅速蒸发，表面汽化速度维持在较高的水平上。这一时期如果空气温度过高，菇表汽化速度很快，会远远超过内部水分向表面扩散的速度，菇表易干结成硬壳，阻碍内部水分的继续蒸发。同时，由于内部水分含量高，骤然受热，菇体组织中汁液迅速膨胀，细胞壁破裂，胞中内含物流失。

3. 干燥后期

当菇体干燥至游离水蒸发结束，开始蒸发结合水时，进入干燥后期。结合水向表面扩散速度跟不上表面汽化速度，菇体表面被干燥，蒸发表面向内部移动，菇体温度不断升高，干燥速度逐步变慢，一直进行到菇体和干燥介质水分含量平衡为止，干燥完成。

干燥后期，温度过高会导致菇体升温过速，菇体内糖分和其他有机质被高温分解或焦化，有损干制品的外形和风味。

（三）影响干燥速度的因素

在干燥过程中，干燥速度的快慢，对成品的品质起着决定性作用。当其他条件相同时，干燥愈快，干制品的品质愈好。因此，在干燥过程中，应尽量加快干燥速度。而干燥速度的快慢，受环境和原料状态的影响。

1. 干燥空气的温度

大气中的空气都是干空气和水汽的混合物。当空气的温度升高，相对湿度下降，吸收水的能力就强。菇体处在这样的空气中，容易失去水分，干燥速度快。

但是，温度过高，菇表易干结硬壳，甚至焦化，且不能形成食用菌特有的香味。尤其是干燥初期，温度对食用菌香味的形成影响很大。新近的研究表明，干香菇的香味物质是鲜菇在适宜的酶活性温度下，缓慢烘烤过程中由一系列酶作用产生的。因此，干燥初期要求空气温度适当低些，以防菇体水分高时，酶活性被破坏（酶的失活与水分有关），不能形成香味物质。通常，空气温度的选择是先低后高，干燥初期为 35℃ 左右，然后逐渐升高至 60～65℃。

2. 空气的流动速度

热空气和菇体接触，将热量传递给菇体，蒸发菇体水分，空气的温度下降。相对湿度不断上升，吸收水分的能力逐步减弱，干燥速度下降。如将这部分空气排出，换入热空气，干燥速率又加快。所以增加空气流速可以加快干燥速率，缩短干燥时间。据测定，当风速在 3 m/s 以下时，菇体水分蒸发与风速成正比。但是风速过大，虽干燥快，但对热的利用却不经济。

3. 原料的种类和状态

原料种类不同，其组织结构和所含的成分也不同，干燥速度也不一样。整菇慢，片菇快。切片愈薄，蒸发面积愈大，蒸发的速度就愈快。

4. 原料的装载量和疏松程度

烘盘上单位面积装载量影响菇体干燥速度。装得越多，厚度越大，不利于空气流通，影响水分蒸发。堆放疏松，干燥空气介质和食用菌实际接触面积大，水分容易逸出，脱水速度相应加快。当食用菌多层重叠，密不透风，实际会大大降低其蒸发面积，从而降低干燥速度。自然干燥时，叠置过厚常有表面干燥，内层霉变现象，就是由于内层不透风造成的。

掌握干燥程度的简易方法：伞状菌菇体变脆，一捏便碎或用手折柄一折即断，表明干燥合格。木耳、银耳等烘至体积缩小到鲜耳的 1/30～1/25，表明干燥合格。干燥的切片，以手指捏不动，抓起来沙沙作响为合格。人工干燥完成的时间一般需 8～16 h。

（四）食用菌干制方法

食用菌干制的方法，可分为自然干制和人工干制两类。

1. 自然干制

自然干制是依靠风吹日晒等自然条件使新鲜食用菌干燥，这是一种传统的加工方法。它不需要特殊的设备，简单易行，节省能源，成本较低。

具体方法：将适时采收的新鲜食用菌，摊铺于晒帘上，晒帘以竹编或苇编的比较适宜。不可用铁丝编的晒帘，因铁丝易生锈，影响食品卫生。食用菌排放方式：银耳以耳片朝天，基座靠帘，一朵朵地排放，切不可重叠，以免压坏伸展的朵形。其他菇类应采取菇盖朝上，菇褶向下，依次排放好。白天出晒，晚上连同晒帘搬进室内。通常晒 1～2 d，进行整靠拼帘，再晒 2～3 d，一朵朵地翻起，把耳座或菇褶向上，晒至干燥后收藏。

晒干法的缺点是干燥过程慢，时间长，产品质量低，而且常常受气候的影响，特别是在潮湿多雨的天气，干燥时间拉长，产品质量下降，甚至大量腐烂损失。

2. 人工干制

与自然干制比较，人工干制不受气候条件的限制，人为地控制干燥条件，干制时间短。在干制过程中，由于高温破坏了酶的活性，菇的呼吸作用也逐渐停止，减少了后熟所造成的不良影响及对有机物质的消耗，相对增加了产品的重量百分率。干制品外形丰满、色泽好、菇味浓。而且在烘烤过程中，霉菌孢子、害虫被杀死，提高了商品价值，更利于长期保存。

干制设备种类较多，可以根据生产规模大小，选择适当的设备。

（1）烘房。烘房是目前在生产中普遍采用的一种形式，适合于大量生产加工，设备费用低，操作管理简便。

（2）干燥机。目前，我国已设计生产许多食用菌干制的设备，常用的是 YHN-1 型远红外线烘干机，由福建省古田县二轻机械厂生产，是机械工业部的定型产品。每炉可装鲜菇 250～300 kg 或装银耳 500 kg。

（3）简易干燥箱与焙笼。简易干燥箱与焙笼均可自制。

（4）微波干燥。微波是指频率 $3×10^2$～$3×10^5$ MHz，波长 1 mm 至 1 m 的高频交流电。常用的加热频率为 915 MHz 和 2450 MHz。微波干燥具看加热速度快，加热均匀，热效率高，反应灵敏，无明火等优点。我国已有许多厂家生产微波干燥炉投放市场。

（5）冷冻干燥。冷冻干燥又称冷冻升华干燥，先把新鲜产品冷冻至冰点以下，水分变为冰，然后在较高真空下将水分由固态直接升华为气态而除去，产品即被干燥。例如，将经过清理、洗净的蘑菇放在一个密闭的容器里，在 −20℃ 冷冻，然后在很高的真空条件下，通过缓慢的升温，经过 10～12 h，才能达到升华干燥，产品含水量在 7%。若含水量低于 7% 时，脂肪开始氧化并发出臭味。

冷冻干燥的产品浸在热水中几分钟恢复原有状态，除了硬度低于新鲜产品外，风味几乎同新鲜产品没有什么区别。冷冻干燥成本高，此种干燥方法的前途取决于产品质量和成本。

（6）食用菌快速干制法。快速干制法是利用一种高压常温干燥系统，在将新鲜食用菌放入密闭干燥器后，迅速输入高压干燥空气流，此时水分便迅速渗透到气流中。经 5 min 后，将带水分的高压气体排出，并重复 2～3 次，即可除去新鲜食用菌中 98% 的水分。用这种方法干制的食用菌，养分无变化，色泽、风味正常，用塑料袋密封贮藏 2～3 年也不会发霉变质。

（五）示例

1. 猴头菌干制

当子实体长满菌刺、尚未大量散发孢子时就应及时采摘并干制。采摘过晚，孢子散发，菇体发黄，味苦。

（1）晒干。按大小分级，菌柄朝下排放于筛上或席上，在太阳光下暴晒数日。晒干的菇体颜色呈深褐色或浅褐色。也可用线绳将猴头菌穿起来，悬挂于干燥、通风的地方，让其自然阴干。

（2）烘干。开始烘烤的温度控制在 35℃～40℃，同时打开进风口、排气窗。每隔 1～2 h 提高温度 4℃～5℃，最高升至 60℃ 左右，直至烘干为止。随着菇体含水量的减少，进风口和排气窗应逐渐关小。采用烘烤法干制的猴头菌，色、香、味俱佳。烘干后，略微回潮返软，装入塑料袋中密封保藏。

2. 香菇冷冻干燥加工

冻干香菇含水量低，小于或等于 5%，复水率高达 87.2%，是一种保持菇类色、香、味、形及营养成分的最好的加工方法。

（1）工艺流程如下：

香菇原料→预处理→冻结→升华干燥→解析干燥→出机→包装→入库

（2）技术要点下：

①预处理。新鲜香菇采摘后首先应按分级标准进行验收分级，然后进行防褐变处理，通常可进行漂洗或在柠檬酸或硫酸钠稀溶液中浸泡 2 min，然后沥干、切片。

②冻结。香菇平均冻结速度为 1℃/分左右，冻结时间约为 90 min，终了温度在－30℃左右，确保无液体存在。否则，干燥过程中会出现营养流失、体积缩小等不良现象。

③升华干燥。在压力为 30～60 Pa 的真空箱内进行升华干燥，香菇料温在－25℃～－20℃之间，时间为 4～5 h。

④解析干燥。升华干燥后，香菇仍含有少部分的胶体结合水，很难脱掉。必须提高温度才达到产品所要求的水分含量。料温由－20℃升到 45℃左右，压力为 10 Pa 左右，时间为 8～9 h。

⑤包装。因干菇含水量极低，易吸潮，所以出机后应及时真空包装或充氮包装。

二、食用菌盐渍技术

食用菌盐渍加工技术具有简单易行、设备简单、成本低廉、产品便于贮运等特点。同时，盐渍加工还能调节食用菌生产的淡旺季，满足外贸出口和国内市场的需要。

（一）盐渍加工保藏原理

微生物在食用菌上生长繁殖，以及这些微生物分泌的酶产生作用，是造成新鲜食用菌腐烂的主要原因，也是导致食用菌制品品质变劣的重要因素。

食用菌在盐渍过程中，通常加入一定量的食盐。食盐溶于水中离解出钠离子和氯离子，这些离子具有强大的水合作用，从而使盐溶液产生强大的渗透压。据测定，1％的食盐溶液可产生 0.617 MPa 的渗透压。盐渍液的食盐浓度通常在 20％左右，该溶液具有12.34 MPa 的渗透压。一般微生物细胞液的渗透压力为 0.343～1.637 MPa。当微生物接触到高渗透压的食盐溶液时，微生物细胞内的水分就会外渗而使其脱水，最后导致原生质与细胞壁分离，造成生理干燥，迫使微生物处于休眠状态，甚至死亡。同时，又由于盐溶液中解离出的钠离子和氯离子，会造成微生物所需的离子不平衡，产生单盐毒害，这样也可起到抑制微生物活性的作用。

微生物的种类不同，对食盐浓度忍受能力也不同，中性溶液中酵母菌和霉菌对盐浓度的忍受能力比细菌要大得多，而以酵母菌的耐盐性最强。但是，在酸性较高的情况下，即使较低的食盐浓度对微生物也具有明显的抑制作用。例如：当 pH 为 2.5 时，浓度 14％的食盐溶液就足以抑制其活动。也就是食用菌腌制品装桶前调酸的原因之一。

（二）盐渍加工工艺

1. 工艺流程

原料选择→分级→清洗→烫漂→腌制检验→调酸装桶→成品

2. 技术要点

（1）原料选择与分级。除了胶质类食用菌外，一般食用菌均可以用于腌制加工。原料应当是新鲜完整、肉厚质嫩、色泽正常、无污染、无虫蛀、无霉变。加工前，剔除腐烂变质的食用菌，去除培养基、泥沙等杂质，剪去菌柄基部过长的部分。根据菌体大小、菌盖直径、菌柄长短进行分级，必要时适当切分。对于淡色调的食用菌，为防止原料氧化褐变，采收后到加工前还需要用抗坏血酸、亚硫酸钠等抗氧化剂进行护色处理。

（2）烫漂与冷却。食用菌用水清洗后进行烫漂，烫漂是在不锈钢或铝制容器中进行的。加清水于容器中，加水量为容器容积的 2/3 左右，在水中添加 0.05%～0.1% 的柠檬酸或 3%～5% 的食盐。烫漂液煮沸后，将食用菌倒入烫漂，食用菌的加入量为烫漂液的 30% 左右，轻轻搅拌食用菌，使之受热均匀。待菇体变软烫透时捞出，置于冷水中迅速冷却。烫漂温度控制在 95℃ 左右，时间视菇体大小而定，一般为 5～8 min。

（3）腌制。食用菌腌制的方法有食盐冰浸渍和干盐腌渍两种。

食盐水浸渍：按每 100 kg 清水加盐 25～30 kg 的比例备好食盐。将清水加热，把食盐倒入热水中继续加热并搅拌使食盐溶解；过滤后，倒入缸内冷却，此食盐水溶液的浓度在 22% 左右，把冷却的食用菌放入盐水中浸渍。食用菌与盐水的比例为 1:1.1。2 h 后，检查缸中盐水浓度，若下降到 15%，把食用菌捞出，放入另一个盛盐水的缸中浸渍。浸渍过程中轻轻搅拌，使菇体吸收盐分均匀一致。经常测定盐液浓度，并用饱和食盐水补充，直至缸中食盐水浓度稳定在 20% 为止。腌制过程中，为防止食用菌浮在液面上而造成腐烂，液面应放一层竹帘，上压重物。

干盐腌渍：按每 100 kg 烫漂过的食用菌加盐 15 kg 的比例称取食盐。先在缸内撒一层厚约 2 cm 的底盐，然后铺一层菇，撒一层盐，如此逐层铺放，直到离缸口 10 cm 左右，最后铺一层 2～3 cm 厚的盖面盐，盖上竹帘，压上重物。随着食用菌体内的水分不断外渗，缸中的食盐逐渐溶解，盐分不断地渗入菇内，食用菌被盐水淹没。腌制过程中通常要换缸，即把腌制的食用菌取出，转入另一只缸内，并使原缸中食用菌上下层位置对换，使缸内盐浓度上下一致，并使盐分均匀地渗透到菇体内。

（4）调酸装桶。按 50:42:8 的比例，分别称取柠檬酸、偏磷酸钠和明矾配制调酸液。用少量热水溶化并使三者混匀后，倒入饱和食盐水中，使食盐的 pH 降到 3～3.5，食盐浓度达到 23%。把腌渍好的食用菌从缸内捞出，沥去盐水，剔除色泽异常的腌渍菇及杂质，按规定量装入容器内。食用菌腌渍品供出口时，应将其装入特制的塑料桶内，桶内衬双层塑料薄膜食品袋。待腌渍菇装好后，再装入调酸后的食盐水，使重量达到标准。两层塑料薄膜食品袋要分别用回头把扎紧，以防袋内盐液外渗。塑料桶应盖好内外两层盖，最后在桶外注上品名、等级、代号、毛重、净重和产地等。

（三）示例：香菇盐渍加工

1. 工艺流程

分级整理→杀青冷却→漂洗→盐渍→成品

2. 操作要点

（1）分级整理。将鲜香菇的菌柄距菌盖 1 cm 处剪去，并根据大小和开伞程度进行分级，一般分为 2 个等级：一级菇，菌盖边缘内卷，七八分成熟，菌盖圆整，厚实；二级菇，八九分成熟，菌盖边缘稍内卷，菌盖圆整，稍薄。经分级整理后的鲜菇，须及时进行盐渍加工防止褐变或腐烂。

（2）杀青。在锅内装水，加热烧开后，将分级整理过的菇体放入开水中，按一份菇两份水的比例倒入菇体，旺火烧开锅内水煮菇，煮至菇体内无硬心，而又不烂为止。检测菇体是否煮熟透的方法是，将菇体放入冷水中，若菇体沉入水中，则表明已煮熟透，浮在水面时，则表明没有煮熟。

（3）冷却漂洗。将杀青的菇体捞出放入冷水池内或盆内，使菇体冷却至内外温度与室温一致，并多次换水漂洗，去掉菇体内杀青水，使菇体色泽美观。只有冷却了的菇，才能进行盐渍，否则盐渍后会变质。

（4）盐渍贮藏。将冷却了的菇体捞出，沥去水后装入池中，按一层菇一层盐的方法装池，用盐量为菇体的 30%；或在菇体中加入盐，混合拌匀后再装池或装桶。装池或装桶后，加入饱和盐水淹没菇体。盐渍 10 d 后方可出售。

三、食用菌糖制技术

（一）糖制保藏原理

糖制品是以食糖与食用菌原料混合煮（蜜）制而成的一种加工产品。我国糖制品生产的历史悠久，品种繁多，遍及全国各地，因最早使用蜂蜜，故称蜜饯。糖藏是通过增加食用菌本身的含糖量、减少含水量使制品具有较高的渗透压，从而使微生物细胞的原生质脱水收缩，产生生理干燥现象而无法生存，最终达到保藏制品的目的。蜜饯呈固态，具一定形状，组织柔软，透明或半透明，含糖 50%～70%，为高糖制品。但近年来，由于人们对健康的重视、新糖源的不断开发和生产条件的不断改善，蜜饯已逐步走向低糖，甚至无糖化。

（二）糖渍加工工艺

1. 工艺流程

原料选择→分级→清洗→烫漂→硬化→糖渍→糖煮→烘干→冷却→包装→成品

2. 技术要点

不同品种的食用菌在糖制时采取的工艺会有差异，但硬化、预煮、糖制等核心工艺都必须有，且有一些共同的要求。

（1）硬化。食用菌原料一般均不耐煮制。糖制前必须经硬化处理，增强其耐煮性。硬化处理是将原料浸泡于石灰或氯化钙、明矾、亚硫酸钙稀溶液中，浸渍适当时间。

硬化剂的选用、用量及处理时间必须适当。选用不当或过量处理，会生成过多的果胶酸钙盐，或形成部分纤维钙化，从而降低原料对糖分的吸收量，并使制品质地粗糙，品质低劣。一般来说，干态蜜饯原料需要脱酸的用石灰；食用菌脯及含酸量低的料坯选用氯化钙、亚硫酸钙等盐类；本身较耐煮的原料可不用硬化处理。

（2）预煮漂洗。经硬化处理盐坯保存的坯子，以及某些新鲜原料，在加糖煮制前，需经预煮漂洗，以除去黏附的硬化剂及盐，同时排出原料的黏性物质，增加成品的透明度，排除过多果酸，以免蔗糖过多地转化，增大细胞膜透性，有利于糖分渗入，使细胞组织软化，质地脆嫩。预煮在沸水中进行。

（3）糖制。根据蜜饯种类、原料质地的不同，大致可分为加糖合煮（煮制）、加糖浆腌渍（蜜制）和煮制与蜜制交叉进行三种方法。

①煮制适于组织较紧密、耐煮制的原料，加工迅速，但色、香、味差，维生素 C 损失多。

一次煮制法：将坯料与糖液（浓度为 30%～40%）混合，一次煮制成功。虽然快速省工，但持续加热时间长，原料易被煮烂，色、香、味差，维生素 C 损失严重，糖分也不易达到内外平衡，从而引起原料组织一时失水过多，造成不良的干缩现象。

多次煮制法：分 3～5 次煮制。一般第一次煮制时的糖浓度为 30%～40%，以煮制坯料稍软为止，放冷 24 h，其后每次煮制增糖浓度 10%，煮沸 2～3 min，而后放冷 12～24 h。当补糖浓度达 60% 以上时煮制至终点收锅。

快速煮制法：将坯料盛于糖液中迅速交替加热和冷却。操作时，将料坯装入网袋中，投入糖浓度为 30％的糖液中，煮沸 4～8 min，取出立即浸入同浓度的冷糖液中（15℃以上）冷却 5～8 min，再取出置于糖浓度为 40％的热糖液中煮沸 4～8 min，如此反复进行4～5 次，最后完成煮制过程。

真空煮制法：真空煮制时，一般先将坯料敞煮片刻，使肉柔软，而后进行真空煮制浓缩。对于肉质紧密的原料，浓缩宜较慢，以利糖分充分扩散。而肉质柔软的原料浓缩宜较快，以免长时间的剧烈沸腾而引起破裂。真空煮制的真空度一般为（0.669～0.853）×10^5 Pa，煮制温度为 50℃～70℃。

扩散煮制法：将坯料盛于一组真空扩散器内，用由淡到浓的糖液，对一组扩散器的原料连续多次进行浸渍。操作时，将坯料密闭于真空扩散器内，抽真空 0.933×10^5 Pa 以上，排除坯料组织内的空气，而后加入 90℃的热糖液，待糖分扩散平衡后，将糖液顺序转入另一扩散器内，再在原扩散器内加入较高浓度的热糖液，如此连续进行几次，制品即达到所要求的糖浓度。

②蜜制适宜于组织柔嫩不耐煮的原料，其做法主要有以下几种：

第一，分次加糖，不加热，逐步提高糖浓度，使糖分缓缓扩散入内部组织达到平衡。

第二，在蜜制过程中，取出糖液，经浓缩后回加于坯料中，使冷坯料与热糖液接触，利用温差而加速糖分扩散。

第三，在蜜制过程中结合日晒，提高糖浓度。

第四，减压蜜制，将坯料与浓糖液盛于真空锅内，抽成一定真空，降低坯料内部压力，然后破除真空，坯料内外压差促使糖分迅速扩散入坯料内。

（4）烘干、上糖衣或糖粉。除糖渍蜜饯外，多数制品在糖制后需进行烘晒，除去部分水分，使表面不粘手，利于保藏。烘烤温度不宜超过 65℃，烘烤后的蜜饯含水量在18％～22％，含糖量达 60％～65％。制糖衣蜜饯，可在干燥后用饱和糖液浸泡一下取出冷却，使糖液在制品表面上凝结成一层晶亮的糖衣薄膜，使制品不黏结，不返砂，增加保藏性。在干燥快结束的蜜饯表面撒上结晶糖粉或白砂糖拌匀，筛去多余糖粉即得晶糖蜜饯。

（三）示例：金针菇脯

1. 工艺流程

选料→杀青→修整→护色→糖渍→糖煮→烘烤→包装

2. 操作要点

（1）选料。选未开伞，盖径小于 2.5 cm，柄长 15 cm 左右，色泽浅黄，菇形完整，无病虫斑的新鲜金针菇。

（2）杀青。金针菇采下后，剪去菇根，抖净培养料及其他杂质，投入含量为 0.8％的柠檬酸沸水溶液中，杀青 5～7 min，捞出后立即用流动清水冷却至室温。

（3）修整。为保持金针菇脯大小一致、外形整齐美观，要将菌盖过大、过小及菌盖破损严重的剔除出留作他用。

（4）护色。把修整好的金针菇，投入含量为 0.2％的焦亚硫酸钠水溶液中，并加入适量的氯化钙，浸泡 6～8 h，再用流动清水漂洗干净。

（5）糖渍。将洗净沥干的金针菇，加入菇重 40％的白砂糖，糖渍 24 h 后，滤出多余糖液，加热至沸腾，并调整糖液浓度，继续糖渍 24 h。

（6）糖煮。将金针菇和糖液倒入锅中，加热糖煮，并不断向锅中加入白砂糖，当菇体煮至透明状，立即停火。

（7）烘烤。把糖煮好的金针菇脯，捞出泌干，放入烘盘中进行烘烤，烘烤温度 65℃～

70℃，时间为 15 h 左右，当菇体呈透明状，手摸不黏时，即可出房冷却包装。

（8）包装。用塑料袋对合格产品进行包装。

四、食用菌罐藏技术

罐头食品可以长期贮存，运输携带和食用都很方便。食用菌罐头是我国食用菌出口的主要种类。

（一）食用菌罐藏原理

食用菌罐藏是把食用菌的子实体密封在容器里，利用高温处理，将绝大部分微生物杀死，并促使子实体中的酶丧失活性，同时防止外界微生物再次入侵，从而达到在室温下长期保藏的一种方法。

高温灭菌条件的选择和实际操作是罐藏成败的关键环节：既要杀死所有的致病菌、产毒菌和引起食用菌腐败的菌，又要尽可能保持食用菌的形态、色泽、风味和营养成分，如果灭菌的温度高，时间长，虽可以彻底杀菌，但对营养成分的破坏过多；灭菌的温度低，时间短，对营养成分破坏少，但杀菌不彻底。灭菌后的罐头应立即冷却，终止高温对菇体的继续作用。如果冷却不够或冷却时间过长，罐内菇体的色泽、组织结构、风味和营养成分均会进一步受到破坏，也会使罐内残余的嗜热性微生物繁衍。

综合考虑各种因素，并结合生产实践经验，食用菌罐头的灭菌条件一般为，含酸较高的罐头（pH 小于 4.5），采用常压沸水煮烫灭菌 10～30 min；含酸较低的罐头采用高温灭菌 105℃～121℃，40～90 min。

（二）食用菌罐藏工艺

菇类罐头生产工艺因罐藏品种不同而有所区别，其基本工艺流程如下：

原料选择验收→漂洗→预煮→分级→装罐→注液→预封→排气、密封→灭菌→冷却→擦听→检验→入库

下面分别介绍各工序的理论根据、操作过程和设备情况。

1. 原料菇的验收

鲜菇采收后极易变色和开伞，因此在采收后到装罐前的处理要尽可能地快，以减少在空气中的暴露时间。事先可与产地联系好，采收后及时进行验收。为了确保罐头质量，验收时要按照罐头规格要求严格进行，验收后立即浸入 2％的稀盐水或 0.03％的焦亚硫酸钠溶液中，并防止菇体浮出液面，迅速运至工厂进行处理。

2. 漂洗

漂洗又叫护色。采收的鲜菇应及时浸泡在漂洗液中进行漂洗。目的是洗去菇表泥沙杂质，隔绝空气，抑制菇体中酪氨酸氧化酶、多酚氧化酶的氧化作用，防止菇体变色，保持菇体色泽正常；抑制蛋白酶的活性，阻止菇体继续生长发育，伞菌不再开伞，保持原来的形状。

漂洗液含有清水、稀盐水（2％）和稀焦亚硫酸钠溶液（0.03％）等。由于焦亚硫酸钠是亚硫酸盐类，对人体有害，一些国家已禁止使用，我国规定二氧化硫残留量不得超过0.002％。所以漂洗后要立即捞出，放入另一装有清水的漂洗池中，冲洗干净。

为保证漂洗效果，漂洗液需注意更换，视溶液的浑浊程度，使用 1～2 h 更换一次。

食用菌的漂洗一般用手工进行，设备简单，只需配备几个水泥池和刷洗、搅动器具即可。漂洗池的大小按需要而定，长形和方形池均可，最好在池内靠底部装上可活动的金属滤水板，清洗出的泥沙能随时沉入滤水板下部，使上部水比较清洁。池底装一重锤式排污

和排泥沙门。

3. 预煮

预煮即杀青。鲜菇漂洗干净后及时捞起，用煮沸的稀盐水或稀柠檬酸溶液等预煮10 min左右。目的是：破坏菇体中酶的活性，排去菇组织中的空气，防止菇被氧化褐变；杀死菇组织细胞，防止伞状菌开伞；破坏细胞膜结构，增加膜的通透性，以利于汤汁的渗透；使菇体组织软化，菇体收缩，增强塑性，便于装罐，减少菌盖破损。

预煮时间的掌握以煮透为度，鉴定的方法是，将菇捞出放入冷水中，菇下沉者为已煮透，浮在水面者为未煮透；或用牙咬菇肉，脆而不粘牙者为已煮透，粘牙而无弹性者为未熟透。如果没有煮透，在保藏过程中就会变色甚至腐烂；如果预煮过久，则会产生某种症发成分，使铁罐变黑。

预煮完毕，立即捞起，放入冷水中冷却，终止热处理对菇体组织、营养成分的进一步作用。

由于食用菌菇体中含有含硫氨基酸，在预煮时很容易与铁反应生成黑色的硫化铁。所以预煮容器应是铝质的或不锈钢的。小型加工厂常用的预煮设备有煮锅，倾倒式二重锅，较大厂家多采用连续预煮机，生产能力为2.0~3.0t/h。

4. 分级

为了使罐头内菇体大小基本一致，装罐前仍需进行分级。

分级有人工分级和机械分级。小型加工厂多采用人工分级，采用简单的工具——分级筛进行分级。分级筛是用不锈钢、铝和硬质木料做成，筛孔的大小根据具体菇的分级标准而定。

机械分级常用振动筛和重量分级机。振动筛亦是根据筛孔大小进行分级的，适用于近似球形体的菇的分级，如蘑菇、猴头菇、草菇等，每小时可分筛1000 kg左右。

重量分级机是以原料的重量进行分级的，不受原料形状的限制，适用于各种食用菌，但分级效率较低。

5. 装罐

经过处理后的菇体表面的微生物已大大减少，此时要尽快地进行装罐，以防止微生物的再次污染。装罐时要注意菇体大小、形状、色泽基本一致，装罐量力求准确，并留有一定的顶隙。所谓顶隙是指罐内菇体表面与罐盖之间的距离。一般来说，马口铁罐要留6mm的顶隙，玻璃瓶罐要留13 mm的顶隙。保留顶隙的目的是使罐内菇体在杀菌时有一定的膨胀空间，防止因菇体和气体膨胀而造成罐头永久变形。但是如果顶隙过大，则装罐量不足，不合规格，杀菌冷却后罐身外压力高于罐内压力，罐内真空过大，会使罐身自行凹陷。另外保留在罐内的空气较多，对罐藏不利。顶隙过小，加热杀菌后，会造成顶盖外凸，甚至发生爆节（罐身纵焊缝裂开）；同时，因装罐过多，菇体挤压严重，不能彻底灭菌。原料装罐有手工装罐和机械装罐。中小型厂多采用手工装罐。现在装罐机应用愈来愈普遍，和手工装罐相比，装罐机装罐迅速准确，操作时间短。

6. 注液

菇体装罐后，再注入一定的汤汁，其目的是增进风味；用汤汁的温度提高罐内菇体的初温；改变罐内的传热方式，提高杀菌效果，缩短杀菌时间；加汤汁能将罐内空气迅速排出，提高真空度。

汤汁的种类、浓度、加入量因食用菌种类不同而有所差异。通常应用的汤汁是精制食盐水或用柠檬酸调酸的食盐水。精制食盐水汤汁的配制方法是，将清水在不锈钢锅内加热至沸，按所要求的比例加入精制食盐，食盐完全溶解后再保持微沸 5 min，过滤备用。

用柠檬酸调酸的食盐水汤汁配制方法是，在上述食盐水汤汁过滤前加入一定量的柠檬酸，待其溶解后过滤备用。注意加有柠檬酸的汤汁切忌接触铜质材料。

加汤汁时，汤汁温度要求在 80℃左右。加汤汁一般采用注液机。

7. 预封

原料装罐后，在排气前要进行预封，以防止加热排气时罐中菇体因加热膨胀落到罐外、汤汁外溢等现象发生。预封使用封罐机，封罐机的滚轮将罐盖的盖钩与罐身的身钩初步勾连起来，勾连的松紧程度为罐盖能自由地沿着罐身回转，但罐盖不能脱离罐身，以便在排气时让罐内空气、水蒸气等气体能够自由地由罐内逸出。

封罐机的类型很多，用途和特性也有差异，在选用时要结合本厂的实际情况。马口铁封罐机有手动式封罐机、半自动封罐机、自动封罐机以及真空封罐机、蒸汽真空封罐机等。

玻璃瓶封罐机有玻璃封罐机、玻璃瓶真空封罐机，如很多中小型厂使用的国产 BZF-73 型半自动真空封口机，封罐效果较为理想。

8. 排气和密封

为了防止罐头中嗜氧细菌和霉菌的生长繁殖，防止在加热灭菌时因空气膨胀而导致容器变形和破坏，减少菇体营养成分的损失等，罐头在密封前，要尽量将罐内空气排除。常用的有加热排气法和真空封罐排气法。

加热排气法是在排气箱中进行的，在排气箱中把罐头加热到 80℃左右，使罐头内容物膨胀从而将原料中滞留或溶解的气体排出。排气箱种类有多种，结构都很简单，最简单的就是水浴锅，工厂中普遍使用的是通道排气箱和转盘式传送排气箱。罐头排气后立即用封罐机进行密封。

真空封罐排气法现在应用较多。把罐头送入密封室内，用真空泵把密封室抽真空将罐头中的空气抽去，然后在密封室内密封。真空封罐机可完成抽真空、排气和密封三道工序。

9. 灭菌和冷却

食用菌罐头经高温灭菌后要迅速冷却至 40℃左右。将罐头灭菌过程的升温阶段、维持阶段和冷却阶段的主要工艺条件按规定的格式连写在一起称为杀菌式。如某种罐头的杀菌式是 $10'-23'-5'/121℃$，意思是灭菌器升温到灭菌温度 121℃所需的时间即升温阶段的时间是 10 min；到达灭菌温度 121℃后维持 23 min，即维持阶段的时间是 23 min；降压降温冷却阶段的时间是 5 min。

马口铁罐头、玻璃瓶罐头和软罐头在灭菌和冷却方法上有所不同，相应地杀菌器也有所不同。马口铁罐头应使用金属罐头杀菌器，玻璃罐头用玻璃罐头杀菌器，软罐头使用软罐头杀菌器。这些杀菌器又分为立式和卧式两类，包括间歇杀菌器和连续杀菌器。

灭菌操作正确与否，对保证罐头质量极其重要，操作人员应经过专门培训和实习后才能单独上岗。下面分别介绍金属罐头杀菌和玻璃罐头杀菌操作方法。

(1) 金属罐头灭菌操作方法。金属罐头的灭菌方法是，把罐头装进杀菌器后，把杀菌器盖盖严上紧，打开排气阀和泄气阀，将蒸汽阀尽量开至最大，以便以最大的蒸汽流排出灭菌器内空气。灭菌器内温度逐渐上升，升温时注意温度计和压力表是否相符，如果不符，说明灭菌器内有空气存在，需继续排气，直至温度计和压力表读数相符后，关闭排气阀，泄气阀仍保持开放，以便使不能凝固的蒸汽排出，促进内部蒸汽的流通。温度继续上升达到要求的杀菌温度后，调节蒸汽阀的进气量维持灭菌器内稳定的灭菌温度。达到规定的灭菌时间后，关闭蒸汽阀，开始降压降温冷却。

用间歇灭菌器灭菌的罐头，仍在原杀菌器内冷却。用连续式灭菌器灭菌后的罐头，则通过旋转的输罐盘送到相连的冷却器中进行冷却。

高温高压灭菌的罐头在开始冷却时，因内容物在高温处理下而膨胀，内压较大，冷却时要保持一定的外压以平衡内压，防止因内压过大而引起容器的损坏，此冷却过程叫反压冷却。保持外压的方法是补充一定的压缩空气。

间歇灭菌器灭菌后冷却的方法是，关闭蒸汽阀，开启压缩空气阀，补充一定的压缩空气，保持锅内原有压力2～3 min，同时开启进水阀，用冷水对罐头降温。待灭菌器内压力逐渐降为零时，进行流动水冷却，直至将罐头冷却到40℃后，关闭进水阀，排去冷却水，打开锅门取出罐头。

（2）玻璃瓶罐头灭菌操作方法。玻璃瓶罐头灭菌和马口铁罐头灭菌不同之处是，玻璃罐头对内压的抵抗力没有马口铁罐强，高温高压水蒸气会影响瓶盖的密封和脱落。所以玻璃罐头灭菌是用水来加温灭菌的，同时通入压缩空气以抵消内压，维持盖的密封和安全。

具体操作方法是，灭菌器中先放进其容积一半左右的温水，水温尽量接近准备灭菌的罐头的温度，水温低会降低罐头的初温，水温过高，则会影响瓶盖的安全。

将罐头用篮筐送入灭菌器内，注意水面要漫过最上层罐头以上15 cm；水面到灭菌器盖底部留有约10 cm的空间，以供压缩空气储留的空间。装罐完毕，上好灭菌器盖。

关闭压力控制器的支管阀门，开启空气阀、蒸汽阀。空气流量在升温时要大，杀菌和冷却期间要小些。升到灭菌温度后维持所要求的时间。灭菌完毕，关闭蒸汽阀和空气控制器，空气阀仍开放，开启顶部冷水管，直至达到冷却要求。

10．擦听、检验和包装

罐头灭菌后，及时揩净每个罐头上的水分油污等，然后进行检验，合格产品装箱入库。

（三）示例：双孢菇的罐藏加工

1．工艺流程

原料→漂洗、整理→护色→烫漂→冷却分级→装罐→排气、封罐→杀菌→冷却→成品罐头

2．操作要点

（1）原料菇的选择。制罐用菇应选择新菇形圆整，质地致密，色泽洁白，无病虫害，菌柄切面平整的纽扣菇和整菇（直径2～4 cm）作加工原料。削平菌柄，柄长不超过0.8 cm。

（2）漂洗、整理。将选好的菇体倒入流水槽内（软水），迅速洗去泥沙、杂质，捞出后进行护色处理。

（3）护色。

稀盐溶液处理：蘑菇采摘后，立即浸入0.6％～0.8％食盐溶液中，可减缓加工前色变。虽然20％的食盐溶液对酚酶钝化作用效果更好，但会严重影响蘑菇的风味与品质，所以，要采用低盐溶液浸泡。从浸泡到加工，不得超过6 h。

亚硫酸溶液处理：生产上常用300～500 mg/L浓度的亚硫酸溶液作护色剂，将蘑菇装入有孔容器内，在护色液中浸1～2 min，随即捞起、沥干，装入套有聚乙烯塑料薄膜袋的箱中运到工厂。在工厂内处理时，沥干后直接进行烫煮。按《中华人民共和国》食品卫

生法规定，二氧化硫残留量不得超过 30 g/ m³，部分国家已禁止使用亚硫酸盐护色。

硫代硫酸钠处理：使用浓度为 100～500 mg/L，处理时间为 40 min 至 3 h，至蘑菇成纯白色为止。漂白剂使用过多，对风味有一定影响。

（4）烫漂。利用蒸汽预煮机，在温度为 96℃～98℃ 的范围内处理 5～15 min，蘑菇滴下的汁液可回收做罐头的填充液。

用连续预煮机或不锈钢夹层锅，先将 2% 浓度的盐水（或加 0.1% 柠檬酸的自来水）在锅内烧开，投入蘑菇，水与菇比为 3：2，水温 85℃～90℃，处理 5～8 min，并不断撇去上浮的泡沫。

当然，无论采用哪种方法，都应以菇体熟透为准，否则，制成罐头失重较多，容易变质。

（5）冷却分级。烫漂后立即投入流水或冷水、冷风中冷却，时间以 30～40 min 为宜，并按大小进行分级、选拣，分级可采用滚筒式或机械振荡式分级机。然后进行选拣，分成纽扣菇、整菇、片菇、碎菇 4 档，有的则需要修剪或切片。

（6）装罐。菇体烫漂冷却后按等级装入已消毒的空罐，要求大小均匀，不得混级，排放整齐，同时注入罐液，注意每罐不可装得太满，要距盖留 8～10 mm 的空隙。由于在灭菌时还要收缩，所以在装菇体时，应按标准计算多加 4.7%～8.7%，然后加入汤汁。汤汁配方：清水（软水）97.5%，精盐 2.5 kg，柠檬酸 50 g。加热 90℃ 以上，用纱布过滤，注入时汤汁温度不低于 70℃。分装时，应按各种罐号规定称量装足。

（7）排气、封罐。排气方法有两种，过去多用加热排气法，在排气箱内通入蒸汽，使罐内中心温度达 75℃～80℃，排气后立即用手扳式封口机密封。现在多用半自动真空封罐机或自动真空封罐机，抽真空和密封是同步完成的，不需要加热排气。真空封罐时，罐中心温度要达到 75℃～80℃，真空度要达到 46662.7～53328.8 Pa。

（8）杀菌。封罐后应尽快杀菌，食用菌罐头通常采用高压蒸汽杀菌。在完全密封的条件下，加压升温，温度一般控制在 121℃～127℃。

（9）冷却。一般采用加压冷却。罐头的冷却水要求符合生产用水标准，活细菌数不得超过 50 个/毫升，最好使用氧化处理的冷却水。玻璃罐的冷却水温度要逐步降低，以免玻璃罐破裂。待冷却到 35℃～40℃，将罐头取出擦干于保温室中保温培养一周，然后抽样检查，打印标记后，即可包装入库贮藏或销售。

五、有效成分提取技术

食用菌及其下脚料中的有效成分，其中特别是下脚料中的有效成分，均需通过提取才能应用。现就最简单的一些提取技术介绍如下。

（一）浸渍法

食用菌有关成分，可采用各种溶剂，以浸渍法提取。但因对温度要求的差异，故又分冷浸法和温浸法。

1. 冷浸法

对遇热易破坏的成分，应采取冷浸法：取食用菌或下脚料，粉碎过 20 目筛，并置容器内，加入 5～8 倍的溶剂，拌匀、盖严，于室温下放置 24 h 或更长（视具体情况而定），定时搅拌，过滤后滤渣再加适量溶剂浸渍，如此反复 2～3 次，最后将滤渣用压榨器压榨，挤出的液体与滤液合并备用。

2. 温浸法

取食用菌或下脚料粉碎，加 6～12 倍溶剂，于 80℃～90℃ 或更高温度，一般用水浴或置撤离火源的沸水锅中温浸 2~4 h，过滤后滤渣再加溶剂温浸。反复 2~3 次。一般第一次加 12 倍量溶剂浸渍 3 h，第二次加 10 倍量溶剂浸 2 h，第三次加 8 倍量溶剂浸 1 h，滤液经压滤后合并各次滤液，静置 4~8 h，以纱布过滤即得。

（二）煎煮法

对食用菌中一些水溶性有效成分可采用此法。先将食用菌撕成碎块，加水煎煮，以后过滤即得。

（三）渗漉法

渗漉法是采用动态浸出有效成分的提取法。此法不仅得率高，且能节省溶剂，一般常用的溶剂为乙醇、酸性或碱性乙醇、酸性或碱性水等。

1. 装置

可用缸 3 只，缸底开一孔，塞上有孔橡皮塞，将玻璃管插上橡皮塞的孔内，玻管上接一皮管，夹上盐水夹以调节流速，下面再放一承接渗漉液的容器。

2. 操作

先将所需渗漉的食用菌（如安络小皮伞）以乙醇浸泡、膨胀，然后装入缸内（应先在橡皮塞表面盖上纱布包裹的脱脂棉）逐层铺平，溶剂可加至高出斜面 3~5 cm 处。渗漉的流速，按每千克料每分钟流出 1~3 mL 为宜。要求边渗漉边添加溶剂，直至渗漉液无色无臭无味为止。最后将渣倒出压榨。榨出液与渗漉液混合，静置 24 h 过滤备用。

（四）回流法

采用有机溶剂加热提取时，为防止溶剂挥发，或目的在于提取易挥发的成分时，可采用回流法。

1. 装置

电炉上置一钢精锅，锅内盛水后放入球形烧瓶一只，瓶内装入需提取的原料和溶剂，塞上瓶塞并接上冷凝管。

2. 操作

先将冷凝管的水源接通以利冷却，然后接通电源加热，沸后继续加热至规定时间，停止加热，关闭水源，冷后取下烧瓶倒出原料过滤。同法反复 2~3 次。一般第一次加热煮沸 2 h，第二次 1 h，第三次 1 h，合并各滤液，残渣用力挤压或用少量溶剂洗涤 1~2 次过滤备用。

第六章　食用菌加工细则

第一节　平菇

　　我国民间早在 700 年前就已经采食平菇，称其为"天花菌"或"天花菜"。1245 年南宋陈仁玉的《菌谱》上已有记载，1330 年开始栽培，但由于技术所限一直规模不大。1972 年河南人刘纯业首先用棉籽壳生料栽培平菇成功，1978 年河北晋州市用棉籽壳栽培获得大面积高产，进而在我国广大乡村及城郊普遍栽培和消费，其总产量仅次于香菇。

一、平菇的营养价值及保健功能

　　平菇为优质真菌。平菇的别名为侧耳、蛏菌、冻菌、北风菌、鲍鱼菌、耳菇等，属蘑菇科。由菌丝体和子实体组成。菌丝体是营养器官，白色或毛状，可分解基层，吸收养分；子实体为公用部分，菌盖覆瓦状丛生或叠生，幼小时灰色，菌肉白色，肥厚柔软，长柄侧生。平菇味道鲜美，营养丰富，既能食用又能药用。鲜平菇蛋白质含量高达 3.63%，接近于牛奶，其中含有 18 种氨基酸，包括人体所必需的 8 种氨基酸，还含有多种维生素（维生素 B_1、维生素 B_2、维生素 C、尼 g 酸、胡萝卜素等），并含有磷、钾、钙、铁、锌、铜等元素。而且鲜菇脂肪含量只有 0.2%，远远低于肉类（牛肉脂肪含量为 10%，羊肉为 28%，猪肉更高）。平菇还具有一定的食疗价值，经常食用可以减少血液中胆固醇，降低高血压，尚具追风祛湿、增抗体等食疗作用。平菇水煎，长期服用，能治胃溃疡。长期食用平菇制作的菜肴，可治疗高血压、肝炎。因此，作为一种大众化的副食，已被千家万户所接受。

　　根据中医理论，平菇以子实体入药，性微温，味甘，具有追风散寒、舒筋活络、预防动脉硬化的功效。用于治腰腿疼痛、手足麻木、筋络不通等病症。平菇中的蛋白多糖体对癌细胞有很强的抑制作用，能增强机体免疫功能。平菇具有减少人体血清胆固醇和防治肝炎、胃溃疡、十二指肠溃疡、高血压的功效，对预防癌症、调节妇女更年期综合征、改善人体的新陈代谢、增强体质有益。

二、平菇的保鲜和贮藏

　　鲜平菇含水量高，组织脆嫩，极易损伤，保存不当时容易腐烂变质。采用科学的方法保鲜可减少损失，提高效益。

　　（一）鲜藏

　　采摘后的鲜平菇因市场影响短期内难以销售，可以采用鲜贮的方法。新鲜的平菇在室温下贮藏的时间受温度和空气湿度的影响较大。室温在 3℃～5℃、空气相对湿度在 80% 左右时，鲜菇可贮存 1 周。温度增高，湿度也要增加。菇量不多时，可将平菇放在装有少量冷水的缸内，可将缸口封严，气温即使达到 15℃～16℃，也可保藏 1 周左右。还可将平菇完全浸于冷水中，但水必须干净卫生，水的含铁量应低于每升 2 mg，这样平菇才不会变黑。

（二）冷藏

冷藏是指在接近 0℃ 或稍高一些的温度下贮藏的一种保鲜方式，冷藏的温度不是越低越好。可在冷藏室、冷藏箱或冷柜中进行，冷藏中要经常检查箱内的空气温度，贮藏时间在 7 d 以内。冷冻保鲜方法是将新鲜的平菇在沸水或蒸汽中处理 4～8 min，放到 1％柠檬酸溶液中迅速冷却，沥干水分后用塑料袋分装好，放入冷库中贮藏（量少时可放入冷箱中存放），能保鲜 3～5 d。

（三）气调贮藏

采摘后的鲜菇仍在进行呼吸作用，吸收氧气，放出二氧化碳。适当降低环境中氧气的浓度，增加二氧化碳的浓度可以抑制呼吸作用，延长保鲜期，平菇在低温下可耐 25％的二氧化碳浓度。在气调室内，从封闭时空气正常组成至达到要求的气体指标，有一个降氧气和升二氧化碳的过程，降氧期越短越好，这样贮藏的菇体可尽快脱离高氧的环境，获得最佳的气调效果。

（四）化学贮藏

可用来处理平菇的化学药品．主要有 0.1％焦亚硫酸钠、0.6％氯化钠、4 mg/L 三十烷醇水溶液、50 mg/L 青鲜素水溶液、0.05％高锰酸钾溶液、0.1％草酸等。方法是将鲜菇修整干净，放入药液中浸泡 1～5 min，捞出后沥干水分，分装入 0.03 mm 厚的聚乙烯塑料袋中，扎紧袋口进行贮藏。

（五）辐射处理贮藏

辐射处理是一项保鲜新技术，与其他方法相比有许多优越性，是一种很有前途的物理贮藏方法。方法是将成熟的平菇用塑料袋封装，按一定剂量进行照射，在 15℃ 左右条件下贮藏。常采用 2000 gy 剂量辐射处理，可保鲜两周左右。

（六）平菇软包装速冻保鲜法

（1）原料选择。选择无杂质、无泥土、无霉变、无老化的新鲜平菇作为加工原料。要求菇体完整，菌盖边缘裂痕少。鲜菇采收后，营养成分会自然流失，所以要尽可能做到随采收、随加工，不宜久放。

（2）加工漂洗。首先将整个菇体用剪刀分成单个的实体，然后剪去菇体所带培养料及发黄、老化部分，除去其他杂质、泥土、柴草、碎叶等，按菇体大小、老嫩程度分装于竹筛内。经初加工后的菇体放置水池或缸内漂洗，然后用自来水冲洗干净，直至不含泥土，不带杂质为止。在漂洗过程中，要轻翻轻放，避免破碎。

（3）杀青冷却。在大锅内加入洗净的鲜菇。鲜菇加入量为开水量的 20％～30％，用笊篱或漏勺顺一个方向搅动，至菇体发软时翻动，锅开后捞出，置入盛冷水的大缸中冷却，冷却用水要经常更换，冷却后捞入筛内沥水。

（4）装袋封口。杀青后的鲜菇经冷却沥水后，菇体小的直接装袋，大的可用刀切成几块，然后分别称取 1000 g 或 5000 g，装入 20 cm×30 cm×0.02 cm 或 14 cm×27 cm×0.02 cm 的无毒聚乙烯食品袋中，并用塑料袋封口机封口。装袋时，注意袋口的内外壁不要沾上水珠，如沾上水珠，可用清洁纱布擦净，然后封口，否则封口不严。

（5）冷冻保藏。将菇袋装入塑料食品箱或木箱（温度为零下18℃左右）中即可。待冷却后，可随时取出出售或进行深加工。

三、平菇的加工

（一）平菇蜜饯

1. 工艺流程

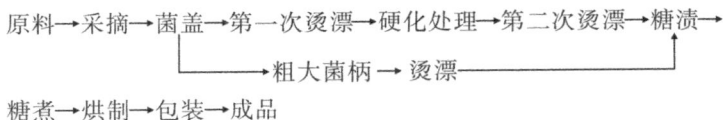

糖煮→烘制→包装→成品

2. 加工要点

（1）原料的采摘及处理。采摘时要求菇体饱满、充实、基本上不开伞，无机械伤。采后立即放入0.03%焦亚硫酸钠溶液中，迅速运至加工厂。对于菇丛较大者应将其分开，菌盖肥大者可将其一分为二。

（2）烫漂处理平菇。生命力旺盛，极易老化变色，因此采摘后要及时进行烫漂处理。另外平菇组织疏松，气体含量高，质地脆嫩，若采用一次烫漂，程度不够时排气不足、质脆易烂；若增加烫漂度，充分排出组织内气体，又易造成组织软烂现象，烫漂程度难以掌握。为此，采用两次烫漂，第二次烫漂在硬化处理后进行，此时由于组织经过了硬化，对烫漂度稍有加重不敏感，不会发生组织软烂现象。第一次烫漂，水温95℃～100℃，处理时间2～3 min。第二次烫漂，水温80℃～85℃，处理时间5～7 min。

由于菌盖和菌柄在组织质地上差异较大，菌柄粗大的单独处理，采用一般烫漂，不硬化处理，适当延长煮制时间。菌柄仍采用一次烫漂，95℃～100℃下处理7～8 min。

（3）硬化处理。用2%～4%的澄清石灰水（用盐酸调pH至4左右）。浸泡6～8 h即可。也可直接用0.4%～0.5%的氯化钙溶液浸泡处理8～10 h。硬化后用清水洗去残液，进行第二次烫漂，然后再用清水漂洗干净。

（4）糖渍。将漂洗干净的菇体沥干水分，加入40%的糖液，冷浸5～6 h，可使菇体水分初步析出，减少糖煮时的烂损。

（5）糖煮。配用50%的糖液煮沸，加入上述糖渍的原料，大火煮沸后改用文火微沸，浓缩处理40～50 min（菌柄60～70 min）。为了增加蜜饯的防腐能力，改善蜜饯风味，煮制时可加入0.05%的苯甲酸钠和0.8%～1.0%的柠檬酸。最后浓缩至可溶性固形物达70%时即可停止加热，浸泡12～14 h后捞出烘烤处理。

（6）烘制、包装干态蜜饯——平菇脯的制作。平菇脯的烘烤分两次完成。第一次烘烤时，温度控制、在60℃～65℃，保持6～8 h，然后适当整形，进行第二次烘烤，温度控制在55℃～60℃，烘4～6 h，至含水量降至16%～18%，手摸产品不粘手时即可出房。适当回潮后剔除杂质、发黑和煮烂的菇片，用无毒塑料袋作定量包装。

带汁蜜饯的制作：将糖煮好的平菇连同汁液趁热装入清洗消毒的罐头玻璃瓶中，立即封盖，入沸水中处理30 min，取出分段冷却即可。要求瓶内的平菇重量占总重量的60%以上。

（二）酱制风味平菇

1. 工艺流程

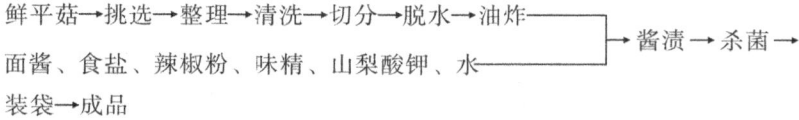

鲜平菇→挑选→整理→清洗→切分→脱水→油炸──┐
　　　　　　　　　　　　　　　　　　　　　　├→酱渍→杀菌→
面酱、食盐、辣椒粉、味精、山梨酸钾、水──┘

装袋→成品

2. 工艺要点

（1）干菇制备。选取菇面直径 5～10 cm 的鲜平菇，除去菇脚上的培养料，洗净后纵切两半置于筛中，于通风处滤干水分后放在烘箱中烘烤，整个脱水过程的烘烤温度及持续时间为：先将烘箱预热至 50℃，鲜菇进入烘箱后，先在 35℃～40℃下烘 6～8 h；再在 40℃～50℃下烘 8～10 h；最后在 60℃下烘 6～8 h。干菇含水量为 12%。

（2）油炸干菇。将植物油加热至 180℃左右，把干菇放入其中炸至金黄色捞起备用。

（3）调味，酱料制备。辣椒粉用文火炒 3～5 min，按比例加入面酱、食盐、味精、山梨酸钾、水搅拌均匀煮沸备用。

（4）加工程序。将油炸平菇浸入制备好的调味酱料中 3～4 h，其间搅动 2～3 次，对酱渍后的平菇在 100℃下进行杀菌 15 min，冷却至 90℃时装入塑料食品袋内，密封后即为成品。

（三）酸渍平菇

1. 工艺流程

鲜平菇→漂洗→去柄分级→杀青→冷却→调汁→装桶→检验→成品

2. 操作要点

（1）原料要求。要求平菇菌盖展开，连柄处下凹，边缘平伸，呈浅鼠灰色；另外要求菇形比较好看，菇体大，经济价值高。一般来说，平菇都应在它生长发育的第三期（6～7分成熟）时采收，这时它的营养价值比较高。

（2）去柄。切去菇柄带有培养料的基部约 0.5 cm，做到平整而无培养料。

（3）分级。

①一级菌盖直径在 2.5 cm 以下，破碎率不超过 5%，自然色泽，菌柄 2 cm 以下，切面整齐、无污物、无杂质，无腐烂、斑点、虫蛀，无变色、异味。

②二级菌盖直径在 5 cm 以下，破碎率不超过 5%，自然色泽，菌柄 2.5 cm，切面整齐，其余的标准和一级标准相同。

③三级菌盖直径 10 cm 左右，蓄柄超过 5 cm，其他标准低于一级、二级。

④混装菌盖直径在 1～20 cm，其余的相同于一级。

（4）漂洗。当天采收的平菇应在当天加工，不能过夜，边洗边加工不能堆压，以防止菇体粘连、霉变和干裂。鲜菇要削净根蒂，丛生者要拆成单个的，拣净并做好分级，做到无泥土、无粘连幼菇、无虫、无死菇、无畸形菇，然后放入 5% 的淡盐水中漂洗 3～4 次，洗净菇体表面的杂屑，然后捞出，用清水冲洗，放到漏网中沥干水。

（5）杀青。根据菌盖直径大小及肥厚程度选择适宜的杀青时间（以杀透为准）。

（6）冷却。杀青后立即捞出，放入流动的清水中，快速冷却 10～20 min，使菇心温度低于 16℃（用手摸无热感）。冷却后，若菇体全部沉入水中，说明已经熟透；如果冷却慢而且没有冷透，菇易变色变质。注意：冷却水应清洁，不能用存放时间长和已经用于冷却过的水作为冷却水。

（7）调汁。酸浓度2％，盐浓度12％～14％，汤汁和平菇按1∶1混合，常温下加盖封桶存放。

（8）装桶。用塑料桶或者木桶装入平菇和汤汁后摇匀，常温下加盖封桶存放。注意：菇体一定要在汤汁液面以下；其原因是为了减少菇体与氧气的接触，尽可能地封好盖，从而造成缺氧的环境，这样才能阻止菌体的氧化变色和败坏，同时还能减少因氧化而造成维生素C的损耗。

3．质量标准

（1）感官指标菇体呈浅白色，汤汁清澈；具有酸渍平菇应有的鲜美滋味及气味，无异味；平菇体质地柔软并富弹性，形态完整，无严重畸形，菌柄长短较均匀。

（2）理化指标成品含盐量4％～6％，总酸（冰乙酸）2％左右。

（3）微生物指标大肠菌群＜3cfu/mL 致病菌不得检出。

（四）平菇发酵饮料

平菇发酵饮料成品酸度为0.85～0.93，含有乳酸活菌，口感爽快，柔和，有独特的芳香风味，拥有多种人体必需的维生素和氨基酸、微量元素等营养成分，同时具有食用菌特有的菌香和牛奶、果香气味。一般地讲，常用的食用菌和野生食用菌均可用于生产食用菌乳酸饮料。但从食用商品量的大小、经济饮料成品的营养和菌香特色等诸方面综合考虑，以银耳、香菇、平菇、凤尾菇、灵芝、猴头菇、金针菇、木耳、松茸、蜜环菌等较好。

1．工艺流程

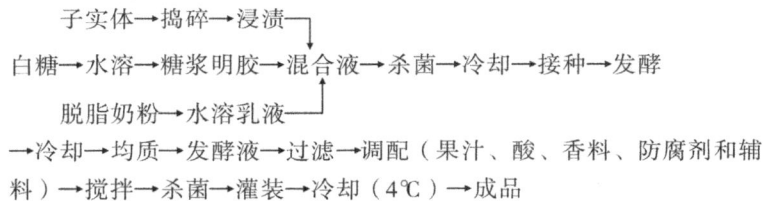

2．工艺要求

（1）食用菌子实体处理。食用菌子实体研碎后宜先用50℃～70℃的过滤热水浸泡处理，浸泡时间12 h左右，促使其有效成分大量浸出。

（2）第一次杀菌可在82℃温度条件下进行巴氏杀菌15 min，或者用高温短时杀菌，如130℃条件下2秒钟即可。杀菌后立刻冷却至37℃～40℃。

（3）发酵可按发酵液1％～2％的量加入已制好备用的生产用发酵剂。保持温度37℃左右缺氧发酵，发酵10～15 h至pH等于4左右或者滴定酸度为0.8％左右时停止，立即冷却。

（4）均质化。在均质机中以9.8～10.3 MPa压力均质。

（5）果汁液可用橘子、柠檬、菠萝、草莓、苹果、刺梨、中华猕猴桃等常用果汁。如果可能，最好使用经果胶酶处理过的清果汁，以免与蛋白质发生凝集沉淀。

（6）天然香料。发酵后产物需加入辅料进行调香和调味。选料时应考虑产品的营养保健这一特点尽量选用天然物，从品种、用量和加香形式三方面考虑，可丰富品种和产品风味。从这个意义上讲，调味是技术的最关键，步骤之一。

（7）第二次杀菌在93℃条件下杀菌15秒钟。如果生产卫生条件好，可以免去这道工序。

（8）灌装后冷却应在 4℃ 条件下进行。

（9）防腐剂。山梨酸及其钾盐的安全性优于苯甲酸及其钠盐，而且 pH>4 时苯甲酸类防腐剂效果明显下降。故用山梨酸或其钾盐较好。难溶于水时可先溶于乙醇或丙二醇中加入，钾盐的水溶性较好，应受到提倡。

（10）明胶有增稠和起稳定剂的作用。若采用混浊类果汁效果不好时可用阿拉伯胶或羧甲基纤维素钠代替明胶。

（11）发酵剂培养。①试管种。培养基用脱脂牛奶培养基。用市售鲜牛奶在 3000 转/分钟下离心 30 min 脱脂，然后于 3.62 kg 力压力下灭菌 30 min。或用葡萄糖酵母膏培养基代替亦可。

做好的合格培养基（37℃ 温度下放置 3 d 后观察无菌即为合格）接入试管原菌中的乳酸菌或滴入培养好的试管菌种发酵液，放入培养箱中在温度 37℃ 下培养一天，接入的乳酸菌种发育正常即可作为试管菌种于 5℃ 温度条件下保存 2～3 周备用。

②三角瓶菌种的培养基和灭菌同试管种。200 mL 三角瓶中一般装 120～150 mL 培养基，经过灭菌冷却后无菌条件下接入试管菌种发酵液 1～1.5 mL，摇匀，37℃ 温度下培养24 h，置 5℃ 温度下保存 2～3 周备用。

③供生产用的发酵剂的培养基同上，常压下 100℃ 温度杀菌 30 min，然后立即冷却至30℃，接入三角瓶菌种发酵液，按 1% 接种接入，摇匀，37℃ 左右温度下培养 24 h，使之酸度达到 1% 左右，乳酸菌数大于 108 个/毫升，则可 0～5℃ 温度冰库中保存备用。供生产用的发酵剂以当天制当天用为最好。

（五）平菇泡菜

1. 工艺流程

平菇→杀青→冷却
　　　　　　　　↓
选料→清洗→切块→日晒→混合→装坛（缸）→加盐水→封口→发酵
→装袋→灭菌→封袋→包装

2. 操作要点

（1）原料选择。各种原料必须新鲜无腐烂，无霉变，无杂质，即可食用部分。

（2）原料清洗、切块。取新采摘的平菇菌柄保留 2 cm 左右，去掉杂质，放入开水中煮沸 5～8 min，不断翻动，一定要保证受热均匀，捞出浸于流动的冷水中，冷却后取出，沥干多余水分。芹菜剪去叶片和根；胡萝卜去掉叶和毛根；青椒去掉柄和籽。总之各种原料要取可食用部分，去掉杂质后备用。上述各部分（除平菇外）均用自来水冲洗干净，置筛子上沥干多余水分。用不锈钢刀把芹菜切成 2～3 cm 长的小段，其余各成分包括平菇，均切成 4～5 cm 的长条或薄片。

（3）日晒。将上述按规格切好的各种原料，置于竹筛中，在阳光下晒 1～2 h，使各种原料的表面水分蒸发掉，然后在大容器内将各种半成品原料相互混合均匀。混合时将白酒、鲜姜丝和花椒一并同时混合在料内。

（4）盐水制备。每 100 kg 水加入精盐 8 kg，置铝锅中加热煮沸后，离火自然冷却备用。

（5）装坛。将已经混合均匀的半成品原料，装入已经用水清洗干净的泡菜坛或大缸中，然后倒入已冷却的盐水，盐水要高出料面 1～2 cm。盐水用量一定要适中，太少影响泡菜质量，发酵不均匀，有时易臭坛；太多影响产量，发酵时间延长。

（6）封口。将上述各种半成品原料和辅料按照规定加完后，要立即盖好盖密封，用水封好，但一般都采用石灰和黄泥抹严坛和盖之间的缝隙，保证坛或缸内处于厌氧状态为宜。

（7）发酵。将坛或缸置于 15℃～25℃的温度下进行自然发酵。大约 10 d 可发酵完毕，即可食用。

（8）装袋。将已经发酵好的成品，装入无毒聚乙烯或聚丙烯塑料袋中，规格根据实际情况而定。

（9）灭菌。采用巴氏消毒法进行灭菌处理，然后封袋口或封完口以后再灭菌均可。有条件的可采用真空减压封袋，效果更为理想。然后进行包装入库。

3．原料配方

平菇 40 kg，白菜、黄瓜、洋白菜、芹菜、胡萝卜、青椒、扁豆角各 10 kg，白酒 1 kg，鲜姜、花椒、精盐适量。以此配方为基础，可根据不同风味灵活掌握配比其他成分，如加入适量的白糖、辣椒等成分可增加不同的风味。

原料也可改用蘑菇、榆黄菇、凤尾菇、金针菇、猴头菇、银耳、松乳菇等菇类，适当改变一下工艺条件及原料配比即可；每次泡菜的老汤要保存，留作下次泡菜时加入；然后适当补加新配制的冷盐水。如是老汤的泡菜坛，发酵时间可缩短 1～2 d，且泡菜味浓清香，鲜脆，又可节省开支，降低成本，提高经济效益。自制自食者，若打开坛一时吃不完，亦可将坛置于通风、冷凉处放置，一般不会改味，可随吃随取，有条件的可于冰箱 4℃中保存。在制作泡菜时，加入盐水会出现原料上浮，最好是在竹帘上放石块将原料压浸于盐水中。在混料时，尤其在加入白酒后，混合均匀后要立即装坛或缸，不可存放时间过长，避免酒精挥发。

该工艺可工厂化生产，对乡镇企业生产非常适合，也可一家一户自制自食。

（六）平菇酸奶

1．工艺流程

鲜牛乳→过滤净化→预热→混合→均质→杀菌→冷却→接种→

乳酸菌纯培养物→母发酵剂→工作发酵剂

分装→恒温培养→冷藏→成品

2．工艺要点

（1）平菇汁制备新鲜平菇去根除杂，用清水清洗干净后切块，放入锅中，加少许清水，同时加入 0.2% 柠檬酸、0.1% 维生素 C，95℃～100℃下加热 30 min，迅速冷却。将冷却后的平菇加等量水用打浆机打浆，最后用 120 目绢布筛过滤得平菇汁。

（2）酸奶加工按普通酸奶的加工工艺进行，即在乳温 60℃～65℃时，加入 6% 的白糖和不同量的平菇汁，为防止加入平菇汁降低乳干物质含量，加入 3% 的乳粉并混合均匀，均质后（压力 18～20 MPa），升温至 90℃～95℃保持 5～10 min 杀菌，迅速冷却至 40℃，加入 3％的工作发酵剂（保加利亚杆菌：嗜热链球菌＝1：1）在 42℃恒温下发酵至凝固，放入 4℃～6℃冰箱中冷藏。

（七）平菇大豆酸奶

1．工艺流程

乳酸菌→驯化→培养

豆浆——
　　　　均质→杀菌→接种→装瓶→发酵→成品
平菇原浆——

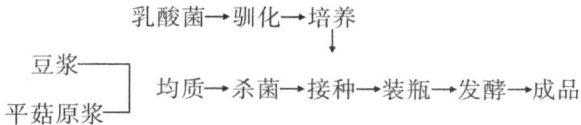

制取平菇原浆的工艺流程：平菇→清洗→预煮→打浆→煮浆→过滤→平菇原浆

制取豆浆的工艺流程：大豆→清洗→浸泡→脱皮→煮浆→过滤→豆浆

2．操作要点

（1）平菇制浆。第一步，将采好的平菇放入清水中，洗去附着在表面的杂质，切成碎块，将切好的平菇继续浸泡在清水中护色，备用。第二步，将平菇碎块放在锅内，加少许清水，加热至 90℃，维持 8 min，在打浆机中打浆，用 120 目筛过滤后，可制得平菇原浆，其固形物含量在 5％左右。

（2）大豆制浆。将挑选好的大豆原料，按水与大豆为 12：1 的比例浸泡，调 pH 至8.0，常温下泡 9 h 左右，去皮，在胶体磨中磨浆，然后经 120 目筛过滤、去渣，测其豆浆固形物含量为 5％左右。

（3）煮浆。将豆浆加热至 95℃，在此温度下，煮浆 10 min，可杀菌、灭酶，去除豆腥味。

（4）调配。鲜牛奶灭菌后待用。将白砂糖在热水中溶化，与平菇原浆和豆浆按一定比例混合，灭菌后加入牛奶中，同时将稳定剂（0.1％的海藻酸钠和 0.1％CMC）溶化后加入，搅拌均匀。平菇大豆酸奶的凝固性总体上不如纯酸奶，必须采用稳定剂来改善其组织状态。

（5）菌种驯化。第一步，保加利亚乳杆菌和嗜热链球菌按照 1：2 比例制成保藏菌种。第二步，将乳酸菌接入含有 60％鲜奶、20％平菇原浆、20％大豆原浆的混合液中，接种量为 3％，在 40℃条件下培养 6 h，得到 1 级菌种。第三步，将 1 级菌种接入配有 40％鲜奶、30％平菇原浆、30％大豆原浆的混合液中，接种量为 3％，40℃条件下培养 6 h，得到 2 级菌种。第四步，将 2 级菌种接入配有 20％鲜奶、40％平菇原浆、40％大豆原浆的混合液中，接种量为 3％，40℃条件下培养 6 h，得到 3 级菌种。3 级菌种可作为生产发酵剂备用。

（6）均质。将调配好的复合汁液进行均质，均质压力为 20～22 MPa，均质前料液温度为 85℃。

（7）冷却。将均质好的复合料液冷却至 40℃。

（8）接种。将驯化好的乳酸菌按照 2％～6％的接种量接入，搅拌均匀，按要求装瓶。

（9）发酵。最佳发酵条件为：白砂糖 9％，大豆原浆与平菇原浆比例为 70：30，接种量为 4％，在 40℃～44℃的恒温条件下，发酵 6 h，然后在 4℃～6℃条件下后熟 48 h。

3．产品质量指标

（1）感官指标。平菇大豆酸奶组织细腻，硬度适中，凝固均匀，有大豆香味和平菇清香，酸甜适口，白色稍带黄色。

（2）理化指标。可溶性固形物含量12％～15％，脂肪4.2％，砷（以As计）0.5 mg/kg，铅（以Pb计）1.0 mg/kg，铜（以Cu计）10 mg/kg，酸度96.5°T含糖7.20％。

（3）卫生指标。大肠菌群≤30个/100 mL，致病菌不得检出，乳酸菌活菌2.61万个/毫升。

（八）平菇酱油

收集平菇的杀青液，用4层纱布过滤，在夹层锅内浓缩，随时捞去泡沫。浓缩至原体积的30％时，加入25％食盐，1％味精（与杀青水中的核酸降解物有协调助鲜作用），酌加少量花椒、胡椒、桂皮等香料，然后放缸内静置一周，吸取上清液，即平菇酱油。每100 kg平菇酱油加苯甲酸钠、焦亚硫酸钠各60 g，灌封于灭菌的瓶内保存。

（九）平菇保健饮料

1. 工艺流程

食用菌鲜菇精选→清洗→预煮→水解→离心取汁→加糖加配料→脱气均质→装瓶→压盖→杀菌→检验包装→成品入库

2. 工艺要点

（1）鲜菇的前处理除去烂菇和杂物，用自来水和果蔬洗涤剂洗净鲜菇表面的微生物及泥沙等杂物。洗净后将鲜菇放在不锈钢夹层锅里预煮，温度控制在90℃～95℃之间，时间为3 min。预煮的目的是除去鲜菇表面的黏液，使成品的饮料获得较好的口感与风味。

（2）鲜菇的水解和离心取汁。预煮后的鲜菇置于鲜菇重量2倍的水解液中，控制温度80℃～95℃，边搅拌边水解40～45 min，然后用离心机进行分离，取上层清液备用。水解液由柠檬酸、柠檬酸钠、维生素C、脂肪酸蔗糖酯、聚磷酸、碳酸钠、食盐和生物酶等按不同的比例混合而成。

（3）加糖，加配料。按总糖量10％～12％加入浓糖浆（将白砂糖加热溶解成糖浆）、鲜菇汁上清液15％、甘油0.15％、味精0.01％、食盐0.015％、风味改良剂麦芽酚30 mg/L等配料后，调pH在6.0左右为好。

（4）脱气均质。用真空脱气法，真空度约为0.09MPa，温度低于40℃。均质采用高压均质机在18～25 MPa之间进行，均质温度宜为70℃左右。

（5）杀菌。采用高压蒸汽锅进行。工艺条件为：压力98066.5 Pa，保温121℃，5 min，最后冷却至50℃以下。杀菌锅的成品须用清水冲洗掉黏附在玻璃瓶上的残留饮料液以免染菌发霉。

（6）检验包装，入库。经灭菌后的产品擦干瓶身的水珠，在常温下存放2～3 d，检查没有变质、沉淀、分层的现象后，装箱入库。

3. 质量指标

外观淡黄色透明状，无沉淀；具有鲜菇特有的菌香味，口感舒适，酸甜可口，无异味；总糖（以折光计）10％～12％；总酸（以柠檬酸计）0.010％～0.015％；重金属符合国家规定的饮料标准；细菌总计数≤0～5个/毫升；大肠杆菌数≤5个/100 mL；致病菌不得检出；食品添加剂符合GB2760-2014规定。

（十）果味平菇饮料

1．工艺流程

平菇切根→清洗打浆→离心过滤→平菇原汁菠萝→清洗→去皮→破碎压榨→加热离心→菠萝汁→调配→均质→脱气→灌装→封口→杀菌→成品

2．操作要点

（1）平菇原汁制备。

①原料挑选，清洗。选新鲜、无异味、无霉变的平菇，经挑选后剪去菇蒂，用清水洗净。

②预煮。将平菇放入蒸锅中，加入含有 0.1％维生素 C 的软水，在 95℃～100℃下加热 30 min，迅速冷却。

③打浆离心。将冷却的平菇加等量的水，用打浆机打浆，经离心机分离和过滤得平菇原汁。

（2）菠萝汁的制备。

①清洗去皮菠萝清洗后，用不锈钢刀削去菠萝外皮。

②破碎、榨汁选用破碎机把果实碎成小块，然后用榨汁机压榨小果块，将破碎时沥出的果汁和榨出的果汁混合。

③加热离心。将果汁加热到 60℃，用离心机离心，除去纤维和杂质，得菠萝汁。

（3）调配。平菇原汁 16％、菠萝汁 4％、蜂蜜 3％，白砂糖 8％、柠檬酸 0.1％、稳定剂（CMC-Na）0.3％。

（4）均质。均质压力为 18～22 MPa，温度为 55℃～60℃。

（5）脱气。均质的汁液在 40℃～50℃，0.8 MPa 的压力下真空脱气机脱气。

（6）装瓶，杀菌。将热浆液装入瓶中，密封杀菌。杀菌条件：90℃～95℃，15～20 min。

3．产品质量指标

（1）感官指标。黄色液体；具有平菇鲜美和菠萝香味，口感细腻，酸甜适口，无异味；组织均一稳定、无沉淀。

（2）理化指标。可溶性固形物含量 13％；总酸含量（以柠檬酸计）0.3％；重金属铅≤1 mg/kg，砷≤0.5 mg/kg，铜≤1 mg/kg。

（3）微生物指标。细菌总数≤100 个/毫升；大肠菌群≤5 个/100 mL；致病菌不得检出。

（十一）带肉平菇饮料

1．工艺流程

平菇→清洗→破碎→预煮磨碎→调配→均质→脱气→灌装→密封—杀菌→冷却→成品

2．操作要点

（1）前处理。选择品质优良的新鲜平菇，无腐败和褐变现象。洗去沾在平菇上的污垢及大部分微生物。用盆式切馅机将平菇破碎至大约 5 mm 大小，加入一定量的水预煮至沸，恒温 15 min。用胶体磨将平菇磨细，胶体磨间隙 25 μm。

（2）调配。菇水比例 1∶6；海藻酸钠是带肉平菇饮料生产的理想稳定剂，其最佳添加量为 0.2％；调 pH4.6～4.7；各种配料要搅拌混匀。

（3）均质。脱气均质工作压力 30 MPa。采用真空脱气，真空度 0.08 MPa，温度

40℃～60℃，时间 12 min。

（4）灌装。杀菌用 200 mL 玻璃瓶灌装。采用常压沸水杀菌。杀菌 15 min/100℃，并添加 0.1％的山梨酸钾。

（十二）平菇大豆复合饮料

1．工艺流程

平菇→挑选→清洗→预煮→打浆→过滤 ┐
大豆→清洗→浸泡→脱皮→打浆→过滤 ┘ → 调配→均质→脱气→灌装→压盖→杀菌→冷却→成品

2．操作要点

（1）原料处理

①平菇处理。将采收的新鲜平菇经去根除杂后在清水中充分洗涤破碎备用（继续浸泡在清水中护色）。

②大豆处理。选择籽粒饱满，色泽光亮的优质大豆，在清水中浸泡 10～12 h。

（2）平菇原浆制备。将清洗后的平菇放入锅内，加少许清水，同时加入 0.2％的柠檬酸，0.1％的维生素 C，加热 10 min，然后在打浆机内打浆，用 120 目纱布过滤，得平菇原浆。

（3）大豆浆制备。将浸泡好的大豆脱皮，加入大豆重量 6 倍的清水，打浆，原浆加热至 85℃保持 10 min，过滤除去豆渣，浆液备用。

（4）风味调配。原汁含量 10％，平菇汁与大豆汁的配比 7：3，柠檬酸调 pH 至 6.0，加糖量 10％，加 0.1％吐温-80，0.1％蔗糖脂肪酸酯，0.1％海藻酸钠，CMC-Na 0.1％。

（5）均质。将调配好的复合汁液，在高压均质机内均质，均质压力为 18～22 MPa，加热脱气，灌装，压盖。

（6）杀菌。采用 121℃，12 min，迅速冷却至常温。

3．产品质量指标

（1）感官指标。白色或稍带黄褐色；具有平菇清香和大豆香味，酸甜可口；汁液不分层、不沉淀、混浊均匀。

（2）理化指标。可溶性固形物含量大于 10％，pH6.0，其他重金属含量符合 GB—11671。

（3）卫生指标。细菌总数＜100 个/毫升；大肠菌群＜6 个/100 mL；致病菌不得检出。

（十三）果味平菇酱

1．配方

（1）麻辣型菇浆 100 g，精盐 5 g，白糖 3 g，味精 1 g，麻辣油（色拉油＋干辣椒＋花椒）10 g，辣椒粉 1.5 g，芝麻 1 g。

（2）鸡汁型菇浆 100 g，精盐 5 g，白糖 3 g，味精 0.5 g，鸡汤，辣油（色拉油＋辣椒）3 g，芝麻 1 g。

2．工艺流程

平菇残渣 ──────────────┐
少量平菇→预煮→打浆→菇浆 ─┘ → 调味→装袋→封口→杀菌→冷却→成品

3．操作要点

（1）原料处理。取量鲜平菇经预煮打浆后入残渣中，不仅改善风味，更提高产品的营养价值。

（2）调料。按配方菇浆中加入油溶性调味料、鸡汁等拌均匀。

（3）装袋封口。装入复合塑料膜袋，真空封口，检查包装完好，即为成品。

4．产品质量指标

风味平菇酱食品成品外观呈黄褐色、组织细腻，具有平菇香味，清香可口，无异味。

（十四）平菇豆酱

选鲜平菇 8～10 kg，洗净，煮沸杀青 3～5 min，冷却后切碎，加入 30 kg 黄豆酱或蚕豆酱，充分搅拌，然后装罐。在罐面灌入 3%～5% 香油密封罐口，入笼蒸 2 h 即可。

（十五）平菇风味芝麻酱

1．原料配方

平菇下脚料（菇脚、次菇、碎菇）20 kg，大豆 25 kg，红辣椒 5 kg，芝麻酱 3 kg，甜酒酿汁 8 kg，砂糖 2.5 kg，苯甲酸钠 100 g，柠檬酸 200 g。

2．工艺操作要点

（1）抽提菇汁。

为了降低产品成本，可选用无病虫害的平菇脚、碎菇、次菇作原料，除去杂质，洗干净，将其破碎成细条，放在锅中煮沸 30 min，使菇汁充分抽提至水中，同时加入少量食盐，即为平菇汁抽提液。

（2）制作酱曲。

首先把大豆洗净，去掉杂物，浸在冷水中（夏季浸 5～6 h，冬季浸 15～16 h）。然后将 2% 氢氧化钠碱液加热至 80℃～85℃，将水浸的大豆转浸在热碱溶液中 5～6 min，当大豆皮色转成棕红色时取出，立即用清水冲去碱液。此时皮壳容易脱落，操作必须迅速，使豆豉保持玉白色为好。其次，将 15 kg 面粉和 25 kg 无皮大豆加入适量水拌和，再入锅内蒸煮，达到既熟又软且豆粒不烂为度，待其自然冷却至 25℃ 时，接入曲霉菌种（从种曲中分离而得）。拌匀后，放入发酵盘或发酵池中，并在一定温度下培养。前期温度维持在 32℃～36℃，后期降至 28℃～31℃。如果培养、发酵期间温度过高，可加大通气量，并进行翻曲打碎松动团块，以降低温度。因为豆颗粒较大，故培养时间可适当延长，待其培养成熟后即成大豆面酱曲备用。

（3）辣椒制酱。

将红辣椒洗净，除柄和杂物。5 kg 辣椒加食盐 1.5 kg，一层辣椒一层盐地腌制在缸内，并同时压实。经 2～3 d 有汁液渗出时，连同卤汁一起移入另一缸中，再加 1 kg 食盐平封于表层，上铺竹帘，再压重物，务使卤汁压出，避免辣椒与空气接触变质。如水分蒸发，要及时补 20°Bé 的盐水，使辣椒不露出液面。腌制好的辣椒，使用时磨成酱或用轧碎机轧成酱。辣椒轧酱时其含水量应在 60% 左右，若含水量不足应加入 20°Bé 的盐水进行调整，在磨酱或轧酱的同时，加进 8 kg 甜酒酿汁一起轧、磨即成辣椒酱胶。

（4）制熟酱胶。

先将辣椒酱胶与平菇抽提汁倒入锅中，加热至 60℃（加热时应搅拌，防止黏底），再将大豆面酱曲捣碎放入锅中混均匀，待温度又升至 60℃～65℃ 后将其移入发酵缸或池中铺平，上盖一层白布，布上用 10 kg 食盐封住（此盐可反复使用），让其发酵，同时温度维持在 40℃～45℃ 保持 15 h，发酵期为 15 d。其间翻动 1～2 次，酱温逐渐升至 55℃～58℃

（夏季 60℃～70℃），继续保持 36 h。10 d 后加入 20°Bé 的盐水充分拌匀，中后期适温发酵 4 d 即为成熟酱胶。

（5）调味灭菌。

将芝麻酱、砂糖、香油加入成熟酱胶中，搅拌均匀，将盐度调整到 18°Bé。食味可根据当地消费者口味适当调整，若食甜味，可调盐度为 16°Bé，稍加大甜酒酿汁和砂糖的用量；若食酸辣味，可适当加点食醋。然后采用夹层锅，外层通入蒸汽加热，温度 80℃～100℃，维持 15～20 min 灭菌。因酱黏稠，灭菌时要不断搅动，一方面防止粘锅，另一方面可使温度分布均匀。同时加入苯甲酸钠防腐和柠檬酸调味。灭菌结束，自然冷却后，即为营养丰富、食味极佳的平菇风味芝麻酱。

（十六）平菇软糖

1. 工艺流程

平菇→去柄→清洗→预煮→捣泥

砂糖＋淀粉糖浆＋水→溶化过滤→熬煮→调和→冷却→琼脂→冷水浸泡→加热熔化→琼脂浆成型→干燥→包装→成品

2. 工艺要点

（1）平菇泥的制备。

选自然色泽的新鲜平菇，用不锈钢刀削除菇柄和杂物，立即用自来水冲洗干净，捞出沥干水分，投入 0.1% 柠檬酸沸溶液中预煮 8～12 min，水菇比为预煮好的平菇迅速捞起并用流水漂洗冷却；沥干水分。预煮的目的是使菇体脱硫和钝化菇体的酶类，排除组织中的空气和过多的水分，有利于改善色泽和捣泥工序。将沥干水的平菇于组织捣碎机中捣成泥状，备用。注意，菇体捣泥时可适当添加少量食盐改善风味。

（2）琼脂浆的制备。

将琼脂于冷水浸泡 4～12 h，琼脂与水的比例为 1∶10，再连同浸泡水一起加热使其熔化成琼脂浆，并于 60℃～70℃ 水浴中保温待用。

（3）化糖、过滤、熬糖。

将白砂糖、淀粉糖浆、适量的水混合于加热锅中，升高温度使其完全溶化，趁热通过 4 层纱布过滤，再加热熬煮使物料温度达到 120℃。

（4）调和、冷却。

将上述琼脂浆和平菇泥均匀地加入熬好的糖液中，继续加热至物料温度达到 106℃ 左右，离火，冷却到 75℃ 后加入柠檬酸（预先配成 50% 的柠檬酸溶液），随后再加入色素、香精，调和均匀。

（5）后续工序。

将调配好的糖膏倒入干净的抹有少量精炼油的冷却盘上，厚度 1 cm 左右，并置于阴凉处凝冻 10 h 左右，冷却凝固成冻状后再用不锈钢刀按规格且分成条块。另取白糖粉和熟制的淀粉混合，撒拌在切分好的糖块上，然后按一定距离摆放在木盘上，送入 35℃～40℃ 的烘房中进行干燥，使其水分降到 15% 以下，待凉透后于软糖枕型包装并入库。

3. 成品质量指标

（1）感官指标。成品为光亮半透明状，橘红色，具平菇特有的芳香甜味，酸甜可口，柔软略带弹性，不粘牙，不发皱，块形完整，表面光滑。

（2）理化指标。水分 12%～15%，还原糖 20%～25%，pH 4.0～4.8。

（3）卫生指标。符合 GB9678—1988 规定。

（十七）平菇肉松

1. 配方

平菇菇柄菇托 100 kg、酱油 5 kg、白糖 3.5 kg、花生油 3～3.5 kg、生姜 500 g、茴香适量、葱 5 kg、精盐 500 g、味精 200 g；黄酒 4 kg、五香粉适量。

2. 工艺流程

原料挑选→清洗→切块—浸泡煮沸→搓碎→文火煮→半成品→加入花生油＋姜末→油炸焙炒→包装→成品

3. 操作要点

（1）半成品制作。

经挑选过的菇柄菇托，用清水洗净，用切碎机切成 1 cm 长（菇柄与菇托连接处切成 1 cm 长、约 5 mm 宽、3～5 mm 厚的块状），浸泡 1～2 d 后，放入锅内煮沸。文火煨 1.5～2 h，再用木棒搓碎（打碎）。捞出沥干，放入高速搅打机中打碎，最后放入铁锅中文火稍煮，用铲不断翻炒，搓炒至呈半纤维状取出摊于竹筛上，冷却后配料。

（2）焙炒及包装。

成品按照配方比例称量好；将花生油烧热，加入生姜末炸片刻，再加入酱油、精盐、茴香粉、五香粉、黄酒，文火煮 30 min 后加入味精。将以上平菇松半成品和配料一起置于锅中焙炒，边炒边翻，搅拌均匀，使纤维全部分离松散，逐渐变为深黄棕色，不断测其含水量，至不超过 16％为止。此时即可包装、出售。

（十八）平菇香酥条

1. 原料配方

鲜平菇（干净无杂质、无变质，色泽纯白或略带灰色，具平菇的正常气味）90 份，辅料混合粉（配比为淀粉：精盐：白糖：胡椒粉＝75：6：3：1）10 份。

2. 工艺流程

平菇→清洗→浸煮→抽干水分→切条→辅料混合粉→油炸→晾凉→装袋→成品

3. 工艺要点

（1）平菇处理。

将采摘的平菇除根去杂，清洗干净，然后用开水浸煮 1 min 捞出。因平菇含水量较高，且水不易被除去，所以在真空条件下，要将水分尽量抽干。

（2）切条、油炸。

将干菇顺纹切割成 3～5 mm 的细条，用辅料混合粉将其均匀搅拌后，放入油温 250℃左右的油锅中炸至黄酥捞起，晾凉后即为成品，最后装入塑料袋中封口，然后上市销售或者贮存。

4. 质量标准

色泽金黄色、条状；带有咸甜味和平菇的清香味，无异味。

（十九）平菇柄风味小食品

1. 配方

平菇根 1000 g、预煮水 2000 mL。

预煮料包：大料 3 g、花椒 3 g、甘草 2 g。

腌制料：白砂糖 120 g、食盐 18 g。

滚揉料：柠檬酸 8 g、味精 13 g、辣椒粉 2 g、双乙酸钠 1.4 g。

2. 工艺流程

平菇柄→分级→清洗→切片→预煮→除水→腌制→除水→混料→滚揉→整理→烘制→成品

3. 操作要点

（1）平菇柄处理。

剪去平菇柄基部并用清水洗净表面杂物（泥土、培养料等），再根据粗细进行分级、切片，厚度以0.5 cm为佳。

（2）预煮及除水。

将切好的平菇片和预煮料包倒入预煮水中，煮沸后再用文火煮制1 h，将煮后的平菇柄片用离心机甩干除水，甩出的汁液可回收再利用。

（3）腌制。

将腌制料均匀拌入除水后的平菇柄片中，在20℃室温下腌制30 min后，将渗出的汁液滤去（切忌过分挤压，使水分流失过多）。

（4）混料及滚揉。

将滚揉料与腌制好的平菇柄片铺匀，倒入滚揉锅中滚揉30 min。若无滚揉锅，也可用和面机代替，转速以不超过200转/分钟为宜。

（5）整理。

将滚揉后的平菇柄置于振动筛中，使其片形舒展，以利烘制美观。

（6）烘制

将整理后的平菇栖放入烘箱中烘制。先于80℃、大排风烘制1 h，其间翻动1次，以利排湿；后于60℃、大排风烘制2～3 h，其间每隔0.5 h翻动1次；再于60℃、小排风烘制2～3 h；至出品率达到25％左右时再上升为80℃、小排风烘制1 h，即为烘制终点。然后冷却至室温，待菇片凉透后，包装即为成品。

4. 产品质量标准

（1）感官指标。外表深棕褐色，有光泽，里面红褐色；手感干爽，无焦斑，无苦、涩、异味，具有牛肉干的风味。

（2）微生物。指标大肠菌群≤40个/100 g；致病菌不得检出。

（二十）平菇油炸风味食品

用新鲜平菇作原料，经油炸工艺得到风味平菇干及平菇营养油。产品具有特殊风味及香气，可直接食用或作为营养型调味品烹饪菜肴或加工多种食品。

1. 原料选择

选成熟度适宜，菇形正常，无病斑、虫蛀，孢子未散发的新鲜平菇作原料。

2. 原料处理

剪去菇柄，用清水快速冲洗去杂，沥水后用吹风机吹干表面水。清洗时浸水不能过久，若菇体吸附水较多，可用离心甩干机除去大部分水。洗净后将原料分成2 cm宽的菇条。

3. 油炸

选用精炼菜籽油，平菇添加量为油脂重的40％。在电炸锅内，将油温加热至120℃～130℃。此时用金属网筐盛装菇条入油锅炸，注意观察菇条变化以调整油温，并稍加翻动保证受热均匀，油温不能过高过低。油炸时间一般为10 min左右，产品呈金黄色，稍脆时，停止加热，提出金属网筐，并沥去表面浮油。

4．产品调配、包装

第一步，油炸平菇干成品率为 30％～35％。在调味时，可根据消费者的口味按比例加入调味料，如食盐、味精、蒜泥、辣椒粉、花椒粉、五香粉、酱油、白糖、柠檬酸等，配成不同风味的产品。经称重后通过漏斗装入复合薄膜袋内。袋口不得沾上油汁，否则影响封口。通过真空封口机，热合封口。

第二步，油炸平菇后的油，含有丰富的平菇浸出物，味鲜、香浓，经筛网过滤后直接装入消毒过的玻璃旋盖瓶，即平菇营养油。也可在平菇起锅时，趁热放入少量调味料颗粒数分钟，待香料呈现深棕色、味浓时，滤出香料，装瓶，可得到平菇调味油。

（二十一）配制型平菇保健酒工艺

37 度平菇保健酒，是利用蒸馏酒萃取平菇菌丝中风味物质，加水降度的方法制成的。此酒带有浓郁的平菇芳香，入口绵甜醇厚，g 服了蒸馏酒降度后出现的酒淡味薄、口感差的问题。平菇菌中富含多种氨基酸、维生素和有机酸类。这类菌栽培粗放、管理简单、原料易取、生产成本低，加之菌丝体带有浓郁的菇香，将其加工成一种富含多种维生素有机酸的低酒精度的保健酒是相当有意义的。

1．工艺流程

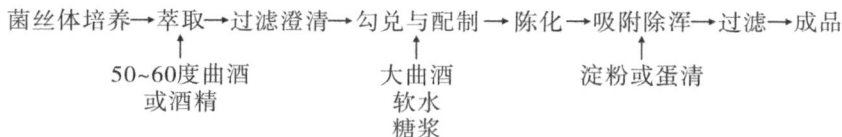

菌丝体培养→萃取→过滤澄清→勾兑与配制→陈化→吸附除浑→过滤→成品

　　　　　50~60度曲酒　　　　大曲酒　　　　　淀粉或蛋清
　　　　　或酒精　　　　　　　软水
　　　　　　　　　　　　　　　糖浆

2．工艺要点

（1）培养基的制作。

PDA 基、麦粒基、稻壳或花生壳培养基。

（2）培养方法。

一级种用 PDA 培养基，接种量为一接种铲，培养温度 25℃，培养时间 5～7 d，成熟外观形态为基面长满白色菌丝；二级种用麦粒培养基，接种量为 5～7 铲，培养温度 25℃～30℃，培养时间 7～10 d，成熟外观形态菌丝布满麦粒；扩大菌种用稻壳培养基，接种量为 5％～7％，培养温度 25℃～30℃，培养时间 15～20 d，成熟外观形态为菌丝结成饼状。

（3）平菇风味物质的萃取。

将扩大培养的菌丝或麦粒菌种，放于 50～60 度（v/v）浓香型大曲基酒或 50～60 度（v/v）的脱臭酒精中，进行强烈的机械搅拌，将菌丝体击碎密封于陶瓷或玻璃质的容器中，常温萃取 7～10 d，过滤备用。滤液呈金黄色，菇香样浓。

（4）糖浆制备。

按蔗糖：水：柠檬酸＝1：2：0.01，解煮沸 20～30 min，趁热过滤除去不溶性物质，滤液备用。

（5）配制与勾兑。

一份萃取转加入 5～10 份的大曲基酒，再加入软水降度至 38～39 度（v/v），调入 5％的糖浆，装瓶封口放于低温处陈化 1～3 个月，然后加入 2％～5％可溶性淀粉或蛋清搅拌，让其自然吸附沉淀 5～7 d。取上清液经棉柱过滤即达澄清透明。

3．质量指标

（1）感官指标。色微黄透明，平菇香浓郁，入口绵甜淳厚，味协调较长，低而不淡具有独特风格。

（2）理化指标。酒度 37 度（v/v）；总酸 0.950 g/L；总酯 3.15 g/L；甲醇 0.037 g/100mL；杂醇油 0.1 g/100 mL；总糖 4.20%。

（二十二）平菇的菌丝体糕点

1. 菌丝体桃酥生产技术

（1）配方菌丝体 100 g，精面粉 1000 g，猪油 475 g，磨粉糖 500 g，鸡蛋 100 g，肉芝麻 50 g，水 500 g，小苏打 12 g，臭粉 4 g。

（2）工艺流程：

筛面→面围子→下糖→下油→放蛋→放菌丝体→加小苏打、水搅匀→面筋→面团→上芝麻→成型→摆盘→烘烤→冷却→整理→包装→成品

2. 菌丝体百合酥生产技术

（1）配方菌丝体 125 g，精面粉 1100 g，猪油 800 g，磨粉糖 700 g，鸡蛋 150 g；水 400 g，小苏打 19g。

（2）工艺流程：

将糖、菌丝体、猪油（一部分）、精面粉（一半）等调配制成芯料，另将精面粉（剩余的一半）、猪油（一部分）、水等搅拌成和皮，然后用和皮包芯料→成型→划瓣→刷蛋液→着色→上盘→烘烤→冷却→整理→包装→成品

第二节　香菇

香菇是亚洲国家主要栽培的食用菌。中国香菇生产历史悠久，距今已有 1000 多年历史，是香菇栽培发源地。香菇在我国浙江、福建、台湾、安徽、湖南、四川、广东、广西、海南、贵州、云南、陕西、甘肃等地都有栽培。1989 年我国香菇总产量首次超过日本，成为世界上香菇生产第一大国。近年来，西方国家也开始生产香菇，香菇已经成为世界第二大食用菌栽培种类。

香菇隶属于菌物界、真菌门，真担子菌纲、伞菌目、侧耳科、香菇属（Lentinus），或小香菇属。香菇又名香蕈、花菇、香信、椎耳、香菌、厚菇、香菰、冬菰等，常用香菇、冬菇名。

香菇子实体的形态特征为：菌盖呈扁半球形，后渐平展，宽 5～12 cm 不等，半肉质，菱色至浑肉桂色，上有鳞片，菌褶白色、稠密、弯生；菌柄中生，少数偏生，白色，常弯曲，长 3～5 cm，粗 0.5～0.8 cm。菌环以下往往覆有纤毛状鳞片，纤维质，菌环窄易消失，白色。

香菇一般在冬春季，有些地区夏秋季生长在阔叶树倒木上。人工栽培香菇，按发生季节有春生型、夏生型、秋生型、冬生型和春秋生等类型，在段木上单生或群生。

一、香菇的营养价值和保健功能

香菇是一种有益于人类健康的食品，鲜菇鲜嫩可口，干香菇香气袭人，受到人们的青睐。每 100 g 香菇干品中含有蛋白质 20 g，膳食纤维 31.6 g，糖类 30.9 g，胡萝卜素 20 μg 和亚油酸、海藻糖、各种维生素及微量元素。因而，自古以来就有"山珍""健康食

品""植物性食品的顶峰"等美称。

（一）香菇的食用价值

1. 氨基酸营养源

香菇不但蛋白质含量高，而且质量好。已知香菇含的氨基酸种类有 18 种之多，其中有 7 种人体必需氨基酸，占氨基酸总量的 35.9%。香菇中谷氨酸和天门冬氨酸的含量比其他食用菌类高，所以其味道特别鲜美。粮食（谷物）与豆类中通常缺乏的赖氨酸、甲硫氨酸在香菇中也很丰富。因此，在营养学上显得格外的重要。

2. 维生素

香菇的营养价值很高还在于它含有多种维生素。尤其是 B 族维生素、麦角笛醇和烟酸的含量，与其他食品相比高得多。香菇还含有抗坏血酸（维生素 C）、泛酸、吡哆醇、生物素、叶酸、维生素 B_{12} 等多种维生素。

3. 碳水化合物

香菇中碳水化合物的含量高达 60%～70%，以半纤维素为最多。此外还有甘露醇、海藻糖、菌糖、葡萄糖、糖原、戊聚糖等。香菇海藻糖的含量达 4.5%，这种糖是香菇的甜味成分之一。戊聚糖除作为能源外，又是核酸的组成部分。香菇中所含的纤维即是构成细胞壁的成分，也是食物纤维的来源。

4. 矿物质

干香菇中含灰分 3.4%。灰分中含有各种人体所必需的矿物质元素，其中钾、磷、钠、铁含量尤多。

钾对平衡食盐中的钠离子起着重要作用。患高血压症与进食过量的食盐有关，所以钾被认为是抑制高血压症发生的因子，有预防高血压病的作用。钾离子能中和进食类食品所产生的酸，使其保持弱碱性。磷是骨骼和牙齿的组成成分，对幼儿的生长发育有重要的作用。铁是红细胞的组成成分，我国膳食中普遍缺乏铁，所以多食香菇等含铁量较高的食用菌，不仅对缺铁性贫血患者有利，还能提高学龄儿童的注意力，提高学习效率。对心血管循环较差的老人，多食含铁较多的香菇是大有裨益的。

5. 脂肪酸

香菇中脂肪的含量为 4%，其脂肪的性质类似于植物的脂肪，所含脂肪酸的不饱和度甚高。用乙醚提取所得到的油脂部分，混合脂肪占 60%，其中的饱和脂肪酸中，棕榈酸 80%，蜡酸占 10%；其中的不饱和脂肪酸中亚油酸占 80% 以上，油酸占 10%，这样高的亚油酸含量与植物油中营养价值最高的红花籽油中亚油酸的含量相当，甚至更高。正因为香菇中所含的脂肪酸多为不饱和脂肪酸，新以对降低血脂有明显好处。

（二）香菇的药用价值

中医书中多有记载，香菇性平味甘，具有益气补虚、健脾胃、托痘疹的功效、适用于久病体虚、食欲不振、小便频数、高血压、糖尿病、贫血、肿瘤、动脉硬化等病症。其保健作用是：降低血中胆固醇的作用，使血液循环维持正常，改善心、脑及微循环供血。香菇中含有香菇素或香蕈素，是一种香菇腺嘌呤，能抑制血清及肝脏中的胆固醇升高，加速血液循环，阻止血管硬化及降低血压，是高血压、动脉硬化及糖尿病患者的食疗佳品。

香菇菌丝体中含有干扰素诱生剂，可以诱导体内干扰素的产生，具有抗病毒、防治流感的作用。

香菇中含有维生素 B_1、维生素 B_2 和 30 多种酶,对糖尿病、肺结核、传染性肝炎、神经炎有治疗作用。同时,对缓解便秘、消化不良症有一定疗效;香菇能调解内分泌系统,防止神经衰弱。

香菇中的多糖物质,可提高人体免疫力,有明显的抗癌作用。还能防治因放射性治疗引起的头痛、呕吐、下痢等疾病。在癌症手术后可用槐蕈 10 g,水煎服,每日 1 次,为辅助治疗方法。香菇防治癌症的范围很广泛,对白血病、肺癌、胃癌、食管癌、宫颈癌都有辅助治疗作用。

香菇中含有的麦角固醇,可以在人体内转化成维生素 D。维生素 D 原也是一般蔬菜所缺乏的。维生素 D 原被人体吸收后,受阳光照射,能转变为维生素 D,可增强人体抵抗力,并有助于儿童骨骼和牙齿的成长,有利于防止老年人患骨质疏松症。

二、香菇的采收、保鲜和贮藏

鲜香菇需保持自然色泽、外形,以及盖滑、柄脆的口感。香菇采收后子实体如贮存不当,会发生老熟、褐变、开伞、失水、失重、萎缩、软化、液化、腐败和产生异味等现象。为了不使其腐烂变质,除马上食用外,要进行保鲜与加工处理。良好的保鲜与加工技术可以提高香菇的风味,调节市场供应,方便消费者。香菇保鲜方法很多,有速冻、冷藏、化学、气调、微波等方法。

保鲜香菇的加工,首先要注意原料新鲜度,这是决定保鲜香菇成品质量的重要因素。原料一定要新鲜,色泽正常;其次,菇朵形态要完整、圆正,菇柄完好无缺,保持菇体自然生长时的优美形态;菇肉肥厚,菇盖边缘内卷整齐,菌膜白色未破(七成熟)或微开(八成熟)或大卷边(九成熟);无病虫害、异味和泥土杂质。因此要保证鲜菇质量,首先要注意香菇的科学采收。

(一)香菇的科学采收

1. 采收时间

采菇最好在晴天进行,因为晴天采的菇水分少,颜色好;雨天采的菇水分多,难以干燥。室内用袋料栽培的香菇,采收前菌棒(史)最好不要直接喷水。

冬季气温低,香菇生长缓慢,采下的菇肉肥厚、香气浓、质量好。秋、春季节因气温较高,长成的菇肉薄、菇柄长,产量虽高,但质量不如冬菇。

2. 采收方法

香菇采收的标准以七八成熟为宜,即在菇盖尚未完全张开,菌盖边缘稍内卷时采收。采收过早,产量较低;过迟则质量不佳。最好是边熟边采,采大留小。采菇时用拇指和食指按住菇柄基部,左右旋转,轻轻拧下。不要碰伤周围的小菇,也不要将菇脚残留在出菇处,以防腐烂后感染病虫害,影响以后的出菇。采下的菇要轻拿轻放,小心装运,防止挤压破损,影响香菇质量。

3. 适度脱水(排湿)

鲜菇含水量一般都较高,在堆放、贮存、运输过程中会因菇体的生理代谢活动而发热升温,影响商品性,所以要适度脱水。鲜菇的脱水(排湿)方式有以下几种。

(1)自然日晒降温。即将鲜菇置于晒帘上,菇盖倾斜向上均匀排列,让阳光晒或风吹拂;秋冬菇晒 3~6 h,春菇晒 6~7 h,夏菇晒 1.0~1.5 h。要根据菇体含水量灵活掌握,一般以手捏菌柄无湿润感，菌褶稍有收缩为度。

（2）回转热风排湿。将菇盖向下均匀摊在晒帘上，置于自制的热风（40℃）回转窑中排湿。

（3）排湿机排湿。用此法排湿，鲜菇色泽好，质量高，但投资大。经脱水后的鲜菇装入塑料筐中，移入1℃～4℃的冷库中预冷、贮存，继续降温排湿，随后包装。

（二）香菇保鲜和贮藏方法

1. 冷藏保鲜

低温能保持蘑菇的新鲜和质优，香菇冷藏保鲜是利用低温来减缓酶和微生物的活动，抑制菇体组织化学反应引起的变质，达到有效的短期保藏。

香菇鲜品的冷藏设备有冰箱、冰柜、冷库、冷藏车等。冷藏的温度与保鲜的时间成反相关，就是说冷藏的温度越低，保鲜的时间就越长。但它有一个低温限度，超过了这个限度则引起菇体代谢反常，减弱对不良环境的抗性。一般冷藏温度控制在0℃～10℃，贮藏时间为7～20 d。在4℃～5℃时可贮藏半个月左右。

（1）冰藏。通过采集天然冻结的冰，建造冰窖进行食用菌低温贮藏。冰不断地融化、吸收香菇散发出来的热量，因而使产品的温度不断下降，虽然达不到0℃，但一般可维持在2℃～3℃。冰藏受地区和季节气候的影响和限制，在我国只有华北和东北地区采用较多，西北地区也有应用，此法经济简单，可延长香菇的供应时间。

（2）机械冷藏。香菇采收后精选去杂、切除柄基、根据标准分级，然后将香菇菌褶朝下摆放在席上或竹帘上，置于阳光下晾晒，秋、春季节晾晒3～4 h，夏季阳光强晾晒1～1.5 h。晒后的香菇脱水率为25%～30%，即100 kg鲜香菇晒后为70～75 kg。这时，手捏菇柄有湿润感，菌褶稍有收缩。整菇在1℃～5℃冷库中预冷24 h，使菇体内外温度均匀，降低鲜菇呼吸强度。分级装筐，在空气相对湿度80%～85%、温度1℃条件下可贮藏14～20 d。

注意事项：香菇湿度不能过度，否则菇体发黑、发皱、无弹性。冷藏时间不能太长，一般掌握在2周内，冷藏时间越短，香菇鲜度越好。冷藏库温控制在0℃～5℃，不能低于0℃。冷藏过程中，应经常翻筐，保证各部位受冷均匀。包装时库内温度控制在0℃～3℃。

2. 盐水保鲜

食盐可抑制香菇菇体的呼吸和开伞，延迟衰老，并可防治腐败微生物侵染，延长保藏时间。

将烫煮后的香菇立即置于20%食盐溶液中盐渍，数天后添加适量精盐继续维持20%食盐溶液。经4～6 d，重量和酸碱度均稳定时即可封存保鲜。

3. 速冻保鲜

在30～40 min间将香菇由常温速降至－40℃～－30℃，然后在－18℃下冻藏，可长期保持原有的品质与风味。

速冻工艺为以下过程：

原料验收→清洗→护色→漂洗→人工分级→抽空气→烫漂→一次冷却→二次冷却速冻→精选包冰衣→包装冻藏→运输

4. 气调贮藏

适当降低空气中的氧气和提高二氧化碳浓度，可明显抑制菇体新陈代谢和微生物活动，而且二氧化碳可延缓子实体开伞和降低酚氧化酶活性，以达到保鲜目的。气调贮藏主要有以下两类：

（1）气调冷藏库。包括普通气调贮藏、冲氮式机械气调贮藏和再循环式机械气调贮藏。冷库气密性要求高，需要投资较高。

（2）薄膜封闭气调贮藏。鲜香菇经过精选、修整后，菌褶朝上装入透气性的聚乙烯薄膜袋内，扎紧袋口，于0℃左右保藏。此种保鲜方式具有材料易得，保存方便，费用低，卫生美观等优点。现已广泛用于鲜菇的贮藏、运输和零售各个环节。薄膜材料以低密度聚乙烯效果较好，厚度在20~70 μm之间，市场上通常采用小袋包装，选6~7成熟的鲜香菇，每袋装200~300 g，袋内保持1%的氧浓度、10%~15%的二氧化碳浓度，在20℃下可保鲜5 d，6℃下可保鲜17 d，1℃下可保鲜22 d，基本能满足鲜菇上市的保鲜要求。

三、香菇的加工

香菇的保鲜具有一定的局限性，香菇的加工占绝大比例。大量的产品只有经过加工处理才能长期贮藏。香菇的加工分为初级加工、风味食品加工、饮料加工、调味品加工和冻干加工等。

（一）香菇蜜饯

香菇蜜饯主要以香菇柄为主要原料制作而成，口感软润，酸甜可口，无纤维感，呈浅褐色。

1. 选料浸泡

选择无褐变、无霉变、有香菇香味、大小适中的菇柄。将菇柄在清水中浸泡4~6 h，以达到纤维初步软化和去除异味的目的。

2. 压干整形

浸泡后捞出，剪去蒂头，剔除不合格菇柄，经清水漂洗干净后于压干机上压至水分含量65%左右。将大小不一的菇柄切成长2 cm、厚0.5~1 cm的条，使外形美观，同时便于以后煮制和烘干工序的进行。

3. 加糖煮制

先配制50%的糖液，再倒入整形后的菇条，于锅中烧煮，不断搅拌。糖液与菇条比例约为1:1，每10 min加3%的糖，糖液含量煮至68%左右时即可出锅。整个煮制时间约1 h，前期温度可高些，后期要以文火烧煮。在煮制过程中，要注意控制糖的含量和温度，特别是终点时糖的含量要低于65%，以保证成品不软化，有咬劲，糖含量高于70%，易焦糖化。煮制过程温度太高也容易加剧产品的褐变。

4. 烘干包装

煮制结束后，捞起沥干糖液，于烘盘中在60℃~70℃下烘1.5~2 h，烘至表面干燥、手捏无糖液挤出、食用无纤维感时为宜。烘干程度影响产品的口感，须特别注意。烘干后应及时包装，密封保藏，谨防受潮。

若以整菇来制作蜜饯，其质量更佳。最好选用尚未开伞的菇蕾或菇丁作原料，加工技术同上。

（二）香菇蛋糕

在烤蛋糕的基础上，用香菇柄粉替代部分面粉，用淀粉糖浆替代部分白砂糖，制作香菇保健蛋糕。产品鲜香微甜，松软适口，老少四季皆宜。

1. 配料

面包用粉 320 份，香菇柄粉（自制）180 份，橘皮粉（自制）50 份，鸡蛋 240 份，白砂糖 120 份，淀粉浆 80 份，发粉 12 份，柠檬酸 6 份，水适量，食用油（涂模和涂蛋糕表皮用）适量。

2. 工艺流程

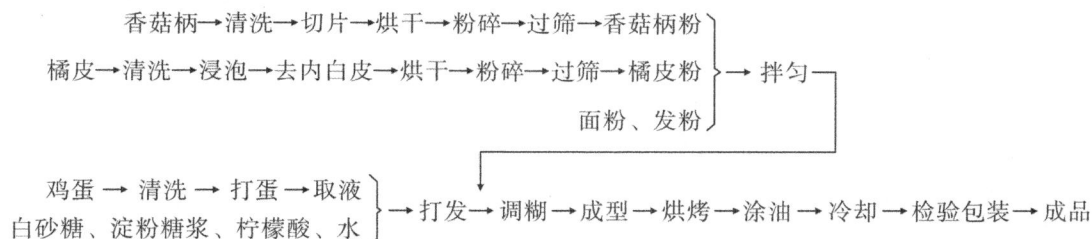

3. 操作要点

（1）香菇柄粉制备选取无霉变的香菇柄用清水漂洗去杂，切成 1 cm 左右片状，置干燥箱中在 50℃～60℃下干燥 3～4 h，冷却后粉碎，过 100 目筛即得香菇柄粉。

（2）橘皮粉制备可选新鲜、无霉变的橘皮，洗净，浸泡一昼夜，滤干水分，用刀刮去橘皮内白色部分，放入干燥箱中，在 60℃～70℃下干燥 2～3 h，冷却后粉碎，过 100 目筛即成。

（3）打发鸡蛋。用清水清洗后去壳，蛋液放入多功能和面机，加入白砂糖、淀粉糖浆、柠檬酸、水，启动和面机，搅拌浆高速旋转，使原料溶解，空气充入蛋液，蛋浆容积比原容积增大 1～2 倍。

（4）调糊。将搅拌匀的面粉、香菇柄粉、橘皮粉、发粉放入打成的蛋浆中，开启和面机慢挡，轻轻地混合均匀。

（5）成型。调成的蛋糊及时注入烤模（经消毒、模内壁涂油）中，蛋糊加入量占烤模高度的 1/2～2/3，一次成型，动作要快。

（6）烘烤迅速将烤模放进烤炉，烘烤温度 180℃，时间约 20 min，用细竹签插入蛋糕中心，若竹签无粘连物，即熟。

（7）冷却。包装烘烤结束，将烤模取出，即用毛刷蘸少许油涂于蛋糕表皮，脱模冷却，检验包装，即为成品。

4. 产品质量指标

（1）感官指标。黄褐色深浅一致，无焦斑，表面油润有光泽，蓬松饱满，块形整齐，不起泡，不塌脸，不崩顶，起发均匀，呈细密的蜂窝状，有弹性，无杂质，松软适口，鲜香微甜，无粗糙感，不粘牙。

（2）理化指标。水分 18%～24%，总糖 25%～30%，粗蛋白 6%～8%。

（三）香菇菌丝营养挂面

利用香菇菌丝作配料，制出的挂面营养丰富，口味更佳。香菇营养挂面与普通精面粉挂面相比，其蛋白质含量提高约 6%，同时还富含钙、铁、磷及多种维生素。其加工工艺如下。

第一步，以小麦作培养基，经浸泡与高压灭菌后，在无菌条件下接入香菇菌种，然后置于培养室内，在 22℃～26℃进行菌丝体培养。

第二步，当麦粒长满菌丝后，烘干或晒干。烘烤时要严防烧焦。

第三步，菌粒粉碎成菌粉；其细度达到 160 目以上，否则成品面条的光洁度和柔韧度达不到质量标准。

第四步，配料要严格控制比例。豆浆与面粉的比例以 3：10 为宜，并加入 1％的葡萄甘聚糖和 10％的香菇菌粉。拌料要均匀，并反复多次揉压，然后加工成挂面。

（四）香菇松

1. 主要原料

香菇柄、食盐、食油、味精、黄酒、砂糖、辣椒、蒜头、调味品。

2. 工艺流程

原料选择→预处理→加调味配料熬煮→拌炒→初烘→整粗丝→再烘→打丝→炒松→称量包装→成品

3. 操作要点

（1）原料选择。选用新鲜、浅色干香菇柄，要求菇柄无霉烂、虫蛀现象。

（2）预处理。用剪刀将菇柄蒂头去干净，投入水中浸泡 5～6 h 至菇柄完全吸水，捞出。

（3）熬煮。将预处理好的菇柄倒入锅中，加入菇柄质量 3 倍的水，投入调味配料熬煮，并搅拌均匀，入味熬煮一段时间至水分快干。

（4）拌炒。在锅中倒入食油，加热煮沸，加入 5％蒜头炸至呈金黄色时，倒入已熬煮好的菇柄，不断地进行翻动拌炒。拌炒时间控制在 20 min 左右。

（5）初烘。把拌炒好的菇柄均匀地摊放在烘盘上，放入烘房内在 80℃～90℃下烘烤。中间翻动 3 次，烘至菇柄半干，表面呈金黄色便可。

（6）粗整丝。将半干香菇柄加入粉碎机中进行粉碎，使菇柄疏松，成为粗纤维丝状。

（7）再烘。把菇丝均匀地摊放在烘盘上，厚度 2～4 cm，进入烘房在 70℃～80℃温度下烘烤 2～3 h，每隔 1 h 要将菇丝进行翻动。

（8）打丝。将烘至略干的菇丝半成品均匀地加入粉碎机中，并调整磨盘间距，使粉碎出的菇丝成为均匀纤维絮状。

（9）炒松把菇松倒入炒松机内，在 50℃～60℃下进行烘炒。炒至菇松酥松，有香味溢出便得香菇松。若要制得香菇肉松，只需在香菇松中加入 20％的猪肉松混合便可。

（10）称量。相将菇松进行称量，包装封口，密封保存。

4. 产品质量指标

（1）感官指标。香菇松呈金黄色，色泽均匀一致。外观呈疏松絮状，具有浓郁的香菇风味，无异味。香菇肉松具有明显的肉松香味和浓郁的香菇风味，形似肉松，质地疏松，口味鲜美，无异味。

（2）理化指标。水分＜20％，脂肪＜15％，香菇松蛋白质＞5％，香菇肉松蛋白质＞8％。

（3）微生物指标。细菌总数≤300 个/g，大肠杆菌＜40 个/100 g，致病菌不得检出。

（五）椒盐香菇干

椒盐香菇干是很好的休闲食品，又是一种能提供香菇多糖、提高人体免疫功能、既经济又实惠的保健食品。

1. 原料

香菇柄、糖、食盐、葱段、花椒粉、柠檬酸、味精等调料。

2. 操作要点

（1）整料。选择无病害、无虫蛀、粗细较均匀的鲜菇柄，除去污物杂质，剪去根脚，漂洗干净后备用。若选用干香菇柄，则需先浸水泡大后再剪去根脚，漂洗干净备用。

（2）煮制。在铝锅中放入适量水，同时加入糖和食盐及香菇，先用大火煮开后，再小火熬煮 10～20 min 后加入胡椒粉、味精、柠檬酸、葱段，继续煮制，使菇根充分入味，当锅内料汁基本烧干时停止煮制。

（3）干燥。制好的香菇干取出，放在烘筛上摊匀，将烘筛放入烘箱，在 70℃～80℃ 温度下通风烘干；或将烘筛放在通风的太阳下晒干。烘干、晒干的程度，以掌握最佳吃味时为准，不宜太干太湿。烘、晒期间要翻动 2 次，防止粘筛。

（六）配制型香菇糯米酒

1. 工艺流程

（1）制备干香菇。

香菇采收→预处理烘干→验质→干香菇

（2）制备糯米酒。

糯米→洗米、浸米、蒸饭、淋饭、拌曲（酒药）糖化→冲缸→发酵→压榨→过滤→装瓶→杀菌→成品酒糯米酒

（3）香菇原酒与糯米酒勾兑。

干香菇→粉碎→加水、糖、酸→灭菌→冷却→加活化酵母→—补糖→发酵→香菇原酒→勾兑→成品

2. 操作要点

（1）制备干香菇参照干香菇加工方法。

（2）香菇原酒制作：将干香菇用粉碎机粉碎，过 80 目筛。往香菇粉里加入 10 倍的水，再加入总量 10% 的蔗糖，用柠檬酸调节 pH 至 3.8。在 80℃～85℃ 下杀菌 10 min，冷却至 30℃。然后加入 10% 左右的活化酵母液，在发酵 1 d 后补加蔗糖溶液。前发酵期 7 d，品温控制在 20℃～24℃，后发酵期 21 d，品温控制在 20℃ 以下。经约 4 周发酵后，可以将酒液过滤，得到香菇原酒。

（3）糯米酒制作。

①选米。优质新鲜糯米，含水量 12%，要求无杂米，米粒完整。

②浸米。糯米除杂，洗净后加入清水，要求水面高出米层 10 cm 以上，在 25℃ 下浸泡 48 h。要求颗粒完整而米酥，手捻即碎、内无白心。吸水率 25%～30%。

③蒸饭。浸好的米，沥去白浆，置于蒸饭锅中常压蒸米。上大汽后 15～20 min，有米香即可。标准：熟而不烂，内无生心，口尝有甜味。

④淋饭。将蒸好的米饭用自来水冲凉，并使米粒分散，有利于糖化。淋冷至 35℃～40℃ 较好。

⑤拌曲。糖化将淋冷后的米饭加入 3% 的酒药，充分拌匀，装缸、搭窝，表面撒一层曲粉，用湿纱布盖口。

⑥冲缸、发酵。在糖化 24～30 h、糖液达到 80% 时，冲入 2 倍糯米量的凉开水，搅拌均匀（可依发酵情况加入一定量的活性干酵母），在 30℃ 下进行发酵。

⑦压榨、过滤、装瓶、杀菌。待醪液糖度降到 12 度左右时，加热醪液，在 85℃下灭菌 15 min，用单层纱布滤除米粒，然后用过滤机滤取清液，备用。

（4）香菇原酒与糯米酒勾兑。

发酵所得香菇原酒，糖度低（6 度），酸度高（pH3.2），酒精度 7 度，与糯米酒进行勾兑。香菇原酒与糯米酒的勾兑比例以 2：3 效果为优。

3. 质量标准

（1）感官指标。色泽淡黄色；酒质澄清透明，有光泽，无沉淀物和悬浮物等杂质；具有烘烤香菇的香气，并具有特有的甜味及鲜味，口感醇厚，余味悠长。

（2）理化指标。酒精度（v/v），7.5%±1%；糖度，12±1 度；pH（pH 计测），3.8±0.2；总氮含量（凯氏定氮法），9.19g/L。

（七）香菇菌丝体糯米酒

近年来，由于发酵工业的崛起，人们采用液体培养方法来生产香菇菌丝体，不仅大大缩短了生产周期，而且比固体菌种发酵快，菌龄较整齐一致，接种方便成本低。

香菇菌丝体糯米酒颜色淡黄，有光泽，具有微弱的香菇鲜味和糯米酒的发酵醇香，酸甜可口，是一种老少皆宜的营养保健品。

1. 香菇组织分离

（1）选择种菇。选头潮菇，外观典型，大小适中，菌丝肥厚，尚未散发孢子，无病虫害的优良个体作为种菇。

（2）种菇消毒紫外线照射 0.5 h。

（3）切块接种。超净工作台无菌操作，在菌柄与菌盖之间用 75%酒精擦拭，掰开，用无菌解剖刀挑取大约 2 mm² 的组织块，接入斜面培养基。

（4）保温培养接种后，将试管置于 25℃生化培养箱中恒温培养 4～5 d。

（5）菌种鉴定与筛选。对分离的菌种进行鉴定筛选，挑出优良菌株备用。

（6）液体振荡培养菌丝体。250 mL 三角瓶内装 100 mL 液体培养基和若干无菌玻璃珠，无菌条件下接入斜面培养基，置摇瓶柜中 25℃恒温培养，转速 200 转/分钟，经 5～6 d 可形成许多大小一致的菌丝球。把液体培养所得的菌丝球用 0.2 μm 胶体磨破碎，灭菌保藏，备用。

2. 香菇菌丝体糯米酒生产的两条工艺流程

（1）香菇菌丝体发酵液与糯米酒共酵工艺。

糯米→洗米→浸米→蒸饭→淋冷→拌甜酒药、搭窝→冲缸→共酵→灭菌→成品酒香菇菌丝体发酵液＋水

注：拌酒药量 2%，活性干酵母 0.1%。

（2）勾兑工艺。

香菇菌丝体发酵液→加糖、酒药（或酵母）→发酵→香菇菌丝体发酵酒

糯米→洗米→蒸饭→淋冷→拌酒药、搭窝→冲缸→发酵→灭菌→糯米酒→勾兑→成品酒

香菇菌丝体糯米酒的生产采取勾兑工艺风味较好，其工艺参数为：活性干酵母 0.1%、甜酒药 1.5%、蔗糖 10%、糯米酒与菌丝体发酵酒勾兑比例（1～2）：1。

（八）香菇茶制作

香菇保健茶是根据香菇独特的浓郁香气及具有较高的食用、保健和药用价值的特点，

配合我国名茶——乌龙茶及相应的中草药加工而成，汤色黄褐，香气浓烈，滋味正，没有药味、苦味，有回味，味道甘醇爽口，口感好。此茶不仅有乌龙茶香气浓烈、回味爽口的特点，而且还具有香菇特有的清香。是一种高级营养保健饮品。

1．工艺流程

原料→去杂→预煮→烘干→粉碎→配制→包装→杀菌→成品

2．操作要点

（1）原料选择与处理。香菇菇柄是制备保健茶的主要原料，应选择无霉变、无虫蛀、色泽好、优质的菇柄为原料。先用清水洗净，再摊开蒸 30 min，阴干脱水，含水量控制在 40% 以下，然后进行烘干。烘干温度以先低温后高温为原则，使其含水量在 13% 以下。烘干后用粉碎机粉碎并过 2 mm 筛，晒干备用。

（2）乌龙茶选择及处理。乌龙茶选择色香味俱佳的上等品为原料，先在一定温度下烘干，然后粉碎过筛备用。

（3）中草药选择及处理。应选择《中华人民共和国药典》规定的 1～2 种中草药为原料，这些中草药对于降压、减肥、明目等均有一定作用。处理方法是先在一定温度下烘干，然后粉碎过筛备用。

（4）包装与灭菌。要经过反复比较试验，确定菇、茶、药的适宜配比，然后配制，包装：包装袋可采用袋泡茶纸袋，每袋 3 g，再以纸盒包装，每盒 20 袋。灭菌可采用包装、称量、杀菌一次完成的包装机械，亦可采用钴 60 射线杀菌。

（九）速溶香菇冲剂加工

1．粉碎及浸制

将香菇漂洗干净，烘干，粉碎至绿豆粒大小。以干菇粉、糊精、水之比为 1∶1.2∶15 的比例浸制。先将糊精放入水中，加热至 70℃～80℃，使糊精完全溶解，待溶液温度下降至 40℃ 以下时，放入干菇粉，浸制 6～12 h。菇的粉碎一定在干菇状态下进行，不能浸泡后磨碎，否则成品冲服时溶液混浊。

2．干燥

将浸制后的溶液压榨过滤，压力要适中，否则滤液易出现混浊沉淀等现象。滤液在 50℃～60℃ 下进行喷雾干燥。

3．配料混合

将所得的粉剂、干燥精制食盐、复合鲜味剂按 100∶15∶4 的比例，在干态下混合。复合鲜味剂的配方为：谷氨酸钠 95%，5′-肌苷酸 2.5%，5′-鸟苷酸 2.5%。采用干态混合，以免复合鲜味剂在加工过程中的损失及食盐对干燥的影响。香菇冲剂极易回潮黏结，成品要及时密封包装。

其滤渣仍含有一定养分，经烘干磨粉，加入一定量精制食盐，复合鲜味剂以及紫菜、葱等调味料，即可成为香菇快餐汤料，可进一步提高原料的综合利用价值。

（十）香菇蒜蓉酱制作

1．配方

鲜香菇 46.0%，鲜大蒜 8.0%，砂糖 5.0%，麦芽糖 5.0%，食盐 5.0%，淡色酱油 1.0%，味精 0.7%，生姜 0.6%，柠檬酸 0.5%，梭甲基纤维素钠 0.2%，水 28%。

2．工艺流程

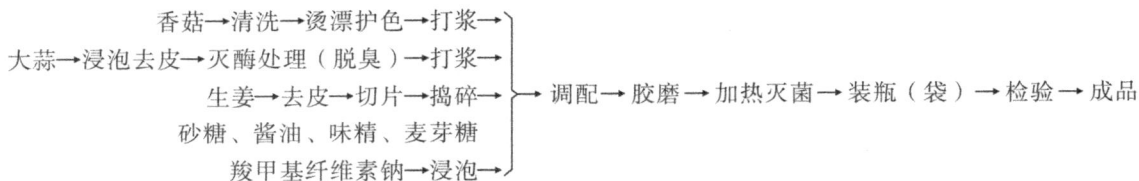

3．操作要点

（1）香菇预处理。香菇要求原料新鲜，外表损伤或病虫害形成严重缺陷的应剔除。

（2）清洗验收后的香菇用带毛刷的清洗机高压喷淋清洗，洗净表面的泥沙等物。

（3）烫漂打浆目的是钝化氧化酶，软化组织，便于打浆。烫漂求的组成：食盐水5％、柠檬酸0.5％。烫漂温度90℃～95C，时间2～3 min。烫漂后迅速冷却。烫漂后的香菇应及时打浆，避免积压，为使浆液呈黏稠状，均匀，流散，打浆时应加入约15％的清水。

（4）大蒜处理时选用收获时成熟、清洁、干燥、头大瓣肉洁白、无病虫害、无机械破损的大蒜。浸泡清洗，切除根蒂、根须，用冷水洗净，剥开蒜瓣，在40℃左右的温水中浸泡1 h左右，搓去蒜皮，淘洗干净，去除带斑、伤疤、干瘪、病污的杂瓣蒜。

（5）灭菌处理（脱臭）。将蒜瓣置于5％盐水中，沸水烫漂2～3 min，目的是钝化蒜酶，抑制大蒜臭味的产生，软化组织，捣碎方便。

（6）生姜预处理时选用新鲜、肥嫩、纤维细、无黑斑、不瘟不烂的鲜姜作为加工原料，洗净泥沙。手工去皮或化学脱皮，漂洗干净，用不锈钢刀切成薄片，放入组织捣碎机打碎备用。

（7）泡胶。提前几个小时，将耐酸甲基纤维素钠用25倍的冷水浸泡分散备用。

（8）调配。按配方称取香菇浆、蒜蓉浆及各种辅料倒入调配桶，不停搅拌使混合均匀。

（9）磨浆。将配制好的半成品酱通过胶体磨磨浆，使物料粒度小于15 μm。

（10）灭菌。将磨好的酱倒入夹层锅中加热至90℃，灭菌15 min，趁热灌装于预先经清洗、消毒的玻璃瓶或袋中。

（11）封口。采用封口机封袋或真空旋盖机封瓶。检验、贴商标，即为成品。

3．质量标准

（1）感官指标。香菇蒜蓉酱为酱红色，鲜艳有光泽，均匀一致，具有香菇和大蒜特有滋味，咸淡适口，辣味柔和，微有甜味，同时具有香菇特有香气，无其他不良气味。酱体细腻，呈黏稠状，不稀不稠，无沉淀分层，无杂质。

（2）理化指标。酱体含水分50％～60％；pH4.0～4.5；砷≤0.3 mg/kg，铅≤0.1 mg/kg。

（3）微生物指标。大肠杆菌≤30个/100 g，致病菌（系指肠道致病菌）不得检出。保质期10个月。

（十一）香菇酱油

取鲜香菇1份，切成薄片，加水3份（或用干香菇1份，捣成粉末，加水10份），放入锅中加热，使温度达到70℃～80℃，保持1 h，用4层纱布过滤，取滤液。然后在每100 kg普通酱油内加入6 kg香菇提取液，在锅中加热，使温度稳定在90℃，保持1 h，其成品即为香菇酱油。

（十二）香菇食醋加工

产品风味独特，口感新鲜，含有多种氨基酸、维生素、有机酸等营养成分，具有消除疲劳、预防感冒、预防动脉硬化、预防高血压和高脂血症的保健作用。

1. 操作要点

(1) 香菇液提取。取加工下脚料香菇碎片、香菇柄及无霉变的残菇、次菇，用清水清洗后干燥、粉碎，加 10 倍干香菇量的清水浸渍 4 h，煮沸 2 h，冷却分离，滤液即为香菇汁液。香菇渣加 70 度食用酒精浸泡备用。

(2) 糯米处理。选用上等糯米，冬季浸泡 24 h，夏季浸泡 12 h，用清水淋洗后沥干，蒸煮至熟透，出锅冷却。

(3) 糖化和酒精发酵。将冷却至 30℃～34℃ 的糯米饭置发酵缸内，加 0.4% 酒药，加水拌匀，按实后缸中间留一个洞，经 24～36 h 发酵培养后，等洞中基本充满酒液时，加入 3% 干香菇提取液拌匀，3～4 d 糖化基本结束。加入香菇渣、酒精、6% 麦麸、水，充分拌匀，控温 26℃～28℃ 发酵。当发酵由旺盛渐衰时品温逐渐下降，酒精发酵即将结束。

(4) 固态醋酸发酵。将酒醪移入大缸中，加 80%～85% 麸皮、80%～85% 谷糠，再加发酵成熟的醋醅 20%，拌匀。保持醅料疏松，加席盖进行醋醅发酵。当醋醅上层达 38℃ 以上时，进行第一次翻醅，以后每天翻醅一次，以调节品温和通气，使整个醋醅组织结构趋于一致。3～5 d 品温达到高峰，不宜超过 45℃，此温度是醋酸菌生长的最旺盛阶段，有利于提高食醋的风味。发酵后期品温开始下降。取样化验，连续 2 d 测醋醅含醋酸量基本一致，酒精含量甚微时，说明醋酸发酵结束。

(5) 加盐陈酿。醋醅成熟后及时加入 3%～5% 食盐抑制醋酸菌的活动，防止成熟醋醅发生过度氧化，降低醋酸产量。先将一半食盐放入醋醅上拌匀，另一半食盐撒在醋醅表面，第二天翻醅一次，接着再翻醅 1～2 d，压紧密封，常温下贮存陈酿，时间越长，食醋风味越好。

(6) 淋醋。将陈酿后的醋醅置醋缸中，加入上次淋醋的二淋水，浸数小时后进行淋醋，醋由缸底的管子流入地下缸里。淋出醋为成品生醋。醋液流完后再加入上次淋醋的三淋水浸数小时，淋出的醋液为二淋水，供下次淋醋的二淋水，如此，每缸淋醋 3 次。

(7) 灭菌及配制成品。生醋加入 3% 白糖进行配制，经 80℃～85℃ 加热灭菌，冷却澄清，检验合格后，包装即为成品。

2. 产品质量指标

(1) 感官指标。橙黄色或淡黄色；具香菇香气和米醋香气，无其他气味，味美质鲜，酸味柔和，微甜；体态澄清，无沉淀，无悬浮物。

(2) 理化指标。总酸（以醋酸计）＞6.0 g/100 mL，还原糖（以葡萄糖计）＞1.5 g/100 mL，氨基酸态氮＞0.3 g/100 mL。

(3) 卫生指标。杂菌数≤500 cfu/mL，砷含量≤0.5 mg/kg，铅含量≤1 mg/kg，大肠杆菌及致病菌不得检出。

（十三）香菇方便汤料

产品富含生理活性氨基酸，味道鲜美，既有营养价值又有香鲜特点，是优质的调味品。

1. 以干香菇直接加工

香菇粉 100 g，味精 80 g，盐 350 g，白糖或葡萄糖 100 g，白胡椒 1 g，味精 80 g。磨成细粉后混匀，分装 100 个小塑料袋或防潮纸包内。煮沸 5 min 即可食用，还可作为面条、水饺、馄饨等面制品的调味料。

2．以香菇柄浸提液加工浓缩汤料

（1）工艺流程。

①香菇柄成分提取

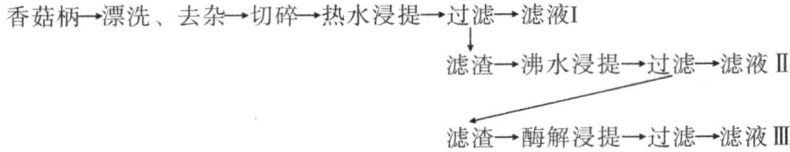

香菇柄→漂洗、去杂→切碎→热水浸提→过滤→滤液Ⅰ

滤渣→沸水浸提→过滤→滤液Ⅱ

滤渣→酶解浸提→过滤→滤液Ⅲ

②调味精制作

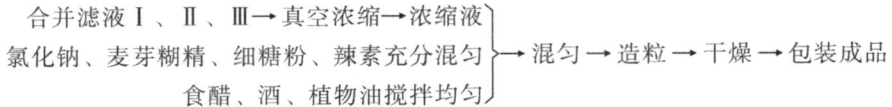

合并滤液Ⅰ、Ⅱ、Ⅲ→真空浓缩→浓缩液

氯化钠、麦芽糊精、细糖粉、辣素充分混匀　　混匀→造粒→干燥→包装成品

食醋、酒、植物油搅拌均匀

（2）操作要点。

①香菇柄提取物浓缩液制作。将香菇柄漂洗干净，去杂质，切成碎片，用40℃～55℃的热水浸提4～6 h。菇与是水之比为1∶10。浸提后过滤，得滤液Ⅰ。将滤渣加水煮沸1 h，过滤，得滤液Ⅱ，再将滤渣加水，加复合酶液0.6％，浸提3 h后过滤，得滤液Ⅲ。合并3次滤液，在真空浓缩锅内浓缩，浓缩至固形物含量不低于15％。浓缩香菇液经杀菌后，立即分装、密封，低温贮藏备用。

将氯化钠、麦芽糊精、细糖粉、辣素等物料充分混合，搅拌均匀，然后加香菇柄提取物浓缩液、食醋、酒、植物油搅拌均匀。

②造粒及干燥。采用摇摆式造粒机造粒。造粒直径为2 mm，在3.87×10^4 Pa，50℃～60℃条件下，干燥25 min左右，然后输入喷雾干燥机喷成粉状体。干燥温度为100℃。其产品含水量在13％以下，及时进行分装，封口密封。

（十四）香菇菌丝调味品

1．工艺流程

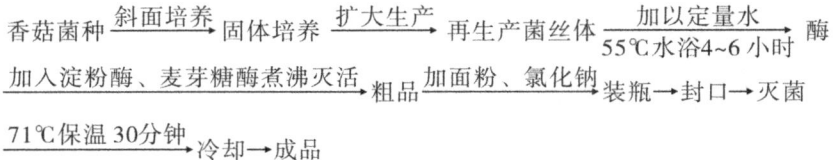

香菇菌种 —斜面培养→ 固体培养 —扩大生产→ 再生产菌丝体 —加以定量水／55℃水浴4～6小时→ 酶

—加入淀粉酶、麦芽糖酶煮沸灭活→ 粗品 —加面粉、氯化钠→ 装瓶→封口→灭菌

—71℃保温30分钟→ 冷却→成品

2．操作要点

（1）菌丝发酵。固体培养基接种L-70菌种于25℃下培养，菌丝长满瓶后再扩大生产，置室温下培养45 d菌丝到瓶底，取出培养物。加一定量的水，55℃水浴加热是为了让菌丝体细胞自溶，释放出胞内物质。按本工艺进行处理得到粗品，测其蛋白质为干重的20.50％，每100 g粗品含多糖60.25 mg。

（2）装瓶。面粉、糯米、氯化钠调和成糊状，既增加香味又便于灌装运输。

3．质量标准

色泽为以褐色，总糖（以还原糖计）为12.32％，总酸（以乳酸计）为0.17％，蛋白质为11.35％，多糖为21∶43 mg/100 g，细菌总数＜1个/毫升，大肠杆菌＜3个/100 mL。

（十五）香菇发酵饮料

1. 工艺流程

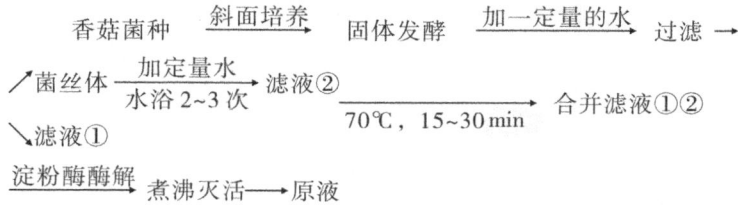

在固体发酵培养基上分别接种香菇 H、L、X 和 L-66 菌株，于 25℃培养，待菌丝长满三角瓶后取出培养物，按固体发酵工艺进行处理得到原液。

液体发酵工艺：

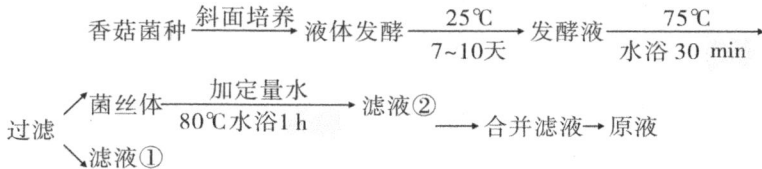

2. 配制工艺

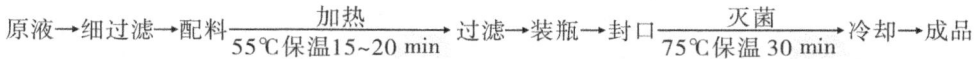

对香菇 H、L、X 和 L-66 菌株进行液体发酵，测定其发酵终结时生物量及发酵液中蛋白质和多糖的含量，发现香菇 H 菌株生长快，其发酵液中蛋白质和多糖含量最高。因此选用 H 菌株为制作香菇发酵饮料的菌株，并经一系列加工处理制成香菇固体发酵饮料和香菇液体发酵饮料。

（十六）香菇汽水

干香菇 30 g，去菇柄，洗净，放入锅中，加水 1000 mL，煮沸片刻，用 4 层纱布过滤，取滤汁，加开水补足至 1000 mL。然后加入适量白糖，待冷后装瓶，加入柠檬酸 9 g，最后加入小苏打 6.5 g，迅速加上瓶盖，以防气体溢出。最后将瓶子放入冷水或冰箱中，过 20 min 后即可饮用。适合家庭制作。

（十七）香菇露制作

干香菇 30 g，除去菇脚，洗净；在铝锅中加清水 1000 mL，放入香菇，烧开片刻，用 4 层纱布过滤，取滤汁，加开水补足到 1000 mL，然后分别加入全脂奶粉和白糖拌匀；待冷却后，加入柠檬酸，装入瓶内，及时将瓶子放入冷水或冰箱内，20 min 后即可饮用。此法适合家庭制作。

（十八）香菇柄膳食纤维饮料

1. 工艺流程

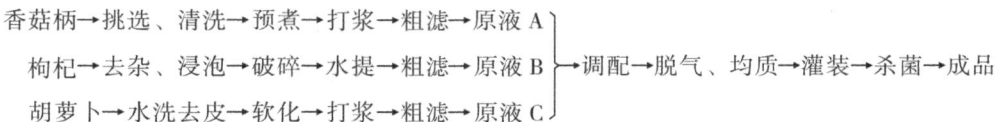

2. 操作要点

(1) 香菇柄原液 A 的制备。选新鲜、无霉变的菇柄，用不锈钢剪刀去蒂，放入流动的清水中洗净，用 95℃～100℃的热水预煮，至柄内无白心为止，迅速冷却。冷却后的菇柄加等量的水，用多功能打浆机打浆。打浆后用 100 目筛过滤，得香菇柄原液 A。

（2）枸杞原液 B 的制备。浸泡、去杂后的枸杞用 3 倍的水浸泡 1d，沥干。用粉碎机粉碎，以利水提。粉碎的枸杞，加 3 倍水加热煮裸，保持 95℃～100℃ 20 min，过 100 目筛得枸杞原液 B。

（3）胡萝卜原液 C 的制备。选当年产、新鲜、果肉橙红色的胡萝卜，放入流动的清水中洗净，取出沥干。用 4% 的碱液，在 95℃ 下脱皮 1 min，用清水冲洗去皮。脱皮时胡萝卜和碱液的质量比为 1：2。去皮后的胡萝卜在 95℃ 下预煮 30 min，使组织充分软化，在煮制时加入胡萝卜质量 0.3% 的柠檬酸，除去胡萝卜的不良气味。软化的胡萝卜加 1 倍的水，放入多功能打浆机中打浆，过 100 目筛，即得胡萝卜原液 C。

（4）调配。香菇柄原液 A 30%，枸杞原液 B 5%，胡萝卜原液 C 10%，蜂蜜 5%，白砂糖 8%，柠檬酸 0.3%，稳定剂（CMC-Na）0.2%。

（5）脱气。调配好的汁液在 40℃～50℃，真空度 0.08 MPa 下进行脱气。

（6）均质。用高压均质机均质，压力 18～28 MPa，温度为 50℃～60℃。

（7）灌装、杀菌。均质后的饮料立即进行灌装、密封、杀菌。杀菌条件：90℃～95℃，15～20 min。

3. 产品质量标准

（1）感官指标。色泽橙黄色；具有香菇、胡萝卜、枸杞所特有的复合风味，口感清爽滑润，酸甜适口，无异味；组织形态均一，稳定，不透明，无明显的沉淀和分层现象。

（2）理化指标。膳食纤维含量 1.6%～1.8%；可溶性固形物 13%；总酸（以柠檬酸计）0.3%。

（3）微生物指标。细菌总数＜100 个/毫升；大肠杆菌＜3 个/100 mL；致病菌不得检出。

（十九）香菇软糖

在软糖配方基础上，另加香菇汁制成。既有软糖的特点，又有能增进人体健康的香菇多糖成分，受到消费者的青睐。

1. 配料

白砂糖 29 kg，转化糖 16 kg，明胶 3.4 kg，香菇汁 2 kg，柠檬酸 0.18 kg。

2. 操作要点

（1）转化糖。准备取白砂糖 20 kg，放在 10L 水中加热溶解，然后边慢慢加入 100 mL 盐酸（1：10 稀释度），在 100℃ 温度下搅动 30 min 结束转化。加进小苏打中和酸度，使酸碱度达 1000～1259 mmol/L（pH5.9～6）为止。

（2）明胶溶液制备。将明胶放入 7L 水中，在水浴中加热使其溶解（明胶在加热过程中极不稳定，局部长时间加热会降低黏度，故不能直接用火加热）。

（3）香菇汁提取。取 2 kg 无病虫害的鲜香菇洗净，放在粉碎器中，加入 1 L 水，粉碎、过滤。滤渣用 0.5 L 水淋滤，最后将滤液合并，浓缩至 2 L 备用。

（4）熬制。按配料和工艺流程，将转化糖和白砂糖放在一起，使白砂糖溶解，进行熬制。熬制时要不停地搅动，以促进糖的转化、料中水分的蒸发，防止料粘锅底。当料的浓度熬到所需浓度（70% 左右）时停止。

（5）拌和熬糖结束后，当温度降至 100℃ 以下时，加入明胶溶液和香菇汁，充分搅拌，拌均匀后静止一定时间，让料中气泡集聚到表层，除去气泡。

（6）成型、切料。糖料拌匀静止并除去料面气泡后，将糖料取出放在冷却台上冷却后压成一定厚薄，再用刀切成所需形状即成。最后包装成产品。

第三节 双孢菇

双孢菇，又称蘑菇、洋蘑菇。属担子菌纲，伞菌目，伞菌科，蘑菇属，是世界上栽培范围最广、机械化栽培程度最高的一种食用菌。目前，世界上生产双孢菇的国家有70多个。

一、双孢菇的营养价值和保健功能

（一）双孢菇的营养价值

人体必需的营养素有 40 种以上，包括蛋白质、脂肪、碳水化合物、矿物质和维生素，都是人类赖以生存的物质基础。蛋白质是人体的主要构成物质。构成蛋白质的氨基酸有 22种，其中必需氨基酸有 8 种。双孢菇干粉的蛋白质含量高达 42％，共含有 18 种氨基酸，8种人体必需的氨基酸。而且消化率可达 70％～90％。而大米的蛋白质含量只有 7.3％，小麦 12.7％，猪肉 9％～16％，牛肉 12％～20％，鱼 18％～20％。可见，双孢菇是一种理想的高蛋白食品。而且，双孢菇还含有许多核苷酸、维生素和矿物质等。据测定，每百 g鲜菇中含有维生素 B_1 0.12 mg，维生素 B_2 0.52 mg，维生素 B_3 2.38 mg，维生素 B_5 5.85mg，维生素 B_6 0.45 mg，维生素 C 8.60 mg，钙 8.7 mg，磷 50.8 mg，铁 3.6 mg 等，其含量丰富非一般果蔬及肉类可比。

（二）双孢菇的保健功能

双孢菇味甘、性微寒，具有补脾益气，润燥化痰等功效。可用于辅助治疗体虚纳少、痰多腹胀、恶心泄泻等症。动物实验证明，双孢菇具有调节新陈代谢、降低胆固醇含量的功能。可以辅助治疗高血压、高血脂、糖尿病等多种疾病。双孢菇还被称为"天然抗癌良药"，所含的多糖体和异蛋白具有一定的抗癌活性，对小白鼠肉瘤 S-180 和艾氏癌的抑制率分别为 90％和 100％。目前，以双孢菇为原料制成的药物有 "711" 片剂、蘑菇糖浆、肝血康复片和健肝片等，对防治和治疗迁延性肝炎、慢性肝炎、肝肿大、早期肝硬化以及白血病等均有较好的疗效。

二、双孢菇的保鲜和贮藏

（一）低温冷藏保鲜

蘑菇采收后先进行菇柄修剪，去掉泥根，然后进行分级，再用清水冲洗菇色发黄或变褐，可以在 0.01％的焦亚硫酸钠液体中漂洗 3～5 min，迅速用冰水预冷，沥干水分，分装到通气的塑料筐中置于冷库贮藏。控制冷库的温度在 4℃，湿度 90％～95％，库内二氧化碳的浓度不得超过 0.3％。一般情况可贮藏一周以上。

（二）微孔薄膜贮藏保鲜

用硅胶膜制成大小不等的"窗"，嵌在塑料袋上，备用。将采收的鲜蘑去除菇脚上的泥土等杂质，进行分级，然后分装到木箱或塑料袋周转箱中；菇层厚度 30～35 cm，然后再放进硅窗塑料袋中，每袋 50 kg 鲜蘑，硅窗有效面积 100～200 cm^2。装好后，将塑料袋扎好，可置于 18℃～20℃环境中保存。利用硅胶的特殊透气性，维持塑料袋内适量的二氧化碳和氧气浓度，使蘑菇处于良好的贮藏环境，抑制了蘑菇的后熟过程，因而达到保鲜目的。

（三）辐射贮藏保鲜

把经漂洗后的鲜蘑装于多孔聚乙烯塑料袋内，用钴 60Co 射线照射，剂量为 2000～3000Gy，照射后置于 10℃贮藏。经过照射的双孢菇水分蒸发少，失重率低，后熟抑制明显。据实验，用 3000 Gy 辐射后，在室温（16℃～18℃）和相对湿度 65％时，可贮藏 4～5 d，在较低温度下贮藏时间更长。

（四）化学贮藏保鲜

1. 焦亚硫酸钠保鲜法

将采收的蘑菇剪去菇脚去除杂质，然后分级，用 0.01％的焦亚硫酸钠溶液漂洗 3～5 min，捞起后再用 0.1％的焦亚硫酸钠溶液浸泡 30 min，捞起沥干水分，用塑料袋密封包装，在室温 10℃～15℃下保存，其色泽和品质可较长时间不变。如果是在气温较高（>23℃）和贮运时间较长（12～15 h）的情况下，由于蘑菇呼吸作用的加强，营养物质不断消耗，容易产生薄皮、开伞等现象，因此需要进一步处理。将经焦亚硫酸钠处理的蘑菇，装于容量为 20 kg 的干净硬质塑料桶中，加入以抗坏血酸、柠檬酸为主的食品添加剂配制的保鲜液，菇液比例为 1:1。用保鲜液处理的蘑菇，鲜菇色泽乳白，无异味，整菇率高，制罐后菇色淡黄，风味纯正，品质优良。

2. 比久保鲜法

将挑选好的鲜蘑用 0.001％～0.1％的比久溶液浸泡 10 min，捞出沥干水分，用塑料袋密封包装，在 5℃～22℃条件下可贮藏 8～10 d。

3. 米汤膜保鲜法

熬粥煮饭时，舀取一部分稀米汤，加入 1％食用碱或 5％小苏打，搅拌使其充分溶解，待冷却到室温，将挑选好的鲜蘑浸入米汤，约 5 min 后捞出，置于阴凉、干燥处。此法可以使蘑菇表面形成一层碱性米汤薄膜，能起到隔绝空气，减少水分蒸发的作用，同时也能抑制酶的活性。处理过的鲜蘑可以在 72 h 内保持不变色，不变质。

三、双孢菇的加工

（一）酸渍双孢菇

双孢蘑菇除了用盐水进行盐渍贮藏外，还可用醋酸液浸泡贮藏。

酸渍加工工艺流程：

鲜菇分级清洗漂白→杀青→冷却漂洗→加醋酸浸泡→整理装桶→成品

操作技术规程与盐渍加工相似，只是用酸液来浸泡。酸液的配制方法为醋酸 2％、食盐 5％。将经杀青冷却后的菇体，装入池中，并加入酸液浸泡 10～15 d，开始装桶，装桶方法同盐渍菇。

（二）蘑菇蜜饯

1. 工艺流程

原料→清洗→护色→切片→热烫→糖煮→腌渍→干燥→成品

2. 操作过程

（1）原料处理。选菇形饱满不开伞，无机械损伤的蘑菇进行清洗，洗后的菇体立即置入 0.05％焦亚硫酸钠溶液中，要求淹没菇体以达到护色目的。

（2）切片。用不锈钢刀片将菇体切成菇片，约 40 mm×10 mm 大小。切片后即倒回焦亚硫酸钠溶液中（要求整个过程迅速），以避免在空气中停留时间长，而造成菇片氧化褐变。

（3）热烫。将菇片从焦亚硫酸钠溶液中捞出，放入沸水中热烫 30 秒左右，使其组织软化，利于糖的渗入，同时起到钝化多酚氧化酶的作用。

（4）糖煮。在夹层锅内配制 60％～65％糖液，并加入糖液 0.03％的焦亚硫酸钠，以菇片与糖液 1∶3 的比例混合，加热至 80℃～85℃保持 40 min，整个过程要求控制温度不宜太高，当菇片含糖量达 40％以上，即可停止糖煮。

（5）腌渍。将糖煮的菇片浸入高浓度糖液中进一步腌渍。一般保持糖液浓度 70％，浸渍时间 20～24 h，要求腌渍后菇片含糖量达 55％以上。

（6）干燥。如制成湿态蜜饯，一般腌渍后取出；晾干即可包装为成品。干态蜜饯，要求将腌渍后的菇片取出，沥去糖液，在 65℃～70℃温度下干燥 20～24 h，至菇片不粘手为止，含糖量达到 55％～65％，经检验包装即为成品。

3. 质量指标

产品色泽白中带淡黄，具有蘑菇正常的滋味与气味，形状太小均匀，含糖饱满，不返砂、不流糖，质地致密。不得检出致病菌。总糖含量为 55％～65％，含水量为 15％～18％。

（三）快餐软包装风味蘑菇片

1. 工艺流程

原料处理→预煮和冷却→分级→挑选→切片→搅拌调配→软包装→真空封口→杀菌→包装

2. 操作要点

（1）原料处理。按蘑菇质量规格收购后，在产地用 0.03％焦亚硫酸钠液洗一次，再以 0.03％焦亚硫酸钠溶液浸 2～3 min，捞出用清水浸没，或用 0.005％焦亚硫酸钠液浸没运往加工厂，可不再漂洗，直接投产。

（2）预煮与冷却。用夹层锅以 0.1％柠檬酸液沸水煮 8～10 min，蘑菇与液之比为 1∶1.5，急速用水冷却。

（3）分级。用自制的分级机（在不锈钢薄铁片上根据流程长短，在不同部位打上不同的孔洞）按蘑菇直径大小分为三级。

（4）挑选。去除泥根，将菇柄过长或起毛、病虫害、斑点菇等进行挑选、修整。

（5）切片。以定向切片机纵切成 3.5～5.0 mm 厚的片状，每个级别单独放在一起，用水淘洗一次，沥干，进行调配。

（6）调配。搅拌在真空搅拌机中进行调配、搅拌。配方：蘑菇片 100 kg、精盐 1.2～1.5 kg、蒜粉 0.8 kg、辣椒粉 0.3 kg、胡椒粉 0.2 kg、姜粉 0.5 kg、麻油 3 kg、味精 0.02 kg。边加入调料边搅拌 1～2 min，然后真空搅拌 3～5 min，真空度为 39996.6 Pa。

（7）软包装。可用手工或机器包装。采用尼龙铝箔聚丙烯耐热彩印袋作包装材料，分 85 g 和 125 g 两种规格装袋。

（8）真空封口。用真空封袋机封口，真空度为 66661～79993.2 Pa。

（9）杀菌。余菌公式：15～25 min/118℃，杀菌后及时冷却，然后放入包装。

（四）蘑菇即食菜

蘑菇即食菜，其色泽因菇体颜色不同有黄色和黑棕色两种。在食用时，前味麻辣，后味香甜，有嚼劲。

1. 工艺流程

原料选择→整理清洗→脱水煮制→沥粉烘制→真空包装

2. 操作要点

（1）前处理。选新鲜、无虫蛀、无病斑、较厚实的蘑菇为原料，除去杂质，用清水洗净。

（2）脱水。将鲜菇放入 3%～5% 的食盐水中浸泡 8～12 h，并在其中加入 0.2% 的焦亚硫酸钠，然后用清水漂洗 1～2 次，并在筛中置 12 h，将晾晒好的蘑菇切丝。

（3）煮制。将准备好的蘑菇放入铝制或不锈钢锅中煮制，加入少量的食盐、花椒、白酒等，煮 30 min，捞出置筛中 5 h。

（4）沥粉。在已煮制好的蘑菇中均匀撒入强味剂（10∶1），强味剂是食盐、辣椒粉、花椒粉、味精、食糖、鲜味剂均等混合，也可将强味剂先用清油炒制后沥入蘑菇中。

（5）烘制、包装。将拌匀的蘑菇置烘烤设备中（或日晒法），在 60℃ 左右下烘制 3～5 h，加少量食用防腐剂后，将加工好的成品真空包装。

（五）蘑菇风味饮料

蘑菇风味饮料是用菇体抽提液配制的，是一种既保持了蘑菇固有风味，又能最大限度地保存蘑菇营养成分的高级营养饮料。还可以根据消费者嗜好，添加料酒、葡萄糖和其他调味料，使之成为风味独特的蘑菇饮料。

1. 蘑菇抽提液的提取技术

将不适于加工的次品蘑菇或菇柄投入含有 0.4% 柠檬酸、0.05% 维生素 C 和 0.01% 蔗糖脂肪酸酯的混合液（混合比例 2∶1∶1）中，边添加边加热，至 95℃ 时，热处理 10 min，蘑菇组织被破坏，用 4000 转/分钟的离心机分离，得到第一次抽提液。添加柠檬酸可将 pH 降低到酶活性值以下。维生素 C 能抑制酶活性，维生素 C 和蔗糖脂肪酸酯、山梨糖脂肪酸酯均有防氧化作用，能防止抽提液产生褐变或有异味，并有利于抽提。抽提液的主要成分为可溶性糖类、游离氨基酸、嘌呤及糖醇。

在沉淀物中加入 0.3% 聚磷酸、0.25% 柠檬酸钠和 0.1% 柠檬酸混合液 5000 mL，在 95℃ 下加热搅拌 15 min，用 4000 转/分离心分离，得第二次抽提液 4700 mL。聚磷酸和柠檬酸钠作为金属螯合剂，能除掉蘑菇中与酸性多糖结合的金属（铁、铜、钾、钙等）离子，进一步促使蘑菇组织破坏，并使部分以上述金属离子作辅酶的酶失活。第二次抽提液的主要成分为糖原、糖质及残渣，其残渣中还含有蛋白质、壳质、半纤维素等。

残渣再加 0.1% 碳酸钠、0.2% 食盐溶液（pH8～9）5000 mL，在 80℃～85℃ 下搅拌加热 25 min，经 4000 转/分钟离心分离，得到第三次抽提液 4800 mL。其主要成分是半纤维素和蛋白质。残渣中含有部分蛋白质和壳质。

将残渣用 pH4 的 1 mol/L 柠檬酸-柠檬酸钠缓冲液 3000 mL，再加入适量的半纤维素酶、纤维素酶、壳多糖酶、蛋白酶混合酶液，在 40℃ 下搅拌酶解 60 min，得到第四次抽提液 2800 mL。其中含有氨基酸、肽类和氨基葡萄糖。最后的残渣中含有壳质和木质素等。合并 4 次的抽提液，共 17 900 mL，在 50℃～55℃ 下，真空减压浓缩到 2000 mL。用 100 目的活性炭-尼龙 66（2∶1）滤层进行过滤，再将其浓缩到 200 mL。

2. 蘑菇风味饮料加工

将上述 200 mL 浓缩物用水稀释到 20 000 mL，加入料酒 200 mL、食盐 300 g、小麦粉 600 g，60℃ 温度缓慢加热溶解，冷却到 35℃ 以下，再添加白葡萄酒 500 mL，制成蘑菇风味饮料。也可将浓缩物稀释到 20 000 mL，加入白葡萄酒 300 mL、食盐 50 g 制成饮料。也可根据消费者的爱好，改用其他调味剂，使之具有不同风味。

（六）发酵风味蘑菇酒

蘑菇采收、搬运、加工时会产生大量的碎菇、等外菇，这些下脚料外观虽差，但含有丰富的多种氨基酸、维生素及矿物质，现介绍一种以蘑菇下脚料为原料制作保健型蘑菇酒的方法。

1. 蒸煮

收集碎菇、等外菇等蘑菇下脚料，集中清洗，去除泥沙后进蒸煮锅，在90℃～95℃下煮制1 h左右。出锅冷却至室温，经压榨过滤得蒸煮液与蘑菇渣。

2. 制备种子培养液

取200 mL的马铃薯汁，添加20%的葡萄糖，装入烧瓶，在0.098 MPa蒸气压下进行高温灭菌。冷却后进恒温箱，接入斜面培养的葡萄酒酵母，在20℃～30℃下培养10～12 h，制成Ⅰ级菌种液。取3000 mL的蘑菇蒸煮液，添加20%的蔗糖，装入烧瓶，在0.098MPa压力下高温灭菌。冷却到30℃以下时，将上述Ⅰ级菌种液接种其内，在20℃～30℃下培养20 h左右，得Ⅱ级菌种液。

3. 糖化、发酵

将压滤后的蘑菇渣绞碎待用。蒸煮冷却到45℃～55℃，加入米粉进行糊化。糊化后，添加绞碎的蘑菇渣，在50℃～55℃环境下进行糖化。糖化完毕用柠檬酸调整pH，随即添加蔗糖10%～20%，升温至11℃，引入Ⅱ级菌种液。然后冷却到25℃以下，添加偏重亚硫酸钾10～15 mL/升，以防止杂菌污染及繁衍，发酵3～7 d过滤，除渣。

4. 整理

将滤液加热到60℃～65℃，保温10 min后装入缸内贮藏。也可以将滤液温度调整到18℃，不经加热处理直接装缸贮藏。贮藏期满后，添加不同的香料，即可制得多种不同风味的蘑菇酒。

采用上述方法制作蘑菇酒，成本低廉，加工工艺简单。酒体呈淡黄色，澄清透明，香甜适口，营养丰富，有良好的保健功能。经检测，理化指标为：乙醇浓度5%～18%；pH3～3.5；酸度6～7度；糖含量6%～20%，无混浊、沉淀现象。

（七）蘑菇酱油

1. 工艺流程

蘑菇预煮液浓缩→中和→调味、杀菌→澄清→加防腐剂→包装→成品

2. 工艺要点

（1）浓缩。

收集预煮蘑菇排出的废液进行过滤，去除杂质及蘑菇屑后吸入真空浓缩锅内进行浓缩，控制真空度79992bar以上，蒸汽压力保持在274586～294199 Pa，温度50℃～60℃，浓缩到按折光计30%为止。

（2）中和。

浓缩液因柠檬酸含量提高，酸味较重，须加入适量碳酸钠中和，使pH调节到6.5为宜。

（3）调味、杀菌。

按每80 kg浓缩液加20 kg精盐的比例，在夹层锅中边加热边搅拌，使食盐完全溶解，撇去浮沫，加热到75℃，保持5～10 min（加热还有助于杀死霉菌、产膜酵母和其他杂菌，促进酱油沉淀），也可视需要在此时加入煎制好的香料水。

香料水配制：花椒150 g，胡椒200 g，八角300 g，桂皮3.0 g，生姜1 kg，五香粉

170 g，用 15 kg 水熬制 3 h，取滤汁随食盐一同加入浓缩液内。

（4）澄清。

将加热后的酱油放入陶缸中，静置 1 周以上，酱油中微粒沉淀，使酱油澄清。

（5）包装。

每 100 kg 酱油中加入苹果酸钠和焦亚硫酸钠各 60 g，搅拌均匀后，倒入经杀菌的分装瓶中，加盖密封。

（八）蘑菇食醋

1. 原料

蘑菇杀青水 50 kg，醋酸菌种子 20 kg，五香粉 150 g，老姜 200 g，白糖 2 kg，添加剂 1250 g，酒精 1750 g，食盐 2 kg，苯甲酸钠 50 g，食用色素日落黄 3 g。

2. 工艺要点

（1）醋酸菌的培养。

①试管培养。按常规法灭菌、接种在 29℃～31℃恒温下培养 48～52 h。斜面培养基配方：葡萄糖 1％，酵母膏 1％，碳酸钙 1.5％，酒精 2％，琼脂 2％。

②扩大培养。液体培养成分为酵母膏 1％，葡萄糖 0.5％，在 500 mL 的三角瓶内装入 80 mL，按常规灭菌后于无菌箱内按培养基体积的 4％加入 95％酒精，同时，接入醋酸菌母种，在 29℃～32℃下振荡培养 30～35 h。

（2）蘑菇食醋的制作。将杀青水用旺火烧沸后加入白糖 1500 g，添加剂 500 g，用 3 层纱布过滤入发酵室缸内，待温度降至 30℃时，加入醋酸菌种、酒精，用薄膜封口，在 29℃～31℃下进行发酵，直至醋酸含量达 7％为止。然后用 3 层纱布过滤，将滤液倒入锅中，随即加入老姜和五香粉（要 3 层纱布包好）煮沸 30 min，微火后加入花椒油、青糖 500 g，添加剂 750 g，不停搅拌，等原料溶解后，用 5 层纱布过滤入缸，最后加入已溶解好的食用色素日落黄，并让其静置沉淀，再行过滤，在 100℃下灭菌 20 min，即成蘑菇食醋。为防止食醋变质，必须加入 0.1％的苯甲酸钠作为防腐剂，然后定量装坛封泥。

（九）低盐风味酱蘑菇

1. 工艺流程

原料的选择整理→漂洗→烫漂杀青→切分→配料酱制→后熟→成品

2. 制作要点

（1）原料选择与整理。选质嫩、菇体完整、无虫蛀和病斑的新鲜蘑菇，切除菇脚。另外，选新鲜、完整、无机械损伤和病虫害的辣椒，去掉果柄。

（2）漂洗。将整理好的蘑菇及辣椒，最好在采后 2 h 内用稀盐水（盐水浓度不超过 0.6％）漂洗，以除去原料表面的杂质，保持原料的色泽正常。

（3）烫漂杀青。将经漂洗的蘑菇捞出，置 95℃、含柠檬酸 0.05％～0.1％水中，烫漂 5～8 min，以破坏菇内酶活性，杀死表面微生物，软化组织，稳定色泽。

（4）切分。将烫漂好的菇体及辣椒用不锈钢刀纵切成长条状，以利于酱渍。

（5）配料及酱渍。按蘑菇、辣椒、酱油各 2.5 kg，白砂糖 1.5 kg，熟食用油 350 g 及适量味精的比例，将上述原料放入一洁净容器中，混合均匀，用塑料布封口。

（6）后熟管理。入缸后 7 d 内，每隔 2 d 搅拌一次，共搅 3 次。搅拌过程中要将缸底与缸面的原料互换位置，保证酱制均匀。于室温下放置 10～30 d 即可成熟。

（7）成品。待产品成熟后即可取食，也可用塑料袋真空密封包装，经杀菌后商品出售。

3．成品质量标准

（1）感官指标。酱黄色，有蘑菇及辣椒特有风味，酱香浓郁；蘑菇口感脆嫩，甜、酸、咸、辣，鲜味适口。

（2）卫生指标。大肠杆菌群＜30 个/100 g，致病菌不得检出。

（十）风味蘑菇酱

大豆酱含有大量的蛋白质和维生素，鲜蘑中富含人体所需的矿物质，风味蘑菇酱就是以大豆酱为主要原料，配以鲜蘑加工而成。风味蘑菇酱既保留了大豆酱丰富的营养价值和醇美风味，又突出了鲜蘑的清香鲜美。

1．工艺流程

2．配方

大豆酱 230 g，大蒜 10 g，鲜蘑 20 g，葱 5 g，植物油 30 g，味精 3 g，食糖 5 g。

3．工艺要点

（1）鲜蘑预处理。

将鲜蘑去除根部杂质，洗净晾晒，放入开水中焯一下，然后用粗磨磨成小块。晾晒，不可干，以不易破碎为好。

（2）风味酱的加工。

①大豆酱的炒制。植物油加热至 200℃左右，加入大豆酱煸炒，待炒出浓郁的酱香味时加入磨好的鲜蘑块。酱的炒制是制作此酱的关键，酱炒得轻，香味不够丰满；炒得重，会使酱变焦，味苦，影响成品的颜色和滋味。

②装瓶封口。加入味精后冷却至 80℃左右即可装瓶封口，这样既能抑制细菌生长又能为下一步杀菌作准备。

③灌装封口。采用四旋玻璃瓶进行灌装，灌装后添加适量的芝麻油作面油，再用真空蒸气灌装机封口。

④杀菌。将灌装好的酱放入真空封罐机中杀菌。要求品温控制在 90℃，时间 15 min。

4．产品质量标准

（1）感官质量标准。棕褐色，油润有光泽；酱香浓郁，菇香清爽鲜美；有香菇特有的清香，口感甘滑醇美，无苦涩等异味；稀稠合适。

（2）理化指标。水分 40%，食盐 14%，氨基酸态氮 0.78%，总酸 1.2%。

（3）微生物指标。符合 GB 2718—1996 标准。

（十一）蘑菇麻辣酱

1．工艺流程

双孢菇、香菇等外品除杂洗净（盐腌菇脱盐）→杀青（沸水烫软）→沥水→绞肉机粉碎→进胶体磨反复研磨→加麻辣等辅料→调加天然色素→加增稠剂、分装封口→灭菌→包装→成品

2．操作要点

（1）脱盐过程。将盐渍菇加水静置脱盐 48 h 后，用自来水冲洗 3 次，再加自来水静置

脱盐 12 h 后用自来水冲洗 3 次备用。

（2）初粉碎。将沸水杀青的鲜菇（或脱盐菇）与水发香菇或鲜香菇，按 3∶2 的比例（重量比）置入绞肉机粉碎备用。

（3）胶体磨研磨。将上述初粉碎的菇块按 2∶3 的比例（体积比）加水（水发香菇水或其他菇杀青水）进胶体磨研磨，反复 4 次（碎细度 10～15 μm）备用。

（4）加辅料调配。在胶体磨研磨过程中加辅料，每 kg 菇加食盐 8 g，味精 20 g，白醋 24 mL，黄酒 20 mL，绵白糖 80 g，四川麻辣酱 60 g，辣椒色素 7 g，高粱色素 4 g（辣椒色素色价 100、高粱色素色价 20）。

（5）加增稠剂。先将琼脂完全熔化，按 0.2% 比例于 60℃下放入调配后的蘑菇酱中，边加边搅拌均匀。

（6）分装灭菌包装。将配制好的蘑菇麻辣酱分装 200 g 或 250 g 精制小玻璃瓶内，瓶口加聚丙膜（膜厚 0.02 mm）一层，铁盖封口。蒸汽灭菌锅灭菌，98 066.5 Pa 压力下 45 min。在室温下加商标装箱打包。

3. 产品质量指标

（1）感官指标。色泽呈酱红色，麻辣爽口；形态为半固体，为酸性食品。

（2）理化指标。水分 65%～70%，干物质 30%～35%，食盐 0.8%，粗蛋白 2.8%～3.8%，脂肪 2.0%～2.2%，碳水化合物 45%～48%，pH4.0～4.5。

（3）卫生指标。细菌菌落总数≤3.00 个/毫升，大肠菌群≤30 个/100 mL，致病菌不得检出，保质期 6～8 个月。

（十二）蘑菇浸膏

蘑菇浸膏是利用担子菌胞外酶制剂及其他辅料参与的先进汁液抽提工艺研制而成的一种能再现蘑菇特性的高级浓缩自然营养品。其性状稳定，营养价值极高，可根据人们不同的饮食习惯而调配成各种风味饮料。本工艺具有汁液浸出物获得率高、产品性状稳定等优点。

1. 工艺流程

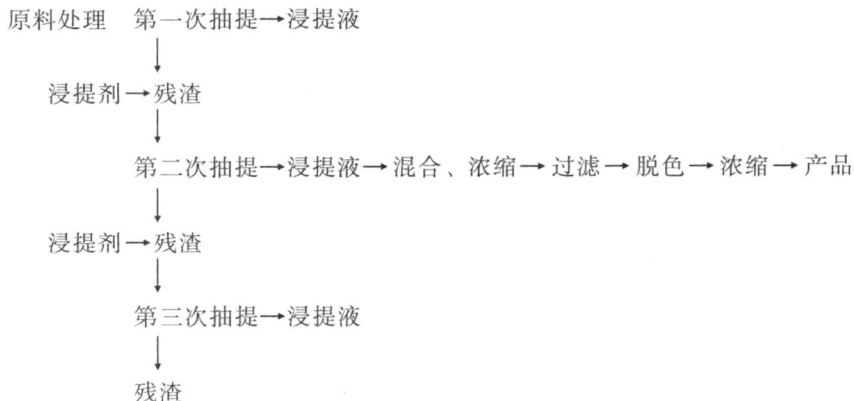

2. 操作要点

（1）原料处理选择新鲜、无病残、无虫蛀的蘑菇原料，置于清水中洗净，沥水备用。

（2）抽提。

①第一次抽提。将沥水后的原料加入含 0.5% 柠檬酸、0.07% 维生素 C，0.3% 金属螯合剂的混合液中，通过均质处理，使组织破坏，加热抽提。最适抽提温度为 78℃左右，时

间 15 min，用 4000 转/分钟的离心机分离，得到第一次抽提液和残渣。

②第二次抽提。将残渣浸在一定量含 0.1％碳酸钠，0.2％食盐、pH 为 8～9 的混合溶液中，在 80℃～95℃条件下抽提 15 min。然后用 4000 转/分钟离心分离，得到第二次抽提液和残渣。

③第三次抽提。将残渣用担子菌酶制剂进行处理，最适 pH 为 4.5 左右，温度为 45℃～50℃，用 70 转/分的频率酶解 60 min，得到第三次抽提液。

（3）混合、浓缩将 3 次抽提液混合在一起，于 50℃～55℃下真空浓缩，程度为原体积的 1/10。然后进行过滤，用 100 目筛的活性炭尼龙 66（2∶1）滤层过滤。

（4）脱色、浓缩将滤液进行脱色；然后在真空条件下浓缩 1/10 体积，即得蘑菇浸膏。

3．注意事项

（1）在金属螯合剂浸提液中添加柠檬酸可将 pH 降到酶的活性以下，维生素 C 能抑制酶的活性，防止抽提液氧化变色变味。加入聚磷酸和柠檬酸钠作为金属螯合剂，能除掉原料组织与酸性多糖结合着的金属，会促使原料组织破坏。

（2）加入碱液、酶制剂。加入碱液的目的是进一步降解残渣中的半纤维素成分。加入酶制剂，利用破坏菌丝细胞壁，使蛋白质分解，可大大提高浸出物获得率，能达到 87％以上，一般方法的获得率只有 22％左右。

（十三）糖醋蘑菇

1．原辅料及配比

蘑菇 50 kg，食醋 50 kg，红绵糖 20 kg，柠檬酸 50 g，氯化钙 50 g，食盐 1.5～2 kg。

2．工艺流程

原料选择→整理及清洗→烫漂杀青→硬化→糖醋卤浸渍→压缸→成熟→包装→成品

3．操作要点

（1）原料选择。挑选新鲜、幼嫩、无虫蛀、无病斑的蘑菇作为加工原料。

（2）整理及清洗。将原料清除杂质，剪去菇柄部分，分开成丛的菇体，再用自来水清洗干净。

（3）烫漂杀青。将菇体置不锈钢或铝锅中，加水（加 0.1％柠檬酸）煮沸 1 min，或用 80℃～90℃热水（加 0.1％柠檬酸）浸泡 5～6 min，捞出投入水中冷却。

（4）硬化处理。将冷却后的菇体用 0.1％氯化钙水溶液硬化 30 min（溶液与蘑菇之比为 2∶1），硬化完毕取出，用自来水漂洗干净，并沥去水分。

（5）糖醋液的配制。食醋质量要求：呈琥珀色或红棕色；具有食醋特有的香气，无其他异味，酸味柔和，稍有甜感；澄清，无悬浮物和沉淀物，酸度为 2.5％。配制：将醋液煮沸，加入 40％的红绵糖并不断搅拌，使其完全溶解，再加入 3％～4％的食盐（用少量醋液化开后加入），冷却备用。

（6）糖醋卤浸渍。将配制好的糖醋卤倒入缸中，投入蘑菇，置于阴凉处，无须覆盖，前 3 天每天压菇体一次，以后视情况而定，以使菇体上下浸渍均匀，浸 30 d 左右即可。

（7）成品包装。成品味道酸甜适中，质地脆嫩且有韧性，呈琥珀色或红棕色。将产品用无毒塑料袋包装密封出售，或将成品从老卤汁中捞出装坛，以泡花碱涂刷于纸上（4 层）封口。

4．注意事项

（1）卤汁再利用。测定老卤汁中的糖度和酸度，通过加入食醋、糖、盐调成上述配比，可以再利用。

（2）防腐措施。夏季气温较高，蘑菇易被杂菌污染，发黏、发霉，可加入苯甲酸钠防腐剂，但用量不宜过大，以 0.1% 为限，或将卤汁煮沸灭菌后再用。

（3）甜味剂的使用。为降低产品成本，减少绵糖用量，可在糖醋液中加入 0.03% 糖精，使绵糖用量由 40% 降至 25%，产品风味不变。

（十四）用杀青水制作蘑菇精

蘑菇杀青是蘑菇加工过程中必不可少的一个环节。过去，对蘑菇杀青水，一般都作废水处理。如果用蘑菇杀青水制菇精，不仅可废物利用，而且能实现增值。用蘑菇杀青水制菇精的方法分下列几步。

1. 过滤

将收集到的蘑菇杀青水用纱布过滤，滤去其中的蘑菇碎片及各种杂质。

2. 浓缩

将经过过滤的蘑菇杀青水倒入锅内，加热浓缩，并加入适量的碳酸钠中和，将 pH 调节到 6.5 左右；然后，在每 80 kg 浓缩液中，加食盐 20 kg，边加热边搅拌，使食盐完全溶化，并随时捞出泡沫；一直加热至 70℃，促使浓缩液中有物质沉淀，并澄清。然后，再将沉淀、澄清的浓缩液放入容量为 50L 的夹层锅内加热浓缩，其每次放入量为 30L。当液体浓缩至黏稠时，停止加热。

3. 加料

在停止加热的浓缩汁中，加入预先调制好的辅料。辅料配方：味精 450 g、蔗糖 2.40 kg、食盐 7.20 kg、苯甲酸钠 5 g。加入的辅料与浓缩液充分搅拌均匀，再趁热取出干燥。

4. 粉碎

将干燥后的固形物，粉碎成均匀颗粒状，分装入袋并密封，即为菇精成品。

（十五）豆酱蘑菇

将鲜蘑菇洗涤干净（干菇用水泡发后再洗），在 80℃ 热水中浸泡 10 min，使其软化，切成适当大小的菇丁，用离心或压榨方法脱水，浸入调味豆酱中腌制。调味豆酱的配方如下：鲜菇 500 g，豆酱 1 kg，味精 4 g，核酸类调味料 1 g，食醋 40 mL，柠檬酸 0.1 g，蔗糖 200 g，辣椒粉 2 g，山梨酸钾 1.4 g。在腌制时，因发酵会出现涌沸现象，因此，加水不能太满。腌制成熟时，加入山梨酸钾，再加热处理，可保存 6 个月。

（十六）蘑菇泡菜

1. 原料

蘑菇、白菜、甘蓝、芹菜、扁豆、莴苣、胡萝卜、花椒、尖辣椒、生姜片、黄酒（或烧酒）、精盐。

2. 腌制技术

将要腌制的蘑菇和蔬菜洗净，切成薄片或细条，备用。煮盐水，每 10 kg 水中加入 80 g 精盐，尖辣椒 300 g，生姜片 200 g，黄酒（烧酒）300 mL，花椒 20 g。煮沸后冷却，加入切好的菜料，封口，在室温下经过 10 d 自然发酵，即可食用。

第四节　金针菇

金针菇又名金钱菇、枸菇、冬菇、朴菇、构菌、冻菌、黄耳蕈，属担子菌门、层菌纲、伞菌目、口蘑科、金针菇属。因其金黄细嫩的柄如金针而得名金针菇；又因其赤褐色、小细扣状的伞似金而得名金钱菇。

金针菇在自然界广为分布，中国、日本、俄罗斯、欧洲、北美洲、澳大利亚等地均有分布；在我国北起黑龙江，南至云南，东起江苏，西至新疆均适合金针菇的生长。金针菇不含叶绿素，不具有光合作用，不能制造碳水化合物，完全可在黑暗环境中生长，必须从培养基中吸收现成的有机物质，如碳水化合物、蛋白质和脂肪的降解物。金针菇是一种木材腐生菌，易生长在柳、榆、白杨树等阔叶树的枯树干及树桩上。可以说，金针菇既是一种美味食品，又是较好的保健食品，其国内外市场日益广阔。

一、金针菇的营养与保健功能

（一）金针菇的营养成分

金针菇不但色形艳丽，风味高雅，清鲜宜人，黏滑脆嫩，味道爽口，而且营养十分丰富。据分析，每 100 g 干品中含有蛋白质 31.23 g，脂肪 5.78 g，粗纤维 3.34 g，碳水化合物 60.2 g，钙 16 mg，磷 280 mg，铁 9.8 mg，尼 g 酸 23.4 mg。此外，还含有维生素 B_2、维生素 C 以及胡萝卜素等。金针菇还含有 8 种人体所必需的氨基酸，其中赖氨酸、精氨酸的含量特别丰富。

（二）金针菇的保健功能

金针菇性寒、味咸，滑润，有利肝脏，益肠胃，增智，抗癌等功效。医学研究证明，金针菇的保健和药用价值是很高的，主要有以下几点。

1. 增强记忆，开发智力

长期食用金针菇，其中高含量的赖氨酸和精氨酸能促进儿童生长发育，不但体重和身高有明显增长，而且能增强，记忆力。

2. 具有抗癌功能

金针菇含有一种叫朴菇素的物质，这是一种碱性蛋白质，对癌细胞有一定的抑制作用，因此，金针菇被列为抗癌食品。

3. 具有抗衰老的作用

金针菇中含有人体必需的多种氨基酸、活性多糖、多种维生素和微量元素，对成人有增强记忆和抗衰老的作用。

4. 其他功效

成年人，尤其是中老年人长期食用金针菇可预防和治疗肝炎及溃疡病，还可降低胆固醇，预防高血压。

因此金针菇被人们称为"超级食品"，日本还称其为"增智菇""一休菇"。但是，金针菇并非人人皆宜。传统医学认为，金针菇性寒，脾胃虚寒、慢性腹泻的人应少吃；关节炎、红斑狼疮患者也要慎食，以免加重病情。值得注意的是，金针菇一定要煮熟再吃，否则容易引起中毒。因为新鲜的金针菇中含有秋水仙碱，人食用后，容易因氧化而产生有毒的二秋水仙碱，它对胃肠黏膜和呼吸道黏膜有强烈的刺激作用。一般在食用 30 min～4 h，会出现咽干、恶心、呕吐、腹痛、腹泻等症状；大量食用后，还可能引起发热、水电解质平衡紊乱、便血、尿血等严重症状。

二、金针菇的保鲜

（一）低温保鲜

把金针菇放在温度低、湿度较大、光线较暗的地方，温度要保持在 4℃～5℃，最好装入塑料口袋之中，这样便于保湿。金针菇能贮藏 5 d 左右，品质基本不变，只是重量稍减轻一些。冷藏最好不要超过 1 周，否则，金针菇颜色就要变黄，风味也会变劣。

（二）冷冻保鲜

金针菇冷冻贮藏温度在 0℃以下。冷冻贮藏前，必须先把金针菇放在沸水中处理一定时间，看菇体大小及容器而定，一般需要 4～8 min 即可，以抑制菇体内酶的活性。进行处理之后，迅速用冷水（最好放在 1％柠檬酸溶液中）冷却，然后滤去水分。包装好，迅速冷冻藏于冰库之中，用时再解冻。

（三）真空包装保鲜

把鲜金针菇按一定的重量（一般是 100 g 一袋）装入塑料袋，用真空封口机中抽真空，以减少袋内氧气，隔绝鲜金针菇与外界的气体交换，这样可控制呼吸率从而降低代谢水平。经真空包装，常温下也能保存 1 周，如果再加上冷藏，则可保藏 1 个月，品质和风味基本不变。这是目前鲜金针菇保鲜中最有效的一种方法。

但是由于袋内缺乏氧气，贮藏时间过长（常温 7 d 以上，冷藏 1 个月以上），金针菇的颜色会变黄，风味变差，出现厌氧呼吸。在高度缺氧时，会产生梭状芽孢杆菌毒素。因此，必须引起注意。

（四）化学保鲜

1．焦亚硫酸钠浸泡

金针菇采后经去杂、漂洗干净，用 0.1％～0.25％焦亚硫酸钠浸泡 10～20 min，沥干，塑料袋包装，每袋 3～5 kg，在 20℃～25℃温度下保存，可保鲜 7～10 d。

2．喷抗坏血酸

金针菇采后为了防止褐变，可往鲜菇上喷洒 0.1％抗坏血酸溶液，装入非铁质容器，于－5℃～0℃低温下贮藏，可保鲜 24～30 h，其鲜度、色泽基本不变。

三、金针菇的加工

（一）低糖金针菇脯

低糖金针菇脯是在传统果脯生产的基础上加以改进、提高，以葡萄糖代替了部分蔗糖，并采取了少煮多浸原则，用较低糖度的糖浆液煮制，降低了成品含糖量，缩短了生产周期生产的一种产品。同时使用具有保健作用的可食性胶质膜代替了传统的蜜饯类食品糖衣，使产品能很好地保持金针菇原有体态，成品栩栩如生，并解决了蜜饯类食品甜腻粘手的问题。

1．工艺流程

选料→修整→烫漂→硬化→水漂→糖渍→煮制→胶膜化→回漂→烘干→包装→检验→成品

2．工艺要点

（1）原料选择与处理。选择金针菇菌伞较小的品种，菇体充实饱满，八九分成熟，色泽正常，无异味，无机械损伤。原料采收后，立即投入 0.03％焦亚硫酸钠溶液中，迅速运至生产厂家加工，以保持其原有风味。

（2）修整。用不锈钢刀修削菇柄下部变褐部分，控制其长度在 10～12 cm，要求菇柄长短一致。

（3）烫漂。将修整好的金针菇投入沸水中，继续加热煮沸 1～3 min，捞出后立即放入冷水中冷却，捞出沥干。

（4）硬化。配制 100∶5 的石灰水，把金针菇浸入石灰水中，菇与石灰水比例为 1∶1.5。浸渍 12 h 后，用清水漂洗 48 h，以灰汁漂尽为止。

（5）糖浆熬制。按白砂糖和葡萄糖 1∶1 的比例，加一定量的水煮沸溶液，配制 50％的糖液。并加入 0.5％的柠檬酸、0.05％的苯甲酸钠防腐剂（以糖液重量百分比计）。用 4 层纱布过滤，待用。

（6）糖液冷渍。漂净的金针菇沥干水分加入冷糖液中浸渍 24 h 后再加白砂糖，继续浸渍 24 h。菇与糖液比为 1∶2 左右。

（7）加热糖煮。将金针菇与糖液一起倒入锅中，加热煮沸，用糖度计测定其糖度，并加入白砂糖，保持文火煮沸，最后测定其糖度达 55％时，便可起锅。

（8）胶膜化。处理分别配制 1％～5％的海藻多糖胶液和氯化钙溶液。配制海藻胶液时须先将其溶解于水中，一边搅拌一边少量加入，搅匀 2～3 h 后便可使用。

把金针菇浸入海藻胶液里或在金针菇表面均匀地喷涂一层胶液，再放入氯化钙溶液中进行钙化处理成型，即可将金针菇包裹在二层薄而透明的胶膜内。

（9）回漂。成型后的金针菇放入干净的清水中回漂，以除去涩味。

（10）烘干及包装。脱涩后捞出放入烘箱内 50℃～60℃干燥，去除其表面水分。整理外观使其一致，装入硬塑食品盒或食品塑料袋中，封口、密封保存，检验入库。有条件者，可采用真空或充氮气气体包装。

3．质量要求

（1）成品感官指标。色泽：外表光滑发亮，呈金黄色，略有透明感。外观：组织饱满，保持本品种原有的外形特征，如小伞状。口感：柔滑清脆，甜酸可口，无不良气味，带有金针菇芳香。

（2）理化指标。总糖 45％～50％，水分 14％～18％。

（3）卫生指标。细菌总数≤750 个/g，大肠菌群≤30 个/100 g，致病菌不得检出。

（二）金针菇方便食品

金针菇营养丰富，质地脆嫩，制作方便食品有重量轻、体积小、贮运方便、易于开启、便于食用等特点，具体制作工艺可分为下列步骤。

1．原料

选择未开伞、菌盖直径 1.5 cm 以下，菌柄 8.15 cm，白色或淡黄色新鲜金针菇，要求无畸形、无破碎损伤，并按等分级。

2．预处理

用 0.03％焦亚硫酸钠溶液或 0.6％食盐溶液浸洗 5 min，然后用流动水冲洗多次，洗去残留焦亚硫酸钠溶液，然后投入煮沸的 3% 食盐溶液中，预煮 3～5 min，以菇体中心熟透为准。一般 100 kg 预煮液加 20 kg 鲜菇，边煮边搅拌。预煮后迅速放进流动水中冷透。

3. 硬化

将冷却后的金针菇浸入 0.1% 氯化钙溶液中约半 h，取出用清水漂洗。

4. 装袋

选用由聚酯、聚乙烯复合而成的复合袋，每袋 150 g。注意排列整齐，菌盖朝向一致。

5. 配汤封口

在清水煮沸后加入 0.06%～0.08% 的柠檬酸和 2% 食盐配成汤料，每袋加汤 70 g。用真空液体包装机，使加汤、抽真空和封口同时完成。

6. 杀菌

采用加压杀菌，反压冷却，杀菌温度 121℃，时间 5～10 min，杀菌后逐级冷却到 40℃ 以下，然后放于 37℃±1℃ 的室内保温 5～7 d。

7. 成品检验

对产品进行感官、微生物学检验，理化指标测定，符合标准，可包装出厂。

（三）金针菇油炸膨化食品

1. 基本配方

玉米淀粉 40 kg、面粉 18 kg、金针菇干粉 5 kg、白糖 2 kg、食盐 1 kg。

2. 工艺流程

原料→搅拌→熟化→成型→干燥→油炸膨化→脱油→调味→包装入库

3. 操作要点

（1）原料选择。

①金针菇选择新鲜、无虫蛀、无腐烂、无杂质的金针菇。

②玉米淀粉选择符合 GBT8885—1988 的食用淀粉。

③白糖洁白干燥、无异味、纯度不低于 99.5%。

④色拉油选择淡黄或黄色透明澄清的色拉油，气味正常，无异味，高温（280℃）加热，油色不变深、无异物析出，酸价＜5，水分＜0.25%。

⑤精盐选择洁白干燥的精盐，含氯化钠 98.5% 以上。

⑥面粉选择符合 GB 1355—1986 的面粉。

（2）金针菇干粉制备

鲜金针菇→去杂→烘干→粉碎过筛→成品→冷藏备用

（3）膨化食品制作

①拌料按上述配方备料投入转速 4000 转/分钟的搅拌机，时间 3 min，加水 25%。

②熟化成型经双螺杆挤出熟化机熟化，再经过机头的模具造型，大小一致，厚薄均匀。

③干燥将成型的坯料在 40℃～45℃ 下干燥 12 h，成为水分达 8%～9% 的干坯料。

④油炸膨化采用色拉油，油温 190℃～200℃，油炸时间为 10～15 s。

⑤脱油采用低速离心机脱油，转速为 1500～3000 转/分钟，时间 3 min。

⑥调味包装根据不同需要可调成椒盐、麻辣等口味。

⑦包装采用复合袋充氮包装，防止成品破碎吸湿。

4．产品质量标准

（1）感官指标。色泽微黄，有光泽，均匀一致；口感细腻化渣，酥脆可口。

（2）理化指标。水分4%，蛋白质（以干基计）2.5%。

（3）微生物指标。无致病菌及因微生物引起的霉变现象。

（四）酸辣金针菇

1．工艺流程

精炼植物油→加热→加花椒→加辣椒→鲜菇→挑选称重→洗涤杀青→控水→调制腌渍→分装封口→灭菌

2．操作要点

（1）挑选时可选择未开伞、菇柄苗壮、无病虫害、菌柄长度10 cm的新鲜金针菇。如果菇柄相连则需要撕开。称取50 kg，在清水中漂洗干净。

（2）水煮杀青时可用不锈钢锅将水烧开后，把整理好的金针菇放入其中，煮3～5 min，捞出迅速用凉水冷却，然后控去多余水分。

（3）调味汁的配制。将精炼植物油（脱色、脱臭、脱杂）2 kg倒入不锈钢锅中烧至250℃左右，将花椒放入其中炸至花椒变色时捞出，再放入整辣椒也炸至变色后捞出，再把油温降至120℃后，将2 kg老陈醋倒入煮沸3 min；然后加入精盐700 g、味精50 g、酱油1 kg即可。

（4）调制时可将调味汁倒入金针菇中，拌匀，腌渍1 h。

（5）装袋、灭菌可按每袋100 g，将金针菇装入准备好的塑料包装袋中，送入真空封口机封口。灭菌采取巴氏灭菌法，灭菌条件为70℃～72℃，时间30 min。

3．产品质量指标

（1）感官指标。色泽金黄，具有金针菇特有香味，口感酸、辣、滑、脆，回味悠长。

（2）理化指标。总酸0.5%～0.6%。

（3）卫生指标。细菌总数＜100 个/100 mL，大肠杆菌＜3 个/100 mL，致病菌不得检出。

（五）五香金针菇干

五香金针菇是很好的旅游小吃食品，还可凉拌或炒食。

1．原料

鲜金针菇5 kg，五香粉10 g，酱油500 mL，水5 L。

2．制作

（1）整料。选取菌柄长15 cm左右，色泽淡黄，没有病虫害的未开伞金针菇，切除菇脚，去除污物杂质，洗净沥水备用。

（2）煮制。在铝锅内放入5 L水，500 mL酱油，10 g五香粉。烧开后，将金针菇分两批加入锅内，煮制5 min，使金针菇入味，即熟而不烂，然后捞出，沥干水分。

（3）晒干。将煮制沥水后的金针菇放在竹筛里，在太阳下晒干或在烘房内烘干，其间要翻动几次，防止金针菇粘在烘筛上。五香金针菇的制得率在40%左右。

（六）金针菇丹皮

1．工艺流程

原料清洗、漂洗→软化制浆→浓缩→摊盘→烘烤→包装

2．操作要点

（1）原料清选与漂洗。利用残、次原料，剔除杂质及腐烂、病害、变质菇，用清水漂洗干净。

（2）软化。将清选好的原料倒入开水中烫煮 3 min。煮制要用铝锅，不要用铁锅及铁具。每 75 kg 菇加水 35 kg，亦可加 50％左右的胡萝卜、大豆、水果、甜玉米、薯类等代用原料并煮。

（3）制浆。将软化的金针菇混合料（含有一定量水）用胶体磨或打浆机制浆。采用立式打浆机，配孔径 0.6 mm 不锈钢制筛板，以 300 转/分钟的搅拌桨搅拌，原料均匀加入，浆液从筛底流出。将打好的混合菌肉泥放入夹层锅中，加 50％的砂糖和适量的柠檬酸调制，然后每 100 kg 菌肉泥料加入食用红色素 30 g，搅拌至色泽鲜红。

（4）浓缩。浆液倒入夹层锅中熬煮，不断搅拌以免焦糊。有条件的用真空浓缩锅或薄膜蒸发器浓缩效果更好。家庭制作可用铝锅在明火上浓缩成稠糊状即可。

（5）摊盘。将长 45 cm、宽 40 cm、底边厚 4 mm 的木模放在 6 mm 厚的钢化玻璃板上，用勺子倒入金针菇菌泥浆后，用木板压刮摊成厚 4 mm 的薄层菌浆。烘盘也可用不锈钢盘等，家庭制作可用插瓷茶盘代替。

（6）烘烤。将摊有金针菇菌浆的钢化玻璃板置烘烤架上，在 65℃～70℃ 下烘烤 12～16 h，用手摸菌皮不粘手、揭起呈皮状时即可从烤房中取出（含水量 18％左右）。为揭皮方便，可在盘上涂一层薄薄的食用油。

（7）包装。出烘房后要趁热揭下菌皮，按需要切片、制卷、切段，以透明玻璃纸或无毒食品塑料薄膜包装即可出售。

（七）金针菇冲调粉

金针菇冲调粉，视原料玉米的品种、色泽可从乳白至乳黄，菌香浓郁，口感香甜，冲调性能甚佳，稀可作饮料，稠可作方便食品，有很高的营养保健价值。

1．工艺流程

玉米→清杂→淘洗→浸泡煮沸→配料①→分装灭菌→接种培养→破碎→烘干→配料②→挤压膨化→粉碎→配料③→称量→包装→成品

2．工艺流程

（1）配料①加碳酸钙，所加的钙既供金针菇菌丝发育所需，也是冲调粉中钙的主要来源（包括金针菇菌丝吸收和转化的钙），使冲调粉的含钙量和钙的有机化程度大为提高，增加了冲调粉的补钙功能，必要时还可将碳酸钙配比增加到 25％～30％。

（2）配料②加大豆，添加量为 10％～20％，以提高产品的蛋白质含量，具体添加量视产品品种而定，亦可用去皮花生仁代替大豆，进一步提高产品档次。

（3）配料③添加甜味剂等成分，以使产品获得最佳口感，所用甜味剂可以是蔗糖或低聚糖，亦可用蛋白糖等合成甜味剂，添加量视甜味剂品种而定。尽管添加蔗糖可增加产品数量，但现在食品消费的倾向是低糖低脂，而且人群中比例颇高的糖尿病患者不能食用含糖食品，故应综合考虑。为进一步提高档次，还可适量添加奶粉和其他营养保健成分。

（八）金针菇面条

1．工艺流程

麦粒→浸泡→灭菌→冷却→接种培养→烘干粉碎→筛分→和面→压片→阴干

2．操作要点

（1）菌粉的制备。将麦粒用清水浸泡至含水量为 65％后，装入瓶或塑料袋中，在 0.15 MPa 下灭菌 2 h 或常压灭菌 6～8 h，待冷至 25℃时在接种箱或接种室内接入金针菇原种。接种后在 20℃左右的温度下培养 25～30 d 即长满菌丝。将麦粒菌丝从瓶或袋内挖出，在 60℃的温度下烘干，再用粉碎机粉碎，过 100 目筛，即得菌粉。

（2）和面。按 1 kg 菌粉加 9 kg 富强面粉、3 kg 豆浆的比例配料，另加 1％的葡甘露聚糖，水量视情况而定。按要求配料后倒入搅拌机内，搅拌 10～12 min，至面粉彼此黏结形成面筋并有一定延伸性为止。然后将拌和的面料在 25℃左右的温度下放置 15 min。

（3）压片。料坯熟化后应及时上机压片，先通过双辊压延，初步形成薄片，再通过数道压碾逐步压延，使面筋网络分布均匀，然后用轧片机将面片切成 1 mm 宽的面条。

（4）阴干。将湿面条放在低温条件下阴干，不宜在太阳或高温下干燥，否则面条易断裂，在温度为 15℃～20℃，相对湿度为 70％～80％，有一定风量的地方缓慢干燥即可。

（九）金针菇面包

1．配料

面粉 10 kg，金针菇粉 0.5 kg；白糖 2～3 kg，油 1.5 kg，鸡蛋 1.5 kg，鲜酵母 250～300 g，少量食盐、香精和饴糖。

2．制作

（1）第一次和面发酵。

将面粉与金针菇粉放在一起混合均匀，然后取出 1/3 混合粉加入鲜酵母拌匀揉搓，将揉透的面团放在 28℃下让其发酵。大约经 3 h 发酵，面团会明显膨胀，面团内会出现许多气孔。

（2）第二次和料发酵。

当第一次发酵的面团明显膨胀发酵时，可将剩余下的 2/3 混合粉和白糖等辅料，加水与发酵面团混合，揉搓均匀，进行第二次发酵，湿度掌握在 28℃左右。

（3）成型烘烤面团。

第二次发酵 2 h 后，即可将其做成圆形、椭圆形或其他形状，放在烤箱框上，让其在 28℃～30℃温度下醒发（第三次发酵）1 h。最后放入箱内烘烤，烘烤温度一般控制在 210℃～215℃之间，时间在 40 min 左右。金针菇面包烘烤结束后，待稍冷却后包装。

（十）金针菇酿制酒

1．工艺流程

原料→破碎→压榨→调整成分→前发酵→后发酵→贮藏→调配→过滤→离子交换→杀菌灌装→成品入库

2．操作要点

（1）破碎。鲜菇经检验称量后，立即用破碎机破碎。从采菇到加工以不超过 18 h 为好。

（2）压榨。破碎后的金针菇，用连续压榨机进行榨汁，并向榨汁中按每 100 kg 加 12～15 g 二氧化硫护色、杀菌。

（3）静置澄清。每升液汁中加 0.1～0.15 g 果胶酶，充分混匀后静置、澄清，一般 24 h 内可得到澄清汁液。

（4）调整成分。将澄清汁液用虹吸法进行分离，上清液泵入不锈钢发酵罐中，汁液不应超过罐容积的 4/5，以免发酵时醪液溢出损失。用白砂糖调整糖度至 22%～23%。

（5）前发酵。向发酵罐中接入 5%～10% 的酵母菌或活性干酵母，充分搅拌或用泵循环均匀，片刻后前发酵开始，经 3～5 d 即可转入后发酵。

（6）后发酵。采用密闭式发酵，入池发酵液占罐容积的 90%，温度控制在 16℃～18℃，经 1 个月后发酵结束，取样进行酒度、残糖等各项理化指标的检验分析。

（7）贮藏管理。后发酵结束 8～10 d，皮渣、酵母、泥沙等杂质在自身重力作用下已沉积于罐底，及时将它们与原酒分开，进行第一次开放式（接触空气）倒池，补加二氧化硫至 150～200 mg/L，用精制酒调整酒度至 12～13 度，在原酒表面加一层精制酒封顶。当年 11～12 月进行第二次半开放式（少接触空气）倒池，经常检查，及时做好添池满罐工作，次年 3～4 月进行密封式（不接触空气）第三次倒池，此时酒液澄清透明，可在液面上加一层精制酒封顶，进行长期贮藏陈酿。

（8）配制。根据产品质量指标，精确计算出原酒、白砂糖、酒精、柠檬酸等用量，依次加入配酒罐中，充分搅拌混合均匀，取样分析化验，符合标准后即可进行过滤操作。

（9）过滤。采用板框过滤机过滤。

（10）杀菌、灌装。温度控制在 68℃～72℃ 进行巴氏杀菌 15 min，灌装、封口、贴标、装箱，即为成品金针菇酒。

3．产品质量指标

（1）感官指标。色泽呈淡黄色泽；具有金针菇的清香和纯正的酒香；酸甜适口，风味独特，典型性强。

（2）理化指标。酒度 7～10 度；糖度 10%～12%；总酸 5～6 g/L；挥发酸 0.8 g/L 以下；总二氧化硫 200 mg/L 以下，游离二氧化硫 30 mg/L 以下；铁 5.5 mg/L 以下。

（3）微生物指标。细菌总数＜100 个/毫升；大肠菌群＜3 个/100 mL。

（十一）金针菇酸奶

1．工艺流程

鲜金针菇→清洗-打浆→浸提→过滤→配料→均质→灭菌→冷却→接种→灌装→发酵→后熟→成品

2．操作要点

（1）金针菇汁制备。选择新鲜优质金针菇，去除菇根，清洗干净，用组织捣碎机打浆，同时加入 3 倍于金针菇重量的水、0.1% 柠檬酸和 0.05% 的抗坏血酸（按溶液重量计），在 90℃ 下浸提 30 min，用 100 目滤布过滤后即得金针菇汁。

（2）酸奶发酵剂制备。选用保加利亚乳杆菌和嗜热链球菌，按 1∶1（按活菌数计）的比例，用脱脂牛奶和鲜牛奶作培养基制备发酵剂。方法如下：纯培养菌种活化（试管）→母发酵剂制备（三角瓶）→中间发酵剂制备（发酵桶）→工作发酵剂制备（发酵罐）。前三步采用脱脂牛奶做培养基，第四步以鲜牛奶为培养基：培养基在 90℃ 下灭菌 15 min，再冷却到 42℃ 接种，逐级进行培养，各级培养温度均为 37℃，时间 24 h。待工作发酵剂的酸度达到 1% 左右，活菌数在 10^8 个/毫升以上时，置于 4℃ 冷藏室备用。

（3）配料。将金针菇汁与鲜牛奶按 1∶3（v/v）相混合，加入配料重量 0.3% 的 CMC 和 8% 的蔗糖，充分搅拌。

（4）均质、灭菌。浆料液预热至 60℃，在 15 MPa 压力下均质两次，然后 95℃下灭菌 5 min，冷却至 42℃。

（5）接种、灌装。在无菌操作条件下，按混合料的 3%加入工作发酵剂，充分搅拌 10 min，无菌灌装。

（6）发酵。灌装后送入恒温培养箱，在 42℃发酵 3.5 h，达到凝固状态终止。

（7）后熟。将发酵好的凝固酸奶迅速移入 4℃冷藏室进行后发酵，24 h 后即得产品。

（十二）金针菇精

1. 工艺流程

金针菇→脱氧清洗→漂洗去根→热烫→切段榨汁→滤汁、配料混合以均质→浓缩脱气→定量→装盘→真空浓缩→真空干燥→分块破碎→包装检验

2. 金针菇精配方（100 kg）

金针菇汁 25 kg，蔗糖 58 kg，麦芽糊精 20 kg，麦芽糖 15 kg，液体葡萄糖 9 kg，蛋白糖 2 kg，黄原胶 8.0 kg，柠檬酸 1.0 kg，果胶 0.5 kg，维生素 C0.5 kg，乙基麦芽酚 0.08 kg。

3. 操作要点

（1）脱氧清洗。金针菇采收后浸入 0.03%焦亚硫酸钠、0.5%食盐溶液（100 中 g 清水中加入 0.03 kg 焦亚硫酸钠、0.5 kg 食盐溶解）中浸洗 5～8 min，使棉籽壳、泥沙等杂质清洗干净；接着，捞出，沥干，在另一 0.03%焦亚硫酸钠溶液中护色 5 min，即可捞出。

（2）漂洗。去根经护色的金针菇，用流动水洗净固体残留的焦亚硫酸钠和食盐，然后用不锈钢剪刀去除菇体根基部。

（3）热烫。配制 0.03%柠檬酸水；煮沸后，按热烫水与金针菇为 2∶1 的比例加入，烫漂 3 min 以钝化酶的活性。

（4）切段榨汁。金针菇经热烫后用手工或斩拌机将其斩切成小于 5 mm 菇段或菇片，然后用螺旋榨汁机榨汁，选用筛孔孔径 0.5 mm，并用调整装置改变螺杆锥形部分与筛孔之间的环形空隙，以保证榨汁率和菇汁质量。

（5）滤汁。采用离心过滤，滤布 20 目，离心机转鼓转速 1600 转/分钟，滤汁可溶性固形物 1.0%～1.5%（以折光计）。

（6）配料混合。

①溶制糖浆。100 kg 砂糖加 50 kg 水加热溶解，保持 95℃以上 15 min。再加入麦芽糖、液体葡萄糖，维持 80℃～85℃，15 min。

②混合小料。将阿斯巴甜、黄原胶、柠檬酸、果胶、维生素 C、乙基麦芽酚等小料按配方规定比例称量与部分麦芽糊精混合均匀，再将剩余部分麦芽糊精充分拌和均匀，备用。

③混合。依次将金针菇汁、糖浆转入搅拌缸内，充分搅拌均匀，以备均质。

（7）均质。用胶体磨乳化均质。均质前，调节手柄，使两盘间距接近 0.05 mm。

（8）浓缩脱气。转入真空浓缩锅进行真空浓缩，以排除料液中大量空气，防止干燥过程溢盘。控制浓缩终点，用波美表测定，以 32～35°Bé 最佳。

（9）定量装盘。定量要适宜，过多会引起溢盘；僵块，或在拉比容阶段时碰顶，引起焦化。过少则生产效率低，产生焦块。

（10）真空干燥。在真空干燥箱内进行。全过程可分为四个阶段。

①升温加热阶段，即沸腾阶段。烘箱装满烘盘后，关紧烘箱大门，开足真空阀门，真空吸力将大门吸紧关严，逐渐开启蒸汽阀门，蒸汽压力为 0.3 MPa，真空度达 0.0973～0.0984 MPa 时，料液开始受热沸腾，水分不断蒸发，料液越来越浓，蒸发气泡渐少渐小时，升温加热阶段达到终点。

②回真空阶段。升温加热阶段结束后，把真空降到 0.0906～0.0946 MPa，目的是通过降低箱内真空度适当提高箱内温度，缓和气流速度，调整干燥条件，防止物料表面水分蒸发快，形成上干、中潮（夹生）、下焦等不现象。当料液气泡鼓而不破时即可进入拉比容阶段。

③拉比容阶段。首先关闭蒸汽阀门，利用烘箱内余热排除余下水分。箱内温度开始下降。真空度相对提高，在此情况下，物料体积开始逐渐膨大、升高。从窥镜严密观察，调节真空防止碰顶或膨大太慢。为使物料烘干后疏松多孔结构均匀，膨胀彻底，拉比容阶段初期，当料液膨犬，升高到最高点时，降低真空，使料液膨大收缩；然后再升高真空使料液重新膨大。这样反复 2～3 次，再使之膨胀到最大，即可进行稳定的膨胀干燥。当料液表面出现较好的晶亮度，降低真空时收缩很慢，拉比容达到终点。此阶段是干燥的关键，严格控制温度，不得超过 70℃。

④冷却阶段目的是使金针菇精定型，成为疏松、多孔和脆性的组织状态，以利于分块、粉碎、包装。冷却时间根据水温高低而定，一般水温在 20℃～25℃，冷却时间为 25～30 min，出箱后的金针菇精应在相对湿度 50％以下进行粉碎、包装。

（11）分块粉碎。分块就是剔除不干及焦糊部分。分块清检后应立即投入破碎机破碎成细小晶块。及时包装、检验。

4. 成品标准

（1）感官指标。色泽黄白色至微淡黄色；具有浓郁的金针菇清香风味，甜度适宜，无焦糊味或其他异味；组织疏松、多孔、脆性颗粒状，大小均匀，不结块。允许有少部分粉末存在；在 80℃水中迅速完全溶解，无分层沉淀现象。

（2）理化指标。水分＜2％；总糖 65％～70％；颗粒度＞85％；溶解度＞95％；比容＞200 mL/g。

（3）卫生指标。重金属等含量：每 kg 制品中铅≤0.5 mg；砷≤0.5 mg；汞≤0.04 mg；六六六≤0.3 mg；滴滴涕≤0.2 mg。微生物指标：细菌总数＜5000 个/g，大肠菌群＜30 个/100 g，致病菌不得检出。

（十三）金针菇汤料

1. 选料

以新鲜金针菇为原料，加工前应清除菇柄黏附的杂质和霉烂菇，在水中漂洗干净后晾干。

2. 粉碎

先在加有添加剂的特定沸水中烫漂几分钟，然后及时干燥、粉碎，并用分样筛过筛。

3. 包装

把原料称重分装到防潮小袋内，并密封，套上高档包装即可。

（十四）金针菇风味酱油

1．工艺流程

金针菇浸泡→磨浆→渣浆分离→浆汁灭菌→接曲发酵→过滤→配兑→再次灭菌→进储料罐→灌装→包装→入库

2．操作要点

（1）浸泡。金针菇浸泡必须在 100℃以下、50℃以上热水浸泡 2 h 以上再磨浆。

（2）灭菌。发酵前浆汁必须通过瞬时灭菌器进行灭菌。

（3）发酵。浆汁进夹层保温发酵罐（池），在 4 h 内必须拌 10％的食盐，并接种液体曲霉曲种，利用小型通气泵发酵。发酵前 3 天保温 45℃左右，并加保鲜剂，后 4 天发酵添加强化剂，根据 pH 高低，7～10 d 结束发酵。发酵结束后，进压榨过滤机过滤，把发酵液打入配兑池。

（4）检测。按一定比例的金针菇发酵液、天然酱油、香草料进行配兑，然后检测。

（5）灭菌。经检测后的金针菇风味酱油再次进瞬时灭菌器中灭菌。

（6）储料。灭菌后的金针菇风味酱油再打入储料罐，再灌装、包装、入库、出售。

（十五）金针菇泡酸菜

1．工艺流程

原料选择、漂洗→预煮→冷却→入坛泡制→成熟整理→装袋→抽气→密封→杀菌→冷却→检验→成品

2．操作要点

（1）原料预处理。选择新鲜、幼嫩的菇（未开伞），用清水轻轻漂洗，切除菇脚，沥干后投入 0.1％柠檬酸沸水液中预煮数分钟。捞出冷却备用。

（2）盐水配制。食盐 8％～10％，砂糖 1％～2％，白酒 0.5％～1％，香料（花椒、红辣椒、茴香）适量，深井水或泉水充至 100％。

（3）入坛泡制。盐水配好后，盛入泡菜坛，再放入经预处理好的金针菇盐水，须淹没菇，并注意泡制期间的管理。金针菇泡酸菜成熟期，依气温、发酵状态及对成品的要求而定，一般 7～15 d，含酸量达 1％以上即可。

（4）整理装袋。金针菇泡菜成熟后，应及时取出整理装袋。要注意长短、色泽及金针菇的方向一致，摆放整齐，称量准确，装袋迅速。

（5）抽气、封口、杀菌、冷却。采用真空抽气封口，真空度 13332.2Pa 以上。由于酸菜金针菇含酸量高，采用巴氏杀菌即可达到灭菌目的，一般在 85℃～95℃下杀菌 10～15 min，迅速冷却。

（6）检验产品。经保温检查，感官、卫生指标检验合格，即可装箱，打包入库。

3．质量标准

（1）感官指标。乳黄色，香气正常，酸而味鲜，咸味适宜，质地脆嫩；无异味，无杂质。

（2）理化指标。食盐（以氯化钠计）≤12 g/100 g；总酸（以乳酸计）1.0～2.0 g/100 g；固形物≥295％；重金属指标符合 GB 2714—1981 规定；添加剂符合 GB 2760—1981 规定。

（3）微生物指标。大肠菌群 30 个/100 g；致病菌（致病性肠道菌和球菌）不得检出。

（十六）金针菇冰激凌

1. 工艺流程

金针菇母种试管斜面→金针菇菌丝体培养→匀浆→过滤→配料→混合→巴氏杀菌→均质冷却→老化成熟→凝冻→灌装→硬化成型→包装→冷库冷藏

2. 金针菇菌丝发酵液制作

（1）培养金针菇菌丝体。

配方为土豆 20%，蔗糖 2%，磷酸二氢钾 0.2%，硫酸镁 0.1%，维生素 B_1 0.002%。培养液配制好后，装入 500 mL 容量的三角瓶中，每瓶装 100 mL，并加入 10～15 粒小玻璃珠，加棉塞后再包扎牛皮纸封口。在 107 873～127 486 Pa 压力下灭菌 30 min，取出冷却到 30℃以下时，接入 1 块约 2 cm² 的斜面金针菇菌种，于 27℃下静置培养 2 d，再置往复式摇床上振荡培养，振荡频率 80～120 转/分钟，振幅 6～8 cm，在 27℃下培养 7 d。培养液中出现大量悬浮金针菇小菌丝球，可下摇床。

（2）匀浆、过滤。

将金针菇菌丝球和金针菇发酵液混合加入磨浆机磨成浆，并过滤发酵液。

3. 操作要点

（1）杀菌。

冰激凌的原料营养丰富，适宜微生物生长繁殖。为不影响其品质，加热时必须控温逐渐由低到高，不宜突然升高，最高不宜超过 77℃。当混合料达到 74℃，关闭蒸汽阀，保温 30 min。

（2）均质。

最适宜温度 63℃～70℃，压力 14.7～24.5 MPa。通过均质使物料多相体系更为稳定，减少乳化剂的使用，缩短物料的老化时间，提高产品的细腻和润滑感，改善物料发泡性，提高产品膨胀率。

（3）冷却与老化。

混合原料经均质处理后立即输入冷却设备中，迅速降温至 2℃～4℃，并置冷罐中，不断搅拌 4～6 h，进行物理成熟。目的是使蛋白质、脂肪、凝结物和稳定剂等物料充分水化溶胀，提高黏度，有利于凝冻搅拌时膨胀率的提高。

（4）凝冻。

凝冻工序对冰激凌的质量和产率影响很大。将老化后的物料输入到冰激凌凝冻机中，在 -4℃～-2℃下不断搅拌，使原料中的水分 40%～50% 都凝冻成微小的冰晶，使混合原料逐渐变得稠厚而成为半固体状态。

（5）灌注、成型与包装。

凝冻后的冰激凌为了符合贮藏运输及销售的需要，必须将制成的冰激凌，根据销售的要求进行灌注成型，成型冰激凌包装一般采用纸盒或塑料盒。

（6）硬化灌装。

好的冰激凌应迅速进行硬化，以固定组织状态。硬化使凝冻过程中剩余的水分形成极细小的冰晶，使产品硬度增加，保持模具所规定的冰激凌形状。

（7）冷藏。

冰激凌的冷藏库温度控制在－18℃以下，相对湿度在 85％～90％，此时贮存效果最好。

4．质量标准

（1）感官指标。菇香味浓，并具有金针菇冰激凌特有的菇香和奶香，香甜适中，无其他异味；表面光滑细腻、滑嫩、凝块均匀，无大冰晶；色泽呈淡黄色，均匀一致。

（2）理化指标。产品总固形物为 32％；还原糖为 27.4％；总氮含量为 4.8％。

（3）卫生指标。细菌总数≤2500 个/毫升；大肠杆菌≤150 个/100 mL；致病菌不得检出。

（十七）金针菇菌丝豆腐

1．原料配方

黄豆 200 g，金针菇麦粒菌丝 100 g，石膏 17.4 g，白砂糖及水适量。

2．工艺流程

原料→浸泡→磨浆→过滤、煮浆→加石膏→装缸密封→静置→成品

3．操作要点

（1）浸泡、磨浆。

黄豆无虫、无霉变、颗粒饱满；麦粒菌丝不染杂菌，无异味。两种原料用 30℃～35℃的清水浸泡 6～8 h，磨浆，然后用 4 层纱布过滤。黄豆、麦粒菌丝磨浆后出浆浓度为 1.5°Bé。

（2）煮浆、加石膏。

将过滤出来的豆浆加热到 95℃～100℃，加热时间应尽量缩短，然后放入点浆缸内。将浆液降温至 85℃时立即进行点浆，点浆时豆浆的 pH 要控制在 6.8～7.0。所用石膏可用温开水溶解，点浆的方法是左手将小口壶里的石膏液以细流缓缓滴入热豆浆中，同时右手用铜勺在豆浆中做划水状轻轻划动；使缸内豆浆全部上下翻转，直至滴加的石膏与浆液彻底混匀，蛋白质渐渐凝固与水分离。再把少量石膏液浇在上面，然后静置养浆，使蛋白质进一步凝固而不致过快收缩。待凝结即得产品。

若不及时食用，可置冰箱冰镇待用，保存期以 1 周左右为宜。

第五节　木耳

木耳俗称黑木耳、光木耳、细木耳等，属担子菌门、层菌纲、木耳目、木耳科、木耳属。木耳生于桑、槐、柳、榆、楮等朽树上，故又称五木耳。木耳主要分布于热带和亚热带的高山地区，主要产地在亚洲的中国、日本、菲律宾、泰国等。木耳属在全世界约 50 种，中国约有 10 种，如黑木耳、皱木耳、毛木耳、琥珀木耳、角质木耳、盾形木耳等。人类最早栽培的蕈菌就是木耳，源于中国。

黑木耳是中国特色产品，野生黑木耳分布很广，主要分布在北半球温带地区的东北亚，尤其我国北方地区。寒带没有黑木耳，热带和亚热带（除高山地带）也没有黑木耳，只有其近缘的毛木耳、盾形木耳等高温品种。我国野生黑木耳分布在东北、华中、华北以

及西南 20 多个省、自治区、直辖市，以东北黑木耳为最好。据报道，我国黑木耳的年产量和年出口量均居世界首位，其产量约占世界的 98％。

一、木耳的营养与保健功能

（一）木耳的营养成分

木耳是世界著名的四大食用菌（双孢菇、平菇、香菇、木耳）之一，是人们所喜食的食用菌，其形似人耳、质地细嫩、清脆爽滑。木耳的营养成分，据现代科学分析，每 100 g 干品中含蛋白质 10.6 g，脂肪 0.2 g，碳水化合物 65 g，粗纤维 7 g，钙 375 mg，磷 201 mg，铁 185 mg，此外还含有维生素 B_1 0.15 mg，维生素 B_2 0.55 mg，烟酸 2.7 mg。其中蛋白质、维生素和铁的含量分别比白木耳高出 1 倍、2 倍至 5 倍。在蛋白质中含有多种氨基酸，尤以赖氨酸和亮氨酸的含量最为丰富。由于木耳所含各种营养完善而丰富，所以被誉为"素中之荤"。

木耳历来深受广大人民的喜爱，常作为烹调各式中、西名菜佳肴的配料，或和红枣、莲子加糖炖熟，作为四季皆宜的美食，不仅清脆鲜美，滑嫩爽喉，而且有增加食欲和滋补强身的作用。

（二）木耳的保健功能

1. 清涤胃肠作用

由于木耳含有丰富的植物胶原成分，这种胶原成分具有较强的吸附作用，常吃木耳能起到清理消化道、清涤胃肠的作用。过去矿山、纺织等粉尘大的行业工人发放的劳保产品中就有木耳。当今，城市污染较重，灰尘较大，需要常吃木耳，对胃肠进行保健。特别是在粉尘环境中工作的人员，如讲课写粉笔字的教师，矿山开采、水泥生产的工人等更要多吃木耳。

2. 天然补血品

木耳当中铁的含量很高，而且很容易被人体吸收利用，是人们进食补血的首选天然食品。木耳的含铁量比绿叶蔬菜中含铁量最高的芹菜还要高出 20 倍；比动物，生食品中含铁量最高的猪肝还高出约 7 倍，是各种荤素食品中含铁最多的。所以它是一种非常好的天然补血食品。中医认为，木耳味甘性平，有凉血、止血作用。主治咯血、吐血、衄血、血痢、崩漏、痔疮出血、便秘带血等。

3. 降低血三脂、血黏度，预防治疗冠心病、高血压

木耳被称为护心良药。木耳可以使血不黏稠，还没有副作用。美国医师进一步研究发现：木耳具有显著的抗凝作用。木耳身价倍增，很快成为风靡全球的食品。洪昭光教授说："每天吃木耳 5～10 g，木耳是经过科学实验证明能降低血黏度的。"科学家用木耳喂食小白鼠，发现确实能够降低小白鼠的血脂。北京心肺中心的专家通过研究证实：如果每人每天食用 10～15 g 木耳，即有明显的抗血小板凝集、抗凝、降胆固醇的作用。

科学家的研究进一步证实：木耳的抗血小板凝集和降低血凝作用，可以减少血液凝块，防止血栓形成，对延缓中年人动脉硬化的发生发展十分有益，不仅对冠心病，对其他心脑血管疾病以及动脉硬化症也具有较好的防治和保健作用。如果能够坚持长期食用，可以起到不是药而胜过药的预防与治疗效果。

4．美容黑发作用

常吃木耳可保持女性娇美。中医认为："妇女以养血为本。"女性只有气盛血盈，才能使肌肤细腻柔嫩、红润光泽、娇颜如玉。

爱发是人的天性，经常食用木耳可治疗秃发，使头发增加光泽，因为木耳中含有大量的黑色素。

5．减肥、防癌、治便秘

木耳是一种减肥食品，因为木耳中含有丰富的纤维素和一种特殊的植物胶原，这两种物质能够促进胃肠蠕动，促进肠道脂肪食物的排泄，减少食物中脂肪的吸收，从而防止肥胖。

科学家通过研究还发现，木耳还有一定的抗癌、防癌作用，这也与它含有丰富的维生素和植物胶原有关，有利于体内大便中有毒物质的及时清除和排出，从而起到预防直肠癌及其他消化系统癌症的作用。所以，老年人特别是有便秘习惯的老年人，坚持食用木耳，常食木耳粥，对预防多种老年疾病、抗癌、防癌、延缓衰老都有良好的效果。

6．化解结石

胆结石、泌尿系统结石为常见疾病。木耳中含有发酵素和植物碱，能够促使消化系统及泌尿系统腺体的分泌，协助催化结石、润肠管道，及时排除结石。木耳还含有多种矿物质，能与结石产生化学反应，能使被分解、侵蚀、碎屑的结石很容易经管道排出。

7．提供人体必需的纤维素

现代科学已证明，食物纤维素也是维护人体健康必需的营养成分之一，所以称之为第七营养素。它能促进我们肠胃的蠕动，帮助我们消化食物，预防心血管的疾病，清扫人体内部的有害物质和多余没用的物质。

木耳富含纤维素，有防冠心枣、糖尿病以及防治痔疮的功效。

纤维素还有减少胆汁酸的再吸收量，改变食物消化速度和消化分泌物的分泌量，可预防胆结石、十二指肠溃疡、溃疡性结肠炎等疾病，另外还有抗乳腺癌的作用。

木耳营养丰富，易于制作，是人们公认的美味佳肴。但是，并非多食多益。据《本草经》载，"木耳多生湿地之朽木，味甘、性平、有小毒，生槐树、桑树者为上品，生枫树者不可食。赤色仰生者有毒，采回变色、夜视有光、烂不生虫者亦有毒。"中医认为，由于木耳得阴湿之气，由朽木所生，故有衰精肾之害。精为人生之源，精衰则源截；肾为先天之本，肾衰则本断。因此，木耳不可不食，但又不可多食，特别是孕妇、儿童食用时更应控制数量。

二、木耳的保鲜

（一）化学保鲜

盐水浸泡保鲜：配制 0.1%～1% 盐溶液，将黑木耳在盐液中浸泡 15～20 min，取出沥干装塑料袋密封，于 15℃下可保鲜 3～5 d。

（二）冷藏保鲜

木耳出耳批次明显，采收集中，若遇阴雨天气或烘干设备容量不足时，往往因不能及时烘干而发生烂耳，造成损失。木耳的贮藏保鲜主要是 g 服烂耳，因此通常是采用冷藏保鲜。木耳对冷藏温度反应不敏感，不怕失水失重，褐变程度亦较低。因此，其保鲜温度的控制主要取决于控制微生物活动的温度，通常在2℃～6℃时就可保鲜10 d以上。

冷藏方法：鲜耳经清理蒂头后，放入通气的塑料筐内，置于2℃～6℃冷库内，库内空气相对湿度的控制依贮藏品的出路而定，若是用于烘干，库内空气相对湿度越低越好；若是用于鲜销，库内空气相对湿度控制在85％左右。

三、木耳的加工

（一）木耳蜜饯

1. 工艺流程

原料→挑选→除杂→糖渍→糖煮→烘烤→成品包装

2. 加工要点

（1）原料处理。选择适时采摘的新鲜木耳，剪去蒂部，清除杂质，大朵剪成2～3 cm的条形，用清水冲洗干净，沥干备用。也可选用干黑木耳，先用70℃～80℃的热水浸泡1 h左右，待耳片充分吸水散开后，再用刀切成条块备用。

（2）糖渍煮。配制浓度50％的糖液，按木耳：糖液＝1：2的比例加入锅中，煮沸10 min后倒入干净容器中，浸渍6～8 h，然后将木耳捞出，余下的糖液倒入锅中，调整糖液至60％，同时加入0.3％柠檬酸、0.05％苯甲酸钠，再将上述糖渍的木耳倒入锅中，文火煮制，并不断搅拌，以防焦糊。煮30～40 min，至浓度达68％时即可。

（3）烘烤。煮制结束后，捞起沥干糖液，放在瓷盘中，分开耳片，在60℃～70℃下烘1～2h，烘至表面干燥、手捏无糖液挤出为宜。

（4）成品制备。将烘烤后的木耳适当冷却后再滚上白砂糖粉（将白砂糖磨成粉，过80～100目筛），既可装入塑料袋内，密封保藏，也可做定量抽真空密封包装。

（二）糖醋腌渍木耳

1. 工艺流程

选料→煮制→盐腌醋腌→糖腌冷却→装罐→封盖→保存

2. 操作要点

（1）选料、煮制。选用无病害、无虫蛀、无污染、无泥根、无杂质的木耳，在清水中漂洗干净，然后投入沸水中煮制。煮透后捞出，稍挤压除水后备用。

（2）盐腌。将煮制的木耳放在此中，一层盐一层木耳地盐腌一整天，用盐量为木耳重的10％。然后倒缸，再用木耳重8％的食盐复腌24 h，取木耳于清水中浸泡12 h，再捞出沥水以备醋腌。

（3）醋腌。将盐腌过的木耳装入瓷缸，注入木耳重1/2的食醋，浸泡12 h，然后捞出备用。

（4）糖腌。将醋腌过的木耳放入瓷缸中，加入相当于木耳重量的白糖，拌匀后腌3 d，然后再捞木耳，沥出糖液，将糖液煮开，再将糖腌木耳倒入沸糖液中，文火再将糖液煮沸。

（5）罐藏。冷却、装罐、封盖、保存。

（三）软包装调味毛木耳丝

1. 工艺流程

干毛木耳（或鲜毛木耳）→拣选→**浸泡**→清洗→去蒂、切丝→调煮→装袋→

猪肉 → 分选 → 切丝

封口→检验→杀菌→冷却→保温→检验→装箱→入库

2. 操作要点

（1）原料处理。

选无混杂虫蛀、霉变的干毛木耳，用水浸泡数小时至木耳发足后，去蒂切成宽 5 mm 的丝条，洗净沥干备用。如用鲜毛木耳，则将毛木耳清洗一次，除去杂质，去蒂后切成宽 5 mm 的丝条，洗净沥干备用。

（2）猪肉处理。

将猪肉去皮、去骨后选取瘦肉，将肉切成长 5 cm，粗 6 mm 左右的肉丝。然后将肉丝在 80℃～85℃水温中预煮 2～3 min 至无血水，预煮后将肉丝投入 110℃～130℃油中炸 1～2 min。

（3）调煮。

配方：肉丝 18 kg，毛木耳丝 76 kg，精盐 1.5 kg，肉汤 15 kg，酱油 1.5 kg，猪油 1.0 kg，味精 0.35 kg，砂糖 0.25 kg，红辣椒酱 0.3 kg，五香粉 0.1 kg。

调煮方法：先将肉汤加热，加入毛木耳丝、肉丝、猪油在夹层锅中搅拌，边加热边搅拌约 15 min，然后加入酱油、精盐、糖等调料，继续加热拌炒 8～10 min，至糖汁近干即可出锅。

（4）装袋。

采用复合蒸煮袋包装。对于手工装袋，装料时先将袋口打开与漏斗口对好，将料加入漏斗，用丁字木棍将物料挤压入袋中，并略压实。然后用天平过秤，每袋装 100 g。称好后，平整袋口，并保持袋口干净，防止封口不良。

（5）封口。

采用真空封口机封口；真空度为 18 665～61 328 Pa。

（6）检验。

封口完后压袋子，使袋内物料平整均匀分布，同时拣出封口线折皱、漏袋等不合格袋。

（7）杀菌、冷却。

将检验合格的袋子装入杀菌盘中排好，然后入杀菌锅杀菌。杀菌采用水蒸气式杀菌，杀菌式为：5—30—10 s/120℃。杀菌时，采用压缩空气加压，控制杀菌锅里的压力比杀菌温度所对应的饱和蒸汽压高 49033 Pa 左右。冷却时，也在这种加压状态下进行。

（8）保温。

杀菌、冷却后出锅的成品经热风吹干表面水分，在 37℃下保温放置 7 d。

（9）检验、装箱、入库。

检查保温后成品是否有胀、漏袋现象，并开袋抽检制品的内容物风味，如无异常，则冷至常温后装箱打包入库。

3. 质量标准

(1) 色泽：毛木耳呈棕褐色，肉色鲜明正常，呈黄棕色或红棕色。

(2) 滋味、气味：具有毛木耳丝及肉丝调煮制成的毛木耳调味罐头应有之风味及气味，无异味。

(3) 组织形态：毛木耳及猪肉切成丝状，毛木耳组织脆、嫩，肉丝软硬适度。

(4) 净重：100 g。

(5) 氯化钠 1%～2%。

(6) 固形物毛木耳丝占 80% 左右。

(7) 杂质不允许存在。

(8) 微生物指标：无致病菌及因微生物作用所引起的腐败现象。

(9) 耐压强度：将袋子置于平台上，上面加一块平整的板，板上加 50 kg 的静负荷保持 1min 后，内容物应无漏泄。

（四）木耳糖

赤砂糖 500 g，在铝锅中加水少许，以小火煎熬到较稠厚时，加入木耳细粉 200 g，调匀，即停火。趁热将糖倒在表面涂过食用油的大搪瓷盘中，待稍冷，将糖压平，用刀切成小块，冷却后即成棕黑色木耳糖。木耳糖为保健食品，有清肺解毒功效。

（五）黑木耳甜羹

1. 工艺流程

黑木耳干品→称重→浸泡→清洗→切碎→配料→高压蒸煮→冷却、分装杀菌→检验→成品

2. 操作要点

(1) 选耳：选择朵小、片薄、无虫蛀的次等木耳。

(2) 称重：称取干木耳 10 g、15 g、20 g 各 3 份。

(3) 水洗：黑木耳先泡发 2～3 h，然后去柄，冲洗。

(4) 洗净：切碎，将苹果梨洗净，切成长 0.3 cm、宽 0.3 cm 的正方体。

(5) 切成圆柱体：将打糕片切成长 0.3 cm 的圆柱体。

(6) 煮沸：将切好的黑木耳、苹果梨丁和白砂糖放入锅中煮沸 1～1.5 h，然后放入切好的打糕片、橘子瓣继续煮 0.5 h。

（六）木耳多糖鸡蛋素食肠

1. 黑木耳多糖提取工艺及步骤

黑木耳拣选→粉碎浸泡→捣碎→提取→去粗脂肪→除蛋白质→定容→测总糖

原料木耳拣选去杂，准确称取黑木耳，用水洗净，加入木耳重量 10 倍的水，待木耳吸水膨胀后捣碎。用氢氧化钠稀碱液浸泡捣碎后的木耳，加入 0.5% 硼氢化钾防止多糖降解，在 65℃水浴中提取木耳多糖 4 h，趁热过滤向提取液中加入 0.5 mmol/L 盐酸滴定中和。在提取液中加入乙酸乙酯，强烈振荡，静置过夜，4000 转/分的转速离心分离 20 min；再向提取液中滴加 3% 三氯乙酸，直至不再继续产生混浊为止，转速 4000 转/分钟离心分离 20 min。向提取液中滴加 1 mmol/L 氢氧化钠溶液中和，定容至 1000 mL。

黑木耳多糖提取最佳工艺：氢氧化钠溶液浓度为 0.8 mol/L，提取时间 4 h，提取温度 65℃，木耳浸润时间为 20 min。

2. 木耳鸡蛋素食肠生产工艺及步骤

0.9%黑木耳多糖提取液　　稳定剂、食盐

↓

鸡蛋→去壳→打蛋→搅拌均匀→灌制→结扎→水煮→冷却→成品

鸡蛋去壳，打蛋均匀后，与其他原料混合搅拌，搅拌力度不宜过大，以避免气泡的产生，灌入肠衣中结扎，放入 90℃ 水中加热 30 min，冷却后即为成品。

木耳鸡蛋素食肠最佳配方：鸡蛋 38.5%、0.9% 黑木耳多糖提取液 25%、绿豆淀粉 5%、复合磷酸盐 0.5%、水 30%、食盐 1.0%。

（七）木耳芝麻茶

1. 原料

黑木耳 60 g，黑芝麻 15 g。

2. 制作

第一步，炒锅洗净，置中火上烧热，将黑木耳 30 g 下入锅中，不断翻炒，待黑木耳的颜色由灰转黑略带焦味时，起锅装入碗内待用。

第二步，锅重置火上，下入黑芝麻略炒出香味，再加入清水约 1500 mL，同时下入生、熟黑木耳，用中火烧沸 30 min，即可起锅。用洁净双层细纱布过滤，得滤液装在器皿内即成。

3. 用法

每次饮用 100～120 mL，可加白糖 20～25 g。亦可将炒后的木耳、炒香后的黑芝麻同生木耳一起和匀保藏，每次用 5～6 g 加沸水 120 mL 泡茶饮服。

功效及主治：有凉血止血、润肠通便功效，对血热便血、痔疮便血、肠风下血、痢疾下血等症有一定疗效。老年人常用本方，能强身益寿。

（八）木耳荞麦保健面食

木耳荞麦保健面食的主要成分：木耳浆干基 3%～40%，荞麦粉 60%～97%，其中木耳的种类可以为含多糖的黑木耳、皱木耳、毛木耳、褐黄木耳或盾形木耳，荞麦包括苦荞麦和普通荞麦。还可以添加面食干基总重量 1%～2.4% 的乳酸钙粉和/或 0.01%～0.015% 的乳酸锌粉，解决了现有面食不能降低机体血黏度、血脂、血糖和辅助治疗高脂血症和糖尿病引起的心血管疾病等问题，具有明显的降低机体血黏度、抗血栓、降血脂、降血糖和辅助治疗高血症脂和糖尿病引起的心血管疾病。该面食还具有食用方便、制造方法简单和成本低等优点，适合于各种年龄层次和口味的人食用，尤其适合于中老年人食用。

（九）木耳燕麦面食

木耳燕麦面食产品及其制造方法：面食干基的主成分和重量百分含量为木耳干基 3%～30%，燕麦粉 70%～97%。木耳是指含有耳多糖的黑木耳、皱木耳、毛木耳、褐黄木耳或盾形木耳的一种或几种任意比例的混合物，还可以添加面食干基总重量 1%～2.4% 的乳酸钙粉或 0.01%～0.015% 的乳酸锌粉。该产品具有食用方便、制造方法简单和成本低的优点，广泛适合于各种年龄层次和各种口味的人食用，尤其适合于中老年人食用。

（十）黑木耳饮料

1. 工艺流程

木耳→浸泡→分选、清洗→切分→预煮浸提→过滤→滤渣→打浆→细磨→调配→均

质→真空脱气→装瓶→杀菌→冷却→成品

2．操作要点

（1）浸泡。选优质干木耳浸泡 40～60 min；至木耳上浮、变软。

（2）预煮浸提。木耳：水＝1：20，90℃预煮 30 min，再降温至 70℃～80℃，浸提 30 min，用纱布过滤取汁备用。

（3）打浆。将浸提后的滤渣加水打浆，120 目筛过滤，然后与浸提汁混合。

（4）配料。木耳汁中加入糖、酸、番茄酱等，使产品 pH＝3.7～3.9。

（5）细磨。用胶体磨将料液磨至 5～8 μm

（6）均质。采取两次均质法，使料液粒径＜2 μm。

（7）杀菌。根据杀菌原理，木耳饮料为酸性食品，pH≤4.6，选用巴氏杀菌，即 95℃～100℃，20～30 min。

3．产品检测指标

（1）感官指标。棕红色、具有木耳与番茄酱复合的特殊香味，均匀一致，无沉淀、悬浮，无其他异味。

（2）理化指标。总酸 0.1％～0.2％，pH 为 3.7；可溶性固形物＞10％；还原糖≥22％。

（十一）木耳酱菜的制作

黑木耳具有滋补强身、活血养血、清肺润肠等作用，可治疗寒湿腰痛、手足麻木、痔疮、痢疾、血崩、高血压、血管硬化、冠心病等疾病，是一种极好的营养食疗佳品。黑木耳除了传统的吃法外，还可加工成酱菜及调味品，下面介绍几种加工方法。

木耳酱菜：将成熟的木耳片除去蒂和杂质，用清水洗净，倒入沸水中杀青，片刻捞起，冷却滤干，用不锈钢刀切成丝，另加红萝卜丝、白萝卜丝、笋丝等，一起放入酱油缸里浸泡 3～5 d，取出，加入适量精盐、味精、白糖、五香粉等混合拌匀，分装入瓶。每瓶装入 150～200 g（固形物），倒入香油封面，随即封盖灭菌，在 80℃左右的温度下灭菌 1～2 h 即可。冷却后用纸箱或木箱成件包装，入库贮存或外销。

本品特点：兼具红、白、黑三色，清脆爽口，香甜适宜，可增强食欲。

木耳酱：将木耳蒂粉碎成碎末，小耳粉碎成耳粉，加适量面粉与水调匀，做成 2～3 cm 见方的小块，放入竹制蒸笼内蒸 1～2 h，熟透后冷却，拌入曲霉菌粉剂；摊在凉席或簸箕上，覆盖旧报纸遮尘避光，在室温下培养 7～10 d，待料面长满白色霉状物后，将其粉碎，加上适量食用盐和冷开水，调成稀状后倒入酱缸内露天浸泡，晒 15～20 d，即成原汁木耳酱。装瓶前添加一些调味香料，可制成甜、辣、酸、辛等不同风味的木耳酱。

木耳酱油：利用加工木耳罐头的杀青水，滤去杂物，经过低温加热浓缩。浓缩后的水液加适量碳酸钠，以中和酸味，将 pH 调到 6.5 左右，配上用豆饼（或黄豆）制成的酱油混合，加适量的蔗糖和香料，即可配成木耳酱油。经过滤、装瓶、灭菌，冷却后包装即可上市。

第六节　银耳

银耳属于大型真菌类，其色白如银，状似人耳、菊花。其菌体呈胶质半透明，菊花状或鸡冠状，是由分枝、多节的双核菌丝组成。它原是一种野生天然珍品，近年来才有了人工栽培，我国许多地方都是银耳产地，主要有四川、云南、贵州、陕西、湖北、湖南、福建、内蒙古等地，其中以四川的通江银耳和福建的漳州雪耳最为著名。

一、银耳的营养价值和保健功能

银耳为我国特产，是一种经济价值极高、极珍贵的食药两用真菌。银耳的营养价值很高，每百克干银耳中含蛋白质 5 g、脂肪 0.6 g、碳水化合物 78.3 g、钙 380 mg、磷 250 mg、铁 30.4 mg、维生素 B_1 0.002 mg、维生素 B_2 0.14 mg、尼克酸 1.5 mg、核黄素 0.14 mg、抗坏血酸 4 mg。

银耳不仅具有山珍的美名，而且在医药学中是一种久负盛名的良药。我国历代的医学家都认为，银耳具有"滋阴清热、润肺止咳、养胃生津、益气和血、补肾强心、健脑提神、解除疲劳"之功效。据张仁安《本草诗解药性注》云，此物有麦冬之润而无其寒，有玉竹之甘而无其腻，诚润肺滋阴要品，足与人参、鹿茸、燕窝媲美。据《中国药物大辞典》云，本品入肺、脾、胃、肾、大肠五经，主治肺热咳嗽，肺燥干咳，久咳喉痒，咯痰带血或痰中血丝或久咳络伤肋痛，肺痿，妇人月经不调，肺热胃炎，大便秘结，大便下血。

银耳含有丰富的碳水化合物，其中银耳多糖，近代医学认为它具有多种药理活性，能降低血脂、增强吞噬细胞对癌变细胞的吞噬功能、间接抑制肿瘤发生，同时对实验动物的移植性肿瘤有抑制作用。故银耳可作为一种抗癌食品受到重视。银耳多糖还可增强有机体免疫功能，有持正固本作用，能促进肝细胞、蛋白质、核酸的合成和代谢作用，提高肝脏解毒能力，起到保护肝脏的作用，对中老年人的慢性支气管炎、肺源性心脏病有疗效，并能改善肾功能，降低血胆固醇、甘油三酯，对高血压和高血脂患者都有疗效，并可辅助治疗胃溃疡。此外，银耳多糖还可增强有机体对放射线的防护能力，减轻其他理化因素，如辐射等对骨髓造血组织的损伤，促进骨髓造血功能。银耳对乙肝病毒虽无直接抑制作用，但可增强免疫力，使不易受到感染。

银耳含有丰富的胶质，其中类阿拉伯树胶对皮肤角质层有良好的滋养和延缓老化作用。此外，银耳还是一种含粗纤维的减肥食品。

二、银耳的加工

（一）蜜渍银耳

1. 工艺流程

原料→选择→浸发→整理→晾晒→糖渍→分拣→冷却→成品包装

2. 加工要点

（1）原料选择与处理。

选用优质干银耳，在 70℃～80℃温水中浸发 30～40 min，待银耳充分吸水展开后，用清水漂洗干净，捞出沥干，将耳片分成小朵，晾晒 30 min，以利糖渍。

（2）糖渍。

取水发银耳 10 kg，加放白砂糖 30 kg，拌匀，在夹层锅或不钢锅中慢慢加热，控制火候，徐徐搅拌，然后依次加入柠檬酸 30 g（事先用少量水溶解）、琼脂 20 g（水浸泡并加热熔解）、香兰素 10 g。待白糖全部溶化变稠时即可起锅，糖渍时间 30～50 min。

（3）成品制备。

将糖渍银耳放于搪瓷盘内，烘干或晾干，分开叶片。因配料中有琼脂成分，因此冷却后即可装入塑料食品袋内，定量包装后抽真空密封即可。

（二）蜂蜜银耳茶饮料

茶叶苦甘性凉，营养成分丰富，是一种具有良好医疗保健功用的饮料。银耳可滋阴润肺凉血，适用于冠心病、高血压、血管硬化等患者服食。将茶液和银耳，辅以蜂蜜制成风味独特的复合饮料适合于当今人们追求天然、健康、快捷的消费要求，是老少皆宜的春、夏、秋季饮品。

银耳碎的制取：选用干燥、白色至淡黄色的市售银耳，加约 10 倍的水浸泡 10～16 h 复水，复水时间可根据季节水温增减。复水后的银耳剪除根部黄色及木质化部分，可利用的部分清洗干净、淋干，用搅碎机破碎成 0.5 mm×0.55 mm 的碎块，置于不锈钢桶中，加 0.5 倍水于 110℃ 蒸煮 30 min 备用。干燥的银耳经浸泡和蒸煮，目的是软化银耳果肉，确保饮料口感。

茶叶浸提：选用福建乌龙茶，在室温下，用冷浸法浸提，按茶：水 = 1：40，浸提 3～6h。用绢布过滤得澄清茶液，备用。

调配：将复合稳定剂（琼脂 0.15%、CMC 0.10%）和砂糖以 1：5 比例混合均匀后，加入 10 倍量的 90℃～100℃ 水中，搅拌均匀并在约 90℃ 温度下保持 5 min，使之充分溶解后，再依次加入水、白砂糖、茶液，加热至沸，最后加入蜂蜜拌匀过滤。蜂蜜银耳茶要求具有良好的风味品质，无异味，结果以茶液 10%、蜂蜜 15%、银耳 25% 组成的蜂蜜银耳茶饮料的风味品质最佳。

定量装罐、封口：每罐先加入占净重 20%～30% 经蒸煮的银耳碎，然后趁热灌入以上茶水至净重，马上封口。

杀菌、冷却：200 g 装规格，110℃ 杀菌 3～15 min。杀菌结束后要及时冷却至 40℃ 左右。

品检：经杀菌冷却后的罐装饮料在常温（不低于 20℃）下存放 7 昼夜，按部颁质量标准进行检验。

（三）即食银耳产品

1．工艺流程

原料选择→浸发→修整→清洗→硬化→漂洗→煮制→糖渍→沥干→烘干→包装→成品

2．工艺要点

（1）原料的选择。

原料的好坏直接影响产品的色泽和风味，因此一定要选择无褐变、霉变；病虫害的新鲜乳白色的优质干银耳。同时选用优质的冰糖浸制。

（2）浸发条件。

浸发的目的除了使干银耳复水以外，还能使粗纤维质软化和除去异味。水温 40℃，浸发 40 min。

（3）修整。

修整包括去蒂、分朵、用剪刀剪去银耳蒂部褐斑，并且成大小均匀的小朵。修整形状、大小对成品的感官特性会造成一定的影响，同时对干燥的速度、浸制速度也有影响。因此分朵时，其朵的大小要一致，一般大小应控制在 $1\sim2\ cm^2$ 左右。

（4）硬化。

用 0.18％的氯化钙溶液浸泡 10 min。

（5）漂白与漂洗。

选用 0.5％的硫酸钠溶液进行漂白 10 min。其目的是使银耳的颜色更加洁白，给人一种晶莹透亮的感觉，同时也可防止在糖浸和烘干时银耳颜色加深。这道工序与硬化同时进行。在硬化与漂白之后，要用清水漂洗，以除去银耳表面的钙化液和漂白液。

（6）煮制。

由于冰糖色白、糖质纯净，用冰糖溶液煮制出的银耳色泽变化小，基本能保持煮制前的颜色。另外，冰糖又有清痰作用，因此冰糖是最佳的糖浸原料。在煮制过程中，煮制时间的长短、糖液浓度和温度及火势的控制对产品品质都具看很大的影响。糖液浓度 40％～50％，煮制时间 40 min，先用急火煮沸 15 min，再用文火煮 25 min，然后再用 50％的糖液浸泡 15～30 min。另外，柠檬酸的加入对产品的性质和工艺条件也有一定影响。柠檬酸的加入，使 pH 降低，使银耳变得较易煮熟，同时对产品的风味也有很大的改善。

（7）后浸与沥干。

经过煮制的银耳，由于进入的糖度未必能达到均匀一致，因此很有必要在熟制之后再用相同浓度糖液浸一定的时间，使整体糖度达到均匀一致，并增加烘干后制品的外观晶莹透亮度和视觉效果。对于浓度较高的溶液，浸制时间过长，浸入糖度过大，烘干速度慢，制品表面出现结晶糖粒，不仅影响制品的感官性能，并浪费一定的原料，使成本提高。因此，选择糖度为 45％，浸渍时间为 30～45 min；糖度在 50％时，浸渍时间为 15～30 min。经过后浸的银耳，放在纱布上控沥 1 h，以除去游离在表面的糖液。

（8）烘干条件与产品外观质量。

烘干条件的选择合适与否，直接影响产品的色泽、水分含量及产品脆度、口感。鼓风干燥箱在 55℃下连续烘干 36～40 min。

（9）成品的水分含量。

由于产品需要一定的脆性，并且为了延长保质期，因此产品的水分含量必须控制在一定范围内，国家标准要求水分含量控制在 18％～25％。

为了赋予成品一定的香气和增加产品的花色品种，分别在产品中添加了甘草、天然果汁、蔬菜汁、香精、香料等制作系列品种。

3. 甘草银耳

（1）甘草的预处理。将甘草洗净后，用水浸提其有效成分，100℃浸提 30 min，然后过滤获取浸提液备用。

（2）银耳的预处理。银耳的处理与前面相同，经过选料、浸发、修整、硬化、漂洗后备用。

（3）糖液的配制。在提取的甘草液中加入一定量的糖液使糖度为 40％～50％。

（4）银耳的煮制和烘干。将处理好的银耳放入甘草糖液中煮制 40 min（旺火 15 min，文火 25 min），然后在常温下浸制 45 min。沥干后进行烘干，烘干温度 45℃～50℃，时间

36～40 h。

(5) 产品的外观及口感。甘草银耳色泽淡黄，脆度好，具有明显的甘草味。

（四）速溶银耳晶

1. 工艺流程

银耳→泡发→煮汁→过滤→浓缩→配料→造粒→干燥→包装

2. 操作要点

(1) 银耳处理。

选用无病害、无虫蛀、无变质的当年干银耳，先在温水中泡发，然后剪掉耳根，洗干净，捣成碎片待用。

(2) 煮汁、浓缩。

将捣碎的银耳放在夹层不锈钢锅中，加入 3 倍量水，pH 为 6.2，煮沸 50 min，用粗滤布过滤取汁。在滤渣中加入 1.5 倍量、pH 为 6.2 的清水，煮沸 30 min，再用粗滤布过滤取汁。合并两次滤汁，再用过滤机过滤。然后将其注入真空浓缩机中，在真空度为 0.08093 MPa，温度为 45℃～55℃条件下，将滤汁浓缩到 25 kg 为止。

(3) 配料。

在浓缩银耳液中加入麦芽糊精 15 kg，梭甲基纤维素 1.5 kg，维生素 C 0.3 kg，白砂糖 70 kg，柠檬酸 0.4 kg，香兰素 0.3 kg，黄原胶 0.1 kg，苯甲酸钠适量。操作时开动拌和机，先倒入固体原料，搅拌均匀后，再缓慢倒入银耳浓缩汁，拌匀。

(4) 造粒、干燥。

将上述配好的料放入摇摆式造粒机中制成湿料，通过 8～10 目筛，装在不锈钢烘盘中，放在烘箱中烘干，使产品含水量降至 3%，然后立即用双层塑料食品袋包装，或用马口铁罐包装。

猴头菇、木耳、蘑菇、金针菇等食用菌，均可按类似的工艺生产出相应的各种口味的冲剂。

（五）百合银耳果蔬糕

百合有滋养润肺、止咳安神、抗疲劳等作用，而银耳（白木耳）则有滋阴、润肺、生津、增强人体的免疫功能的作用。两者合用是民间食疗保健的药品和补品，百合银耳果蔬糕是以百合、银耳为原料，添加食用胶、白糖、食用苹果酸等辅料，经过原料处理、混合、添加辅料、成型、烘制等工艺制成。

1. 工艺流程

百合干、银耳干浸泡→打浆→精磨→熬煮→调配→成型→倒盘→脱水→切块→包糯米纸→内包装→外包装→成品

2. 操作要点

(1) 原料选择及预处理。

百合：选干燥色白的百合干，用清洁的凉水充分浸泡，剔除黑片等杂质，清水漂洗干净后备用。

银耳：选干燥、色白肉厚、朵大的优质银耳，在清洁的凉水中充分泡发，剔除耳蒂，清水漂洗干净后备用。

食用胶：根据生产用量称取食用胶，按食用胶：水＝1：15 的比例浸泡，浸泡时间约

20 min 即可。

（2）打浆、精磨。

将浸泡洗净的百合、银耳混合在打浆机中进行打浆，充分打碎后送胶体磨中进行精磨，磨好的百合银耳浆送入夹层锅中。

（3）熬煮、调配。

按配方（百合 5％，银耳 3％，葡萄糖浆 40％，蔗糖 25％，柠檬酸 0.08％，柠檬酸钠 0.03％，食用胶 3％，香料适量）中的要求，将葡萄糖浆加入，在夹层锅内与百合银耳浆搅拌混合后，加热至沸腾，再加入白砂糖，1/3 食用酸、柠檬酸钠充分搅拌溶化至物料沸腾，加入已浸泡好的食用胶，慢慢搅拌使食用胶充分溶化，物料温度保持在 95℃，加入剩余的食用酸、香料搅拌均匀，使形成百合、银耳果酱。

（4）成型、倒盘。

在百合、银耳果酱中加入葡萄糖浆、蔗糖，使蔗糖溶解后按配方加入 1/3 的食用酸，将糖浆、果酱共同加热到 105℃，使部分蔗糖转化，再加入柠檬酸钠保护剂，此时加入已浸胀的食用胶使之快速溶化并降温到 95℃，加入剩下 2/3 的食用酸和香料、色素搅拌均匀后，保持温度在 85℃下迅速出锅凝胶成型，即可得到有较好强度、色泽和弹性的凝胶。将调配好的物料迅速地倒入不锈钢盘中凝固成型，成型后再倒入不锈钢筛网盘中，送烘房中脱水。

（5）脱水、切块。

凝固好的百合银耳糕在 63℃温度下进行干燥脱水 18～22 h，含水量 22％～25％即可出烘箱。稍冷后按产品规格进行切块。

（6）包装。

将切块后的百合银耳糕用糯米纸逐块包好后，送枕式包装机进行内包装。并按 150 g、200 g、400 g 等不同的产品规格准确称量进行外包装装箱入库。

（六）银耳酸奶

1. 工艺流程

干银耳→检选→浸泡→预煮磨浆→过滤→配料→消毒冷却→接种→分装→发酵冷藏→检验→成品→包装

2. 操作要点

（1）酸奶发酵剂的制备。母发酵剂的制备（试管活化）→中间发酵剂制备（250 mL 三角瓶扩大）→工作（生产）发酵剂制备（2000 mL 三角瓶、罐或桶）。具体制作过程如下。

①母发酵剂制备。混合乳酸发酵剂干粉系从国外引进。用脱脂牛奶作培养基，脱脂乳在 120℃下灭菌 20 min，冷却至 25℃～30℃，接入 1％的干粉发酵剂进行试管活化 2～3 次，菌种活力较强时即可接种中间发酵剂扩大菌种。

②中间发酵剂制备同母发酵剂，可根据实验量用 250 mL 三角瓶进行扩大，中间发酵剂接种量控制在 1.5％左右，在 42℃下培养 6 h 左右。

③生产发酵剂制备用全脂鲜牛奶作培养基，在 95℃下灭菌 10 min 左右，冷却至 25℃～30℃下接种，接种量以 2％为宜，在 42℃培养 4～6 h，培养基微凝或凝固后取出。

（2）原料选择及预处理。选干燥、色白肉厚、朵大的优质银耳，按实验量在凉水中充分泡发，剔除耳蒂清水漂洗，再置沸水中预煮 5 min，呈胶水状，捞起入胶体磨磨浆，过 100 目滤布的滤浆备用。磨浆需现磨现用，不可久存。鲜牛奶用前需经两次过滤，严防杂质混入。

（3）混合料的配制。银耳滤浆、鲜牛奶按 1∶10 的比例混合，再加入优质砂糖 4％，优质冰糖粉 3％，稳定剂 1％搅匀。

（4）混合料的处理。先加热至 60℃，在 4.7 MPa 压力下均质，使其充分融化，从而增加稳定性，并能有效防止乳清大量析出。

（5）杀菌与接种。将均质后的料液迅速于 95℃下杀菌 5～10 min 迅速冷却至 45℃～50℃，按料液的 3％加工作发酵剂，充分拌匀后灌装。

（6）分装与发酵。用 227 mL 酸奶瓶或 225 mL 奶杯分装、封口，送入发酵室或恒温箱中 43℃下发酵，恒温培养 4～6 h，检查凝固良好即可送入低温库冷藏。

（7）冷藏成熟。将凝固好的酸奶取出迅速送入 4℃左右的恒温冷库或冷柜中进行冷藏（后熟），经检验合格，成品装箱出厂。

3．质量标准

（1）感官指标。成品具有清幽银耳香味和发酵酸奶香味，酸甜适宜，无异味；凝块具有适当硬度、表面光滑、细腻、滑嫩，组织整齐均匀，无气泡，富有弹性；乳清析出少量或无；色呈乳白或淡白色。

（2）理化指标。酸度 95℃左右，脂肪含量不低于 3％，全乳固体不低于 11.5％，砂糖含量不低于 5％。

（3）微生物指标。大肠菌群≤90 个/100 mL，致病菌不得检出。

第七节　白灵菇

白灵菇属担子菌亚门、层菌纲、伞菌目、侧耳科、侧耳属。于 1983 年被曹玉清、牟川静在新疆发现。白灵菇子实体洁白如雪，肉质细腻、脆滑，浓香袭人，味道鲜美，风味独特，是目前食用菌中最高级的营养保健滋补品之一。

一、白灵菇的营养价值及保健功能

经分析，每 100 g 白灵菇子实体含蛋白质 15.72 g，粗脂肪 11.06 g，灰分 5.63 g，粗纤维 3.54 g。白灵菇营养价值之所以高，是因为子实体所含的单纯蛋白质水解时产生的 18 种氨基酸比香菇、草菇、金针菇、蘑菇等大宗菇类高 4～5 倍，特别是人体所必需的 8 种氨基酸含量高达 0.3521 mg/g，比上述菇类高 5～12 倍，每 1 kg 白灵菇所含的精蛋白质相当于 6 kg 的瘦猪肉、9 kg 的鸡蛋或者 3 kg 的牛奶。

据上海交通大学农学院分析，白灵菇子实体含有 20 种氨基酸，干子实体每百 g 含量高达 11.016 g。其中赖氨酸、精氨酸能促进儿童智力、体力发育，比世界公认的增智菇（金针菇）高 1～6 倍。精氨酸能保护肝脏，具有预防和治疗肝炎的作用。白灵菇所含的粗脂肪不同于动植物脂肪，它所含的都是不饱和脂肪酸，如亚油酸、亚麻酸等。这些脂肪酸被专家誉为“美肌酸”，经常食用会使人的肌肤变得细腻光滑，丰满润泽，风采照人，甚至连头发也会变得乌黑发亮，而且对中老年人防止动脉硬化和降低胆固醇、降低血压具有显著疗效。白灵菇含有多种维生素，特别是维生素 D 的含量更高，比其他菇类高出 3～4 倍，对儿童的佝偻病和软骨病有明显的预防和治疗作用。白灵菇含有多种矿物质元素，所含的多糖具有防癌抗癌的作用。总之，白灵菇的药用成分和营养成分齐全，具有补肾、壮阳、补脑、提神、预防感冒、增强人体免疫力等功效，同时还可预防艾滋病，在医学上有很重要的药用价值。在民间利用白灵菇治疗胃病、伤寒、高血压等多种疾病，有清热解毒、消积化瘀等功效。白灵菇与鸡肉烹调食用，对妇女产后化瘀血、补气虚等有非常好的疗效。

二、白灵菇的贮运保鲜技术

（一）白灵菇的贮藏特性

白灵菇采后 3～6 d 水分会大量散失，菌褶开始变褐，风味劣变，商品价值下降。因此延长鲜菇的运输和上市天数，解决其采后的保鲜问题，是白灵菇产业发展的必由之路。影响白灵菇采后贮藏保鲜的环境因素主要是温度、湿度、氧气及二氧化碳的含量，利用低温、高湿、低氧气和高二氧化碳环境以及保鲜剂处理可抑制酶和微生物的活动，延缓呼吸作用和生化反应，从而可以有效地延长菇体的保鲜期。白灵菇贮藏的适宜温度为 −0.5℃～0.5℃。高于适温范围会促进菇体内各种生理作用的进行，加快变色和衰老，也有利于各种病原菌的活动，导致腐烂加重、加快。过低的温度又会使白灵菇产生冷害或冻害。相对湿度以 95％～100％ 为宜，相对湿度低于 90％ 即会出现失水褐变。低氧和高二氧化碳对白灵菇的贮藏保鲜也十分有利。

（二）工艺流程

适时采收→分级修整→保鲜剂处理→装入内衬保鲜袋的箱或筐中→入 0℃ 冷库充分预冷→扎口→上架或码垛

（三）技术要点

（1）采收。适时采收，采收期由菌盖是否充分展开和边缘是否有卷边来确定。当菌盖已平展，边缘仍有卷边时，是采收的适期。如果菌盖边缘已平展或上翘，说明菇体已成熟老化，此时采收已太晚，降低了商品价值。

（2）分级修整。用锐刀沿培养基表面把菇体完整地采下后，以外观感官指标和单菇重量为主，按大小、形状、重量分别放入塑料泡沫箱中，并将黏附在菇体表面的异物轻轻去掉，切去菇柄，注意切口要平齐。注意从采收到装入箱中的全过程，都要轻拿轻放，防止碰破划伤菇体，保持菇体的完整与洁净，剔除不合标准的菇、破损菇、畸形菇、老熟菇。

（3）保鲜剂处理。采用 0.01％～0.02％ 山梨酸钾或苯甲酸钠、0.1％～0.5％ 焦亚硫酸钠漂洗 5～6 min。在进行保鲜剂处理时，必须注意采后及时处理，处理越迟，效果越差；而且处理时间不宜过长，以不超过 10 min 为宜；这种方法操作起来比较麻烦，不利于大规模使用。采用生理调节剂调节贮藏环境中的气体成分，抑制有害微生物的繁殖和菇体的生理代谢活动，也能起到很好的保鲜作用。

（4）预冷。采收后，及时修整预冷贮藏。将经过分级修整后的鲜菇放入塑料筐中，及时移入 0～1℃ 的冷库中充分预冷，一般以 15～20 h 为宜。预冷的时间以菇体中心部位温度降到与冷库中温度相同为宜。冬季低温季节，当气温在 0℃ 左右时，菇体温度低，不需要用冷库预冷。−0.5℃ 以下会产生冻害，应该注意，勿把鲜白灵菇放在 −0.5℃ 以下的温度环境中。

（5）包装。达到预冷要求的鲜菇，在进行分级和第二次整修的同时，要剪行包装装箱。先把每只菇用大小为 27 cm×27 cm 见方的食品包装纸包上；包装纸应符合"QB 1014—1991 食品包装纸"的要求和"GB 11680—1989 食品包装用原纸卫生标准"。包好的菇用塑料袋气调包装法贮藏保鲜，因其不需要特殊设备，方法简单，应用较广。将白灵菇放入内衬聚氯乙烯（PVC）蘑菇专用保鲜袋（国家农产品保鲜工程技术研究中心研制）的塑料周转筐或纸箱内，扎紧袋口，双层袋的贮藏效果好于单层袋，每箱装 5～10 kg，内放生理调节剂调节贮藏环境中的气体成分，在 0℃条件下，贮藏 3 个月，无开伞、发霉、褐变等现象，风味也无明显变化。由于白灵菇较耐二氧化碳，因此贮藏期间不用换气，这样袋内较高二氧化碳浓度可抑制菌丝体的萌发，较好地保持白灵菇品质。如果是短期贮藏，将 3～4 个白灵菇放在一个白色泡沫托盘上，内放 1 包生理调节剂，采用塑料薄膜热封，可贮藏 1 个月左右，也可直接入超市或运到市场销售。

（6）冷藏。将经过预冷和各种处理的白灵菇在冷库中码垛或上架，置于 0℃贮藏。贮藏期间保持温度恒定，并定期检查。一般情况下，可贮藏 3 个月左右。

（四）鲜白灵菇的商品化处理和贮运技术要点

1. 商品化处理技术要点

（1）适时采收。当菌盖已平展，边缘仍有卷边时，是采收的适期。一般边采收边进行第一次整修。用锐刀沿培养基表面把菇体完整地采下后，将黏附在菇体表面的异物轻轻去掉，切去菇柄，注意切口要平齐。按大小、形状、重量分别放入塑料泡沫箱中。注意从采收到装入箱中的全过程，都要轻拿轻放，防止碰破划伤菇体，保持菇体的完整与洁净。

（2）预冷。采收后，及时修整预冷贮藏，将经过分级修整后的鲜菇放入塑料筐中，及时移入 0～1℃的冷库中充分预冷，一般以 15～20 h 为宜。

（3）分级修整。白灵菇作为高品位食用菌，市场对其分级要求十分严格，不同级别的商品价格相差悬殊。目前我国还没有制定发布实施白灵菇的国家标准和行业标准。但在生产和交易过程中，以外观感官指标和单菇重量为主，逐渐形成了商品分级规格。在进行分级的同时，要进行第二次整修，边分级、边整修，使菇体更加爽洁圆整，剔除不合标准的菇、破损菇、畸形菇、老熟菇。

（4）包装。达到预冷要求的鲜菇，在进行分级和第二次整修的同时，要进行包装装箱。先把每只菇用大小为 27 cm×27 cm 见方的食品包装纸包上，包装纸应符合"QB 1014—1991 食品包装纸"的要求和"GB 11680—1989 食品包装用原纸卫生标准"。包好的菇一个一个按层摆放在塑料泡沫箱中，菇盖朝上，要放实放满，每箱净重 5 kg。箱底要铺 2～3 层包装纸，菇上面孔隙也要用包装纸垫满。箱口用胶带贴封。塑料泡沫箱的外形尺寸为长 48 cm、宽 32 cm、高 20 cm。塑料泡沫箱要符合 GB9689 食品包装用聚苯乙烯树脂成型品卫生标准。其理化指标：干燥失重≤0.15%，灼烧残渣≤0.20%、正己烷提取物≤2.00%，泡沫箱密度≥14 g，包装车间温度恒定在 5～10℃，包装要迅速。包装后放回 0℃的冷库内暂存。每箱装 5 kg 鲜菇。

2. 贮运技术要点

鲜白灵菇多在大城市销售，多用空运，要在出库 24 h 内运到终端市场。运输装载时要注意排列整齐，逐件扣紧，防止互相碰撞，装车、卸车要轻搬轻放。

三、白灵菇的加工

（一）白灵菇速冻加工

1．工艺流程

选料→分级→预冷→速冻→包装→贮藏→解冻

2．加工要点

（1）选料。选采新鲜、洁白、圆整的白灵菇，保留菇柄 1～2 cm。不要畸形菇及虫害菇。

（2）分级。参照鲜白灵菇的分级标准进行分级。

（3）预冷。速冻前要对菇体先行预冷，预冷温度为 0～5℃，预冷时间为 24 h 左右。

（4）速冻。预冷完毕立即开动冻结机，对菇进行深度冷冻，冻结温度一般为－55℃～－60℃，冻结要在 30～40 min 完成。冻结产品中心温度为－30℃～－40℃。

（5）包装。按不同级别，分别装入纸盒或塑料袋中，再装入纸箱，每件 0.5～2.5 kg。并在外包装上注明产品名称、规格、贮藏条件、食用方法、生产日期、保质期、生产厂家等。

（6）贮藏。速冻菇必须于低温冷库中冻藏，贮藏温度要求保持在－26±1℃，相对湿度为 95％～100％条件下。严禁与其他有挥发性气味或腥味的冷藏品混藏，以免串味。速冻白灵菇贮藏期为一年。

（7）解冻。速冻白灵菇食用前需经解冻。解冻一般是置于家用冰箱内、室温下或冷水中进行。解冻过程越短越好。解冻后的白灵菇不宜放置，要尽快食用或加工。烹调时间以短为宜。

（二）白灵菇速溶即食营养保健麦片

白灵菇速溶即食营养保健麦片，既保持了原来麦片的色泽，又增添了浓郁的菌香，香甜的口感，产品具有色、香、味、形俱佳的特点，是一种新型的集营养保健于一体的麦片新品。

1．工艺流程

大麦→清杂→淘洗→浸泡→配料→分装→灭菌→接种→培养→破碎→烘干→粉碎→用温水（35℃）搅拌→胶磨→糖化、预糊化→蒸汽辊筒干燥造粒→热风干燥→收集包装

2．工艺要点

速溶即食营养保健麦片的最终产品为 4～6 目薄片，需经历原料粉碎、搅拌胀润、胶磨乳化、焦糖化和预糊化、蒸汽辊筒干燥和造粒等工序。在焦糖化和预糊化阶段，温度高达 140℃，原料中的淀粉等大分子物质被降解、糊化，白灵菇菌丝体被灭活，再经过后续工序，最终形成冲调性甚好，并具有良好色泽和口感的速溶即食营养保健麦片。

上述流程中，配料是加碳酸钙，所加的钙既可供白灵菇菌丝体生长发育之需，又可作为速溶营养保健麦片的钙源（经菌丝吸收和转化后，钙的有机化程度大为提高，更有利于人体吸收）；造粒是一道复合工序，包含添加辅助原料和成型。辅料为奶粉、糖及不同的食品添加剂，用以改善麦片的品质，达到美味可口的目的。

（三）白灵菇蜜饯加工技术

1．选料

选菇体完整，肉肥厚，六七成熟的幼嫩子实体，盖与柄分别加工。盖以完整为好。柄

可切成长 2～3 cm，厚 1 cm 的菇条，漂洗后沥干待用。

2. 烫漂

白灵菇盖组织紧实，采用水温 95℃～100℃，烫 5 min。柄用 95℃～100℃水，烫 7～8 min。捞起后，迅速放入冷水中冷却。

3. 硬化处理

用 5％石灰水作硬化剂，处理 12 h，然后用清水漂洗 48 h，其间换水 5～6 次。

4. 冷浸糖液

将漂洗干净的菇沥干，放入 40％的糖液中，冷浸 5～6 h，使菇体初步析出水分。

5. 煮糖

先配糖浆，糖 70％～80％、柠檬酸 0.8％～1％、苯甲酸钠 0.05％，依次放入水中，煮沸，再放入经烫漂冷浸的白灵菇，大火煮沸，后改用文火，保持糖液微沸。随时补充蒸发水分，防止焦糊，使糖浓度保持在 55％以上。煮制时间：菇盖 60 min，柄 65～70 min，将糖液浓缩到 72％即可起锅。

6. 烘干包装

将半成品移入烘房，在 50℃～55℃下 4 h 内烘干，冷却后包装。柄加工蜜饯，可另包糖衣。将白糖加入水中，熬至起丝后，将干燥后的柄倒入锅内炒拌，使糖液包裹在表面，成白色糖衣，然后包装。先用玻璃纸包，大的单个包，较小的 2～3 个一包，再装入塑料袋内密封。白灵菇蜜饯呈金黄琥珀色，咀嚼韧性好，酸甜适口，在常温下可保存一年。

第八节 草菇

草菇，又名兰花菇、南华菇，是热带和亚热带高温多雨地区广泛栽培的食用菌，一年四季均有供应，生产成本相对较低。

一、草菇的营养价值和保健作用

草菇鲜品肥嫩脆滑，鲜美爽口。干品浓郁芳香，视为美味佳肴，宴席珍品。草菇中含有多种氨基酸、微量元素，其营养丰富且含多种药效成分。现代医学肯定草菇有"强身壮骨，护肝健胃、解毒"之功效。特别是草菇多糖对抗感染、增强免疫力、抗肿瘤有明显的效果。草菇中含有异构蛋白，经常食用可增强人体的免疫能力。草菇所含有的含氮浸出物和嘌呤碱，对癌细胞的生长有一定的抑制作用。

二、草菇保鲜

（一）低温保鲜

当草菇有六七成熟时应及时采收装运。草菇运输装载箱一般用 40 cm 高的木箱或塑料箱，下部垫 5 cm 厚一层碎冰块，盖上塑料膜，膜上放约 20 cm 厚的鲜草菇，再盖上塑料膜，膜上再铺一层碎冰块。然后一箱一箱垒起来装车运输。也可用高 25 cm 的纸箱包装，即刻送入带制冷器的冷冻车，降温到 14℃左右，以上两法可使草菇贮存期延长 3～4 倍，而且开伞现象明显减少。

（二）预煮冷风冷藏

草菇经预煮，充分冷透，即冷却时间要长一些，必须待草菇中心部位都冷透，然后装进塑料桶，注满清水，再加盖，送入 0～4℃的冷风库内，可以存放 1～2 d，草菇品质变化不大。

（三）低温冷藏

将草菇预煮冷透后，将塑料桶送入－18℃的低温库中，草菇在塑料桶中会冻结起来，贮存时间可达 1 周。

（四）臭氧保鲜

草菇处理：新鲜采收的草菇装入聚乙烯薄膜袋，1 kg/袋，分别用臭氧发生器处理草菇。臭氧浓度 5 g/ m³，用臭氧发生器处理 2 秒，处理后扎紧袋口。每天开袋两次，进行换气和臭氧处理。于室温（25℃～28℃）下贮藏。经臭氧处理可延长贮藏期 10 h。

三、草菇加工

（一）草菇蜜饯

1. 选料与处理

选择菇体饱满、不开伞、无机械损伤的草菇，采收后立即放入 0.03％焦亚硫酸钠溶液中处理 6～8 h，然后用清水漂洗干净。

2. 烫漂及硬化

将处理后的草菇投入沸水中烫漂 2～3 min，以杀灭酶的活性。烫漂后立即捞出，放入冷水中冷却。冷却后捞出，放入 0.5％～1.0％的氯化钙溶液中浸渍 10～12 h，硬化后用清水漂洗 3～4 次，以除去残液。然后捞出沥干水分，投入 85℃热水中保持 5 min，再移入清水中漂洗 3～4 次。

3. 冷浸糖液

将漂洗干净的草菇放入 40％的糖液中冷浸 12 h。

4. 浓缩

冷却后再增加白糖，使糖液浓度达 60％，然后将草菇和糖液倒入不锈钢锅中，大火煮沸，然后改用文火熬煮，煮到糖液温度 108℃～110℃、糖液浓度在 75％左右即起锅（用糖度计测定）。

5. 烘烤及上糖衣

烘房温度不能超过 60℃，烘制 4 h 左右，同时要经常翻动菇品，直至草菇以手拿捏时不粘手为止。随即用白糖粉（将白砂糖置于 60℃～70℃下边烘干边研磨成粉）上糖衣。用量为草菇重的 10％。搅拌均匀后筛去多余的糖粉，然后按预定规格包装。

（二）草菇保健饮料

1. 工艺流程

原料－清洗→磨碎→提取→调配→过滤→脱色→灌装→杀菌→冷却→成品

2. 操作要点

（1）原料和清洗。将原料除去杂物以后反复清洗，把原料上的泥土、杂质清洗干净。

（2）磨碎。将清洗干净的原料投入打浆机中，将其磨成浆状。因为蘑菇在磨碎过程中十分容易发生色变，所以这一步要进行脱色处理。措施是，加入 0.11％～0.21％维生素 C 和 0.21％～0.31％的柠檬酸。

（3）称重与热处理。用天平称重，每份样品为 50 g。将称好的样品浸渍于含有 0.21％～0.31％柠檬酸、0.11％～0.21％维生素 C 的水溶液中，然后加热到 90℃～98℃，并进行均质以破坏蘑菇组织。蘑菇经过用上述溶液 10～15 min 加热处理后，即可进行脱水分离。

（4）络合剂处理。将热处理后经过离心分离所得的固体渣放入含维生素C及金属络合剂的水溶液中，金属络合剂使用柠檬酸钠。络合剂的添加量为总量的0.5%～2%，这一步加热到65℃～75℃，时间为5～20 min。然后进行离心分离。

（5）酶处理。将第二次分离出来的残渣加入蛋白酶，使蘑菇细胞壁完全溶解和破坏。一般在pH4～6之间，温度为30℃～55℃时蛋白酶活性最强，经过酶处理后可以进行第二次离心分离过滤。将上述两次提取液混合，即得到蘑菇稀汁，稀汁进一步浓缩便得到蘑菇原汁，原汁中含有蘑菇中所含的全部有效成分。

（6）调配。取得蘑菇原汁后，可以根据生产需要和工艺要求进行配方。原则上，为了饮料能良好地保持蘑菇的原汁原味，配方中尽量不要加入各种香料，以免掩盖了蘑菇天然的香气。建议配方：10%白砂糖溶液和0.15%的复合酸味剂（柠檬酸：乳酸＝1∶1）。

（7）过滤。为了饮料在贮存过程中不会因为静置而产生沉淀，保持其清澈的外观，在制成成品之前要将其进行过滤，使饮料中的可沉淀物降低。可以使用200目纱布进行过滤。

（8）脱色。为了使饮料颜色澄清透明，要将制作过程中残留在饮料中的各种色泽进行脱除。使用的工艺是利用活性炭进行吸附脱色。

（三）草菇姜味麻辣酱

1. 操作要点

（1）草菇的处理。若用鲜草菇，除杂后用5%沸盐水煮8 min左右，捞出冷却，把菇切成黄豆般大小的菇丁备用。若用干品则需浸1～2 h，用5%沸盐水煮至熟透，捞出，冷却切成黄豆般大小的菇丁备用。

（2）辣椒的处理。选用晴天采收的无病、无霉烂、无质变、自然成熟、色泽红艳的牛角椒，洗净晾干表面水分，然后剪去辣椒柄、剁成大米般大小，备用。

（3）生姜的处理。选取新鲜、肥壮的黄心嫩姜，剔去碎坏姜，洗干净，晾干表面水分，把生姜剁成豆豉般大小备用。

（4）大蒜的处理。把大蒜头分瓣，剥去外衣，洗干净后晾干表面水分。把大蒜制成泥状，备用。

（5）混合封坛。将各种主料、辅料、添加剂按原料配比混合均匀。将混合好的原料置于坛中，压实、密封。

（6）发酵。将坛置于通风干燥阴凉处，让酱醅在坛中自然发酵，每天要检查坛子的密封情况，一般自然发酵8～12 d，酱醅即成熟，可打开检查成品质量。

2. 产品质量标准

（1）感官指标。色泽鲜红色间杂豆豉、草菇的棕黑色，有光泽；有草菇、辣椒、姜的香气和醇香气，无其他不良气味；味鲜而醇厚，辣咸酸，香脆适口，无苦味及其他气味；黏稠适度，不稀不稠，无霉花、无杂质。

（2）理化指标。水分≤65%；食盐（以氯化钠计）≥12%；总酸（以乳酸计）≤2%；氨基酸氮（以氮计）≥0.50%；还原糖（以葡萄糖计）≥1.5%。

（四）草菇米粉片

1. 原料配方

籼米10 kg、草菇1 kg。

2. 制作方法

（1）磨浆。将籼米搓洗干净，移泡于25 kg的水中约3 h，捞出；将草菇去杂质、泥沙，切成小块，放入籼米中，一起磨成米浆。

（2）蒸皮。取竹制蒸笼一个，蒸笼内铺上不漏浆的纱布，上盖蒸至上汽，然后用勺舀适量的草菇抹浆于纱布上，厚约 0.5 mm，加盖蒸 4～5 min，取出将面皮平放在木板上。

（3）晒皮。面皮冷却后，可逐张揭起晾晒，晒至 5～6 成干时，切成各种形状的草菇米粉片，然后晒干或烘干即成。这样加工成的草菇米粉皮可炸食，也可发软后煮食或凉拌，味香质脆，滑口，鲜美。经常食用还可增强身体的抗癌能力，夏季有去暑清热的功效，是人们喜爱的佳品。

第九节　杏鲍菇

杏鲍菇，又名刺芹侧耳，属平菇的一种。杏鲍菇菌肉肥厚、质地脆嫩，状如鸡腿，菌柄洁白，具有杏仁香味，其味道是平菇中最好的一种，被称为"平菇王"。

杏鲍菇营养丰富，含有 18 种氨基酸和多种维生素及钙磷铁等矿物质，但热量却很低，其不饱和脂肪酸含量远远高于猪肉、鸡肉和啤酒，有上乘的减肥作用，是人类理想的高蛋白、低脂肪食品。中医认为，杏鲍菇有益气、杀虫和美容作用，可促进人体对脂类物质的消化吸收和胆固醇的溶解，对肿瘤也有一定预防和抑制作用，能调节人体的新陈代谢，增强免疫力，降低血压，增进人体健康。

（一）甜酸杏鲍菇

1. 工艺流程

鲜菇→去柄脚→分级→漂洗切片→杀青→盐渍→脱盐→调汁→装瓶→封口→浸渍→检查→成品

2. 操作要点

（1）前处理。先切除菇脚，留菇柄和菇盖。根据菌盖大小分级；菌盖直径≤4 cm；菌盖直径＝4～5 cm；菌盖直径≥5 cm。用含有 0.1％柠檬酸、0.01％抗坏血酸、0.5％食盐的水溶液浸洗泥沙，洗净待用。纵切成厚 1 cm 左右薄片。用夹层锅煮沸水后，倒入洗净杏鲍菇片进行杀青，煮 8～10 min，然后捞出放入冷水中冷透。

（2）盐渍。根据菌盖、菌柄直径大小及切片厚薄选择适宜的浸泡时间（以浸透为准），浸泡在 22°Bé 的过滤食盐水中，每天测定盐水浓度，上下翻动 1 次。如果盐水浓度低于 20°Bé 时，需要添加饱和盐水，使盐水保持在 22°Bé。使菇体脱水，并进行乳酸发酵，至菇体呈半透明时取出，在清水中漂洗 1～2 d 脱盐，捞出沥干水分，即可进行糖醋浸渍。

（3）调汁。按 100 kg 半成品用白糖 22 kg、白醋 22 kg 进行调配，并加入 0.5％抗坏血酸等。

（4）装瓶封口。每瓶装湿菇量为 150～200 g，加入调配汤汁，用量以浸没菇体为度。用封口机进行封口。

（5）浸渍。一般放在 22℃～25℃温度环境中，半个月可以浸渍成熟。

（6）检验。通过细菌培养，检查每种处理细菌个数，用培养皿培养法，放入 25℃培养箱中，观察并记录细菌个数，符合卫生标准，即可食用。

（二）杏鲍菇速溶即食营养保健麦片

1. 工艺流程

大麦→清杂→淘洗→浸泡→配料→分装→灭菌→接种→培养→破碎→烘干→粉碎→用温水（35℃）搅拌→胶磨→糖化、预糊化→蒸汽辊筒干燥→造粒→热风干燥→收集包装

2. 操作要点

（1）母种制作。同常规。

（2）原种和固体培养料制备。大麦仁要求籽粒饱满，无破损霉变。清杂后淘洗，浸泡6～10 h（视温度而定），取出沥去水分，称重，含水量约为42％。拌入食用级碳酸钙粉末，装入瓶或袋中，于0.14～0.15 MPa压力下灭菌2 h。

（3）接种。按无菌操作进行。

（4）培养。于25℃左右适温培养，10～15 d（视培养袋中料的多少而定）即可发满，菌丝浓白旺盛。继续培养3～5 d，原种即可使用；固体培养物需挖出，掰碎，于60℃～70℃烘干待用。

（5）焦糖化和预糊化。温度高达140℃，原料中的淀粉等大分子物质被降解、糊化，杏鲍菇菌丝体被灭活，再经过后续工序，最终形成冲调性甚好、具有良好色泽和口感的速溶即食营养保健麦片。

（6）造粒。造粒是一道复合工序，包含添加辅助原料和成型。辅料为奶粉、糖及不同的食品添加剂，用以改善麦片的品质，去除多余的苦杏仁味，达到美味可口的目的。速溶即食营养保麦片的最终产品为4～8目的薄片。

（三）富钙杏鲍菇菌丝体酸豆奶

1. 操作要点

（1）原料选用。选用优质大豆，粒大饱满，无虫卵，无霉变。

（2）浸泡、磨浆。将精选大豆清洗后浸泡在1.5％的碳酸氢钠溶液中（夏日4～6 h，冬日8～12 h），其间换水两次，去皮，然后用打浆机打浆，先粗滤，再离心分离（转速3000转/分钟，循环5 min），得滤液备用。

（3）混合、均质。将载体及杏鲍菇的超微粉体置于脱脂奶中，粉体质量占脱脂奶的10％，再取10％的含粉体的脱脂奶与豆浆混合，加入复合稳定剂、甜味剂、酸味剂，混合，搅拌，均质（压力32 MPa、循环5 min）。

（4）调配。用0.1％～0.12％柠檬酸溶液调pH为5.5左右，用11％蔗糖调甜度，测得可溶性固形物为14.5％。

（5）杀菌。采用高压灭菌（压力0.1 MPa、120℃、15 min），迅速冷却至40℃左右，然后接种保加利亚乳酸杆菌：乳酸链球菌：双歧杆菌的混合菌种（其比例为1∶1∶1），接种量为5％～6％。

（6）发酵。将接种好的豆奶放于40±1℃生化培养箱里恒温培养3～4 h即可，测pH为4.5，可溶性固形物为13％～14％。

2. 注意事项

杏鲍菇在魔芋海绵载体上培养不宜过久，以免菌丝老化发黄，影响奶的色泽和风味。若培养液干涸，菌丝长得不够丰满，可用无菌注射器根据需要注入培养液，使菌丝体长满整个载体表面。透气膜使用的是植物组织细胞培养用的封口膜，灭菌前注意不能有裂口及针眼，以防止污染杂菌。豆奶制作过程中应使用良好的复合稳定剂，防止乳清分层以影响商品外观。

3. 质量标准

（1）感官指标。本乳品具有杏仁般的清爽香味，酸甜适口，乳白色，无异味，组织结构均匀细腻，无分层，无凝块，无乳清析出。

（2）理化指标。可溶性固形物14％；钙0.587 g/100 g；pH4.5～4.8。

（3）微生物指标。细菌总数＜180 个/毫升；大肠杆菌≤3 个/100 mL；致病菌不得检出；其余均符合国家标准。

（四）杏鲍菇菌丝多糖

1．工艺流程

发酵液→过滤→收获菌丝体→60℃烘干→粉碎→提取→浓缩→乙醇沉淀→离心→收获沉淀→去杂蛋白→45℃烘干至恒重→称重

2．生产方法

（1）发酵培养。斜面培养基采用 PDA 培养基。液体摇瓶培养基配方：小米粉 2％，蔗糖 2％，豆饼粉 2％，酵母粉 0.8％，硫酸镁 0.05％，磷酸二氢钾 0.05％。二级摇瓶，装液量 120 mL/250 mL，接种量 8％，180 转/分钟，22℃培养 6 d。

（2）多糖提取。采用果胶酶处理，加酶量为 15％，酶解时间 1 h，温度 50℃；水浸提料液比 1∶30。

（3）乙醇沉淀。乙醇浓度 70％，最好在较低的温度下进行。

（4）去蛋白。提取获得的粗多糖，采用 SEVAG 法脱蛋白。即将沉淀物温水溶解，然后将体积比为 4∶1 的氯仿、正丁醇混合液等体积加入供试液中，提取 30 min 后，样品中的蛋白质和混合液即形成凝胶，离心除去凝胶，重复 3 次，再加入乙醇醇析 2 次，析出物真空干燥至恒重得灰褐色的粗多糖。

第十节　鸡腿菇

鸡腿菇又名毛头鬼伞，因其形如鸡腿、味似鸡丝而得名，是近年来人工开发生产的一种具有商业潜力的珍稀食用菌新品，也是一种容易人工栽培的食用菌。鸡腿菇肉质细嫩、鲜美可口、营养丰富，并具有多种药用功能，被定为符合联合国粮农组织和世界卫生组织要求的集"天然、营养、保健"三种功能为一体的 16 种珍稀食用菌之一，并被大力推广。

一、鸡腿菇营养及保健功能

据分析测定，每 100 g 鸡腿菇干品中蛋白质含量高达 25.4％，含有 8 种人体必需的氨基酸，总糖含量为 58.8％，并含有钙、镁、铁、锌等多种矿物质。鸡腿菇不仅营养丰富，同时也是一种药用菌，其味甘滑性平，具有清神、益脾、治痔、降血糖、降血脂等功效。药理实验证明，鸡腿菇还有提高机体免疫功能、抑制肿瘤生长、改善血液循环等作用，并对糖尿病有明显的辅助疗效。近年来，鸡腿菇鲜菇、干菇（切片菇）、罐头菇均极受欢迎。

二、鸡腿菇加工

（一）鸡腿菇保健饮料

1．工艺流程

鸡腿菇→剔选→清洗→预煮→破碎→过滤→调配→均质→灌装→密封→杀菌→冷却→包装→成品

2．操作要点

（1）原料清洗。选择品质优良、新鲜、无异味、无杂质、无腐败和褐变的鸡腿菇，并用清水洗去黏附的污垢和大部分微生物。

（2）预煮护色。按比例加入定量水，在适当的条件下预煮，以防止褐变，并软化菇体组织。

（3）打浆胶磨。先用打浆机将鸡腿菇破碎，再用胶体磨将鸡腿菇磨细。磨碎的混合物料用 120 目滤布过滤。

（4）调配均质。加入一定量的稳定剂、甜保剂和酸味剂调配均匀，将混合汁液加热至 65℃左右，用高压均质机进行二次均质处理，均质压力为 20 MPa。

（5）灌装杀菌。均质后趁热灌装于玻璃瓶中，手动压盖机封盖。封盖后的半成品置于沸水中加热杀菌 20 min，然后迅速冷却至室温。

3. 质量标准

（1）感官指标。产品呈橙黄色；组织均匀细腻，久置无分层；具有浓郁的鸡腿菇味，口感协调、柔和，酸甜适中，无黏稠感，无异味。

（2）理化指标。可溶性固形物含量＞11.0%；pH 为 4.2～4.7。

（3）微生物指标。细菌总数≤100 个/毫升；大肠菌群≤3 个/100 mL；致病菌不得检出。

（二）鸡腿菇保健醋

1. 操作要点

（1）鸡腿菇发酵液的制备。将鸡腿菇斜面接种于马铃薯培养基上，扩大培养后将其接种在盛有 150 mL 马铃薯液体培养基的 500 mL 锥形瓶中，置 28℃恒温摇床中，控制转速为 120 转/分钟，培养 6～7 d，得鸡腿菇菌丝体及发酵液，用双层纱布过滤，滤除菌丝后即得发酵液。

（2）补料。按 1∶10 的比例向上述鸡腿菇发酵液中补充已灭菌的 20% 的蔗糖溶液，将其可溶性固形物含量调整为 8%～10%。

（3）酒精发酵。取上述补好料的鸡腿菇发酵液 1000 mL 盛于 2500 mL 烧杯中，并接入预先活化好的干酵母 2.5 g，搅拌均匀，然后用无菌单层牛皮纸覆盖、扎紧，置于 28℃～30℃恒温培养箱中，每日搅拌 2～4 次，经过 4 d 左右的酒精发酵，酒精含量可达 5.1%～5.4%。

（4）醋用种子醅的制作。将麸皮 1 kg，糠壳 0.5 kg，加水拌和，控制湿度约为 40%（以手握时指缝有水而不滴水为度），经 100℃灭菌 30 min，冷却后，接种培养 30 h 的醋酸菌液 100 mL，再用浅盒装料置于 35℃培养室，每 2 h 翻拌一次，使物料充分接触空气，培养 3 d 后备用。

（5）醋酸发酵。酒精发酵结束后，向上述完成了酒精发酵的酒醪中拌入醋用种子醅约 0.3 kg，及预先灭菌的麸皮 0.4 kg、糠壳 0.3 kg，翻拌均匀，使醅料疏松、透气。维持品温 30℃～33℃进行醋酸发酵，但温度不宜超过 38℃，每日翻拌 2～3 次，并经常测定醋醪中的酸含量。经过 30 d 左右醋醪发出醋香，同时酸度不再升高即终止醋酸发酵，并立即加入 10% 左右的食盐，再翻醅 2 d 即可淋醋。

（6）淋醋。以 1 kg 醋醅加 1 kg 温水，将水倒入盛醋醅的烧杯中，浸泡 5 h 后，用 3 层纱布将醋汁分离出来，然后再用分出的醋汁反复多次淋洗醋醅，直至酸度达到要求即可。

（7）过滤、装瓶、灭菌。先将上述醋液用 4 层纱布进行粗滤，之后再用滤纸精滤，即得澄清透明的鸡腿菇醋。然后定量装瓶封盖。装瓶后，立即用巴氏消毒法进行灭菌，即得成品。

2. 质量指标

（1）感官指标。成品鸡腿菇醋应为褐绿色，澄清透明，有光泽，均匀一致，无沉淀，无悬浮物，酸味柔和纯正、绵长，具有鸡腿菇特有的清淡芳香，无异味。

（2）理化指标。总酸（以醋酸计）≥4.0 g/100 mL；酒精度（v/v）≤0.2；还原糖（以葡萄糖计）≥1.0 g/100 mL；砷（以 As 计）≤0.5 mg/kg；铅（以 Pb 计）≤1.0 mg/kg。

（3）卫生指标。大肠菌群≤3 个/100 mL；致病菌不得检。

（三）鸡腿菇酒

1．操作要点

（1）鸡腿菇菌丝体的培养。首先在综合培养基上培养母种，然后将母种接在装有 150 mL 液体培养基的 500 mL 锥形瓶中，置恒温式摇床上，转速为 160 转/分钟。26℃培养 5～6d 后，取出，在转速为 2000 转/分的条件下离心 10 min，倒去上清液，加入 100 mL 蒸馏水，在上述条件下再离心一次，倒去上清液，获得纯洁的菌丝体。

（2）浸取。根据配方用量将颗粒均匀、无霉变、无虫蛀的枸杞清洗去杂，然后与上述纯洁的鸡腿菇菌丝体一起置于 55 度白酒中，在室温条件下浸泡。用 50 mL 白酒浸泡 3 次，时间为浸提时间的 1/3，然后以 4 层纱布过滤，取其滤液，合并滤液。

（3）糖的处理。按配方准确称取白砂糖，加入 50 mL 水中，搅拌，加热，溶解，待用。

（4）勾兑。将糖液与滤液混合均匀，在不断搅拌下按 36％的比例加入去离子水，充分混合后，在转速为 2000 转/分钟的条件下离心 8～10 min，去其残渣和沉淀。

（5）澄清。用蛋清作澄清剂，充分搅动，使之形成泡沫，然后一边搅动酒，一边加入蛋清，用量为每 200 mL 酒加蛋清 3～4 滴。充分混合后，在 60℃～65℃的水浴锅上加热 10 min，然后静置 20～24 h。

（6）过滤灭菌。待酒液澄清分层后，过滤，即得澄清透明的鸡腿菇酒。然后定量装瓶。装瓶后，用浓度为 1.6 g/ m³ 的臭氧灭菌 3.0 min，立即封盖，即得成品。

2．产品质量指标

（1）感官指标。外观橙黄，澄清透明，有光泽，均匀一致，无悬浮物，无沉淀；鸡腿菇香清淡，酒香怡雅，无异香。滋味柔和纯正，甜度适宜，回味悠长，酒体完整。

（2）理化指标。酒度 17.2（v/v）；糖分 17％；总酸 1.3 g/L（以酒石酸计）。

（3）卫生指标。符合国家 GB 2757—1981 标准。

第十一节　竹荪

竹荪又名竹参、竹笙、网沙菌和竹菌等，属鬼笔科竹荪属的食用真菌。竹荪子实体酥脆可口，香味浓郁，别具风味。竹荪具有很高的营养价值，不仅富含氨基酸和维生素，而且含有具生物活性的竹荪多糖。研究表明，竹荪多糖具有抗肿瘤、降低血压和胆固醇的保健功能，能防止血管壁脂肪的积累。目前人工栽培的产品，除少量鲜食外，主要以干制品面市，产品形式比较单调。

（一）竹荪酸乳饮料加工技术

1．操作要点

（1）乳酸菌发酵剂的制备用

脱脂牛奶培养基，将市售鲜牛奶在 3000 转/分下离心 30 min，然后于 112℃灭菌 30 min，发酵液采用三级培养法。试管培养：在试管内装入培养基 20 mL，灭菌后，接种乳酸菌 37℃下培养（保加利亚乳杆菌、嗜热乳杆菌或乳酸乳杆菌）1天，于5℃条件下保存2～3周备用。三角瓶培养：在容积为200 mL三角瓶内装入培养基120～150 mL，灭菌后，接入试管菌液1～1.5 mL，在37℃下培养24 h，于5℃保存2～3周备用。发酵瓶培养：在500～1000 mL三角瓶内装入250～500 mL培养基，灭菌后，接入1%的三角瓶培养菌种，在37℃左右培养24 h，使酸度达到1%左右，活菌数在10^8个/毫升以上，于当天使用，或置冷库备用。

（2）竹荪酸乳发酵

取竹荪菌盖、菌托干品5～10 kg（鲜品，洗净，稍加研磨），用50～70℃热水浸泡12 h左右，滤取浸出液。在浸出液中加入脱脂奶粉5 kg，蔗糖8～12 kg，明胶20～50g（用热水溶化后加入），柠檬酸100～150 g，加水至100 kg，装人发酵罐内，然后在82℃下进行巴氏灭菌15 min，立即冷却到37℃～40℃。按发酵液的量接种1%～2%已制备好的发酵剂，在37℃左右下进行无氧发酵，经10～15 h，当发酵液酸度下降到pH为4左右时，立即冷却，停止发酵。然后将发酵液在均质机中以9.8～10.29MPa的压力均质。过滤后，进行调配，加入山楂汁、苹果汁或刺梨汁10 kg（经果胶酶处理过的澄清果汁），柠檬酸100～150 g，天然香精和山梨酸钾适量，混合均匀后，在93℃下杀菌15秒，灌装后，在4℃条件下贮存。

2. 产品质量标准

成品酸度110～120 °T，口感爽快、柔和，有独特的菇香和天然果汁香味。

（二）竹荪饮料加工技术

用竹荪制成的饮料，不仅风味佳，而且还含有丰富的营养，是一种老少皆宜的保健饮料。

1. 原料

竹荪、白砂糖、果胶酶、木瓜蛋白酶、纤维素酶、柠檬酸钠、磷酸钠、蔗糖脂肪酸酯。

2. 操作要点

（1）原料剔选、粉碎。

竹荪必须是非硫黄熏制、未霉变、无异味的，若使用硫黄熏制的竹荪将严重影响浸提液效果。用粉碎机粉碎，过80目筛。

（2）常温浸泡。

时间10 h左右，若时间太短，浸提效果将受影响。

（3）浸提分离。

为了使竹荪饮料营养成分完全，本工艺采用四级综合提取法，一方面避免了多糖的严重降解，另一方面又显著地提高各营养物质的得率。热水浸提：80℃～90℃浸提1 h，提取液中含有糖类、游离氨基酸、嘌呤及糖醇。1%柠檬酸钠浸提：80℃～90℃浸提1 h，提取液中含有糖原及碱。0.3%磷酸钠浸提：80℃～85℃浸提10 min，提取液中含半纤维素和蛋白质。酶解：沉淀用pH4.0柠檬酸缓冲液、0.1%木瓜蛋白酶、0.2%果胶酶、0.1%纤维素酶，40℃下酶解50 min，提取液中含有氨基酸、肽类和氨基葡萄糖。

（4）壳聚糖沉淀。

用0.01%壳聚糖除掉一些易导致饮料沉淀的物质。

（5）配制。

浸提液中加入适量的白砂糖、柠檬酸、少量尼泊金乙酯，杀菌后即可获得风味俱佳的竹荪保健饮料。

3. 产品质量指标

（1）感官指标。

呈淡黄色澄清溶液，无沉淀，具有竹荪独特清香，无异味。

（2）理化指标。

总酸（以柠檬酸计）0.20～0.25 g/100 mL；总糖（以折光计）10％～12％；防腐剂＜0.2 g/kg。

（3）微生物指标。

细菌总数≤100 个/毫升；大肠菌群≤6 个/100 mL；致病菌不得检出。

（三）竹荪固体酱油加工技术

取竹荪干品 1 kg，加水 10 kg（若用鲜品，则每 kg 加水 3 kg），在 70℃～80℃下加热 1 h，滤去残渣，得竹荪热水提取液。取普通酿造酱油 100 kg，加竹荪热水提取液 6 kg、蔗糖 4 kg、花椒 200 g、胡椒 200 g，八角 300 g、桂皮 100 g、姜 1.5 kg，在 90℃下加热 1 h，过滤，加入 0.15％～0.60％防腐剂，即得竹荪酱油。取上述成品酱油放入带有搅拌装置的浓缩锅内，容积为 50 L 浓缩锅可装入成品酱油 30 kg。然后在减压条件下进行真空浓缩。通过视孔观察，当酱油已浓缩成饴状时，停止加热，关闭真空泵，然后在料孔中加入预先配制好的辅料，包括谷氨酸钠 450 g、蔗糖 2400 g、精盐 7200 g、苯甲酸钠 5 g，开动搅拌器，充分混匀，趁热放出，称量，装入袋内，冷却后封口，可得竹荪固体酱油。

（四）竹荪汤料加工技术

将竹荪菌盖、菌托洗净、烘干、粉碎、过筛（80 目）。葱洗净，切成 2～3 mm 长，烘干备用。取竹荪副产品干粉 19.5 kg，谷氨酸钠 9.5 kg，5′-鸟苷酸 0.25 kg，5′-肌苷酸 0.25 kg，精盐 67.7 kg，胡椒粉 0.2 kg，姜粉 0.6 kg，葱段 2 kg，进行干态混合，用防潮纸袋分装，每袋 10 g。供配汤用，煮沸 5～8 min 即可食用；或用开水冲泡，加盖，泡 8～10 min 食用。

也可将竹荪菌托、菌柄的干制品粉碎成粗颗粒，按质量比加入 2 倍量清水，煮沸 30 min，过滤，在滤渣中加入 1 倍量清水，煮沸 20 min，在滤汁冷至 25℃时，过滤，合并两次滤汁。按竹荪量加入 1.75 倍可溶性淀粉（先用冷水调浆）、0.1 倍量麻油，加热浓缩，至固形物含量为 70％时，停止加热。移至真空干燥器内干燥，装盘厚度 1～1.5 cm，真空度（9.03～9.28）×10^4 Pa，至干燥物含水量为 20％。然后将干燥物粉碎，过 100 目筛，备用。另取洗净的菌托，切片，在沸水中烫漂 3 min，取出沥干水分后，备用。称取竹荪浸出物 10 kg、菌托切片 10 kg、精盐 35 kg、谷氨酸钠 5 kg、白胡椒粉 0.2 kg、洋葱片 10 kg、葱段 1 kg、姜粉 0.2 kg，进行干态混合，装入防潮纸袋内，每袋 15 g。冲入沸水 120～150 mL，即可食用。

第十二节　姬松茸

姬松茸又名巴西蘑菇、小松菇等，子实体脆嫩爽口，是一种有神奇药用功效、美味的药食用菌，我国多个省均有栽种。姬松茸具有杏仁香味，日本研究者已从新鲜或干燥的姬松茸子实体中提取出具有明显抗肿瘤活性的多糖物质。姬松茸具有防癌、降血压、降血脂和改善动脉硬化症之功效，无论从营养价值还是药用价值来看，姬松茸都优于其他食用菌。姬松茸由于其独特的药用功效在日本深受人们的追捧。

（一）姬松茸冻干工艺

1．工艺流程

松茸原料→清洗→切片→摆盘→冻结→升华干燥→出机→包装

2．操作要点

（1）清洗。

将新鲜姬松茸放在亚硫酸钠稀溶液中浸泡 2 min，然后用清水冲洗，去掉泥土后沥干。

（2）切片。

用不锈钢刀片将姬松茸纵向切成 4 mm 厚的薄片。

（3）摆盘。

按 9 kg/m² 在不锈钢盘上摆片，厚度不超过 30 mm。

（4）冻结。

冻结速度不同会产生不同大小的冰晶，而直接影响升华干燥速度和风味物质的保留。姬松茸的平均冻结速度为 1℃/min 左右，冻结时间约为 80 min，冻结终了温度在−30℃左右，确保无液体存在，否则，干燥过程中会出现营养流失、体积缩小等不良现象。

（5）升华干燥。

启动真空泵，将干燥压力抽至 30～60 Pa，然后对干燥板层加热，提供升华热，于是，姬松茸中的水分开始大量升华。此时，应特别注意升温不要过快，以免超过三相点而解冻，从而影响产品质量。料温在−20℃～25℃之间，时间为 4～5 h，然后升温至 45℃左右，最后压力在 10 Pa 左右。当料温与板层温度趋于一致时，干燥过程即可结束，时间为 8～9 h。

（6）出机。

一般不能将冻干产品从干燥室中直接拿出，应该从过滤闸门充入氮气，破坏干燥室内的真空度，使产品的多孔结构中充满氮气。

（7）包装。

因冻干姬松茸含水量极低，易吸潮，所以出机后应及时真空包装或充氮包装。

（二）姬松茸发酵保健饮料

1．工艺流程

保藏菌种→斜面母种→摇瓶菌种→发酵产物→组织捣碎→热水浸提→过滤→调配→均质→脱气→灭菌→真空灌装→检验→成品

2．操作要点

（1）斜面培养。

从母种试管中切出蚕豆大小的菌丝块接种于斜面的中部，于 25℃培养 10 d。

（2）发酵培养。

将已活化的斜面菌种切割成黄豆大小的菌丝块，接种于一级摇瓶中，一支斜面接一瓶，500 mL 三角瓶装培养基 100 mL，以 25℃、160 转/分钟培养 7～8 d；二级摇瓶用 500 mL 三角瓶装 120 mL，接种 10% 一级摇瓶菌种，以 150 转/分钟、26℃培养 5 d。发酵液呈淡黄色，有独特的姬松茸香味，测菌丝体湿重为 20%～25%。

（3）组织捣碎。

将发酵液连同菌丝一起倒入组织捣碎机中，将其打碎成浆液。

（4）热水浸提。

将浆液置于 60℃水浴锅中浸提 30 min，以促使菌丝体自溶，有利于较多的营养物质溶于发酵液中，然后用离心机进行离心分离并过滤，得到发酵匀浆滤液，滤渣可重复匀浆、浸提一次，合并两次滤液。

（5）风味调配。

将甜味剂（白砂糖与蜂蜜按1∶1混合）、酸味剂（柠檬酸）和发酵处理滤液分别配制成一定浓度的溶液。影响姬松茸饮料质量、风味的主要因素为姬松茸发酵滤液的添加量、甜味剂的添加量、酸味剂的添加量。

（6）均质脱气。

将调配好的浆液加入稳定剂后均质，均质压力为15～20 MPa。均质后，将料液进行脱气处理，适宜真空度为0.05 MPa，脱气10 min。

（7）灭菌及真空灌装。

采用高温瞬时灭菌，灭菌条件：115℃，5 s。灭菌后进行真空灌装，并压盖密封。冷却后进行成品质量检验。

3．产品质量标准

（1）感官指标。

色泽淡黄色；风味酸甜适中，具有姬松茸特有的清香，无异味；汁液质地均匀，体态滑润，无杂质，无沉淀，无分层现象。

（2）理化指标。

可溶性固形物10％；总酸（以柠檬酸计）0.5％；重金属含量符合国家标准。

（3）微生物指标。

细菌总数＜100 个/毫升；大肠菌群≤6 个/100 mL；致病菌不得检出。

（三）姬松茸荔枝蜜

1．工艺流程

姬松茸干菇→粉碎→水浴→用水浸提→冷却过滤→离心分离→浓缩→调和蜂蜜→检验

2．操作要点

（1）粉碎。

将选好的干姬松茸子实体放在植物样本粉碎机上粉碎。

（2）浸提。

准确称取50 g姬松茸干粉，加入400 mL蒸馏水，用不锈钢提取锅在95℃水浴中浸提3.5 h（有杏仁味逸出）。

（3）过滤。

将浸提液冷却后，先用干净纱布粗滤，然后通过120目筛过滤，测体积为390 mL。

（4）离心分离。

将过滤后的滤液经4000转/分钟离心10 min后，取上清液待浓缩。

（5）浓缩。

将上清液置于不锈钢浓缩提取锅中（水浴温度100℃），沸腾浓缩至体积为50 mL的高浓度浸提液。

（6）蜂蜜精制。

将荔枝原蜜先经80目筛粗滤后，再经300目离心（2000转/分钟，20 min）精滤，除去花粉颗粒等悬浮物。

（7）调配。

将高浓度浸提液与荔枝精制蜜按配比1∶20，通过电动匀浆机均匀调配。

3. 产品质量指标

（1）感官指标。色泽橙黄色或棕黄色；有蜜的甜润感，回味有杏仁味；组织均匀透明，无气泡，无肉眼可见杂物，无发酵症状。

（2）理化指标。可溶性固形物含量＞75.8%；折光率＞14.6%；水分含量＜23.5%；pH 为 4.5～5。

（四）姬松茸菌丝饮料

1. 配料及配方

姬松茸菌种、马铃薯块茎、葡萄糖、琼脂、梭甲基纤维素钠（CMC-Na）、白砂糖、食用柠檬酸、食用香料等。

姬松茸菌丝粉 0.3%～0.9%（菌丝粉力度 80～120 目），CMC-Na 0.04%～0.12%，蔗糖 9%，柠檬酸 0.2%，山梨酸钾 0.05%，食用香料适量。

2. 工艺要点

（1）姬松茸菌丝体粉制备。

采用 PDA 液体培养基接种姬松茸菌种后，在摇床中于 24℃～26℃下通气培养 5～6 d，然后滤出菌丝，用无菌水稍加淘洗后，滤水，于干燥箱中烘干，粉碎，过筛，包装备用。

（2）姬松茸菌丝饮料制备。

将蔗糖用少量软水溶解过滤，然后分别加入姬松茸菌丝粉（0.5%，粒度 100 μm）、溶化的 CM-CNa（0.08%）、柠檬酸、山梨酸钾和香料，搅匀，最后补水至配方规定量。然后加热至沸，趁热灌入已灭菌的饮料瓶，压盖，冷却，入库贮藏。

（五）利用深层发酵培养姬松茸菌丝体制作软饮料

姬松茸具有防癌、降血脂和改善动脉硬化等功效。用深层培养的姬松茸菌丝体制成的饮料，风味鲜美，营养丰富，并且富含促进儿童生长发育且增智的精氨酸与赖氨酸，是一种优质的保健饮料。

1. 工艺流程

菌种→斜面菌种→摇瓶菌种→发酵产物→组织捣碎→水浴浸提→过滤→破碎的菌丝球→水浴、浸提→滤液合并→过滤→调配→灌装→封口→杀菌→产品

2. 操作要点

（1）菌种活化。

采用 PDA 培养基，在 26℃下培养 12 d。

（2）发酵培养。

培养基配方：3% 玉米淀粉，2% 蔗糖，0.5% 酵母粉，0.3% 磷酸二氢锂，0.3% 七水硫酸镁，每百 mL 加入 1 mg 的维生素 B_1。一级摇瓶采用 250 mL 三角瓶，装量 50 mL，接 0.5 cm^2 菌种一块，26℃下培养 9d。二级摇瓶接 10% 液体菌种，置旋转式摇床，转速 220 转/分，26℃下培养 7～8 d。

（3）水浴浸提。

发酵产物经组织捣碎机捣碎，在 60℃水浴条件下浸提 1 h 后过滤。滤出的破碎菌丝球，加定量水后在 80℃水浴中浸提 1 h 后过滤，收集两次滤液，进一步细过滤，然后用白砂糖、柠檬酸、尼泊金乙酯等调配，装瓶，封口，杀菌得饮料成品。

3．产品质量指标

（1）感官指标。

呈淡黄色，具有姬松茸特有的清香。

（2）理化指标。

总酸（以柠檬酸计）0.15～0.20 g/100 mL；总糖（以折光计）10%～20%；防腐剂＜0.2 g/kg。

（3）微生物指标。

细菌总数≤100cfu/mL；大肠菌群≤6 个/100 mL；致病菌不得检出。

第十三节　虫草

冬虫夏草是虫草属真菌寄生到蝙蝠蛾幼虫虫体上，以虫体营养生长发育起来的植物，因冬天似虫、夏天似草而得名，是我国名贵的中药材之一。我国是发现和在医药上应用冬虫夏草最早的国家，原生于四川、青海、西藏等省海拔 3000 m 以上的地区。近年来，由于虫草价格日趋上扬，采挖人多，加之畜牧业生产的迅速发展，破坏了生态平衡，野生虫草资源越来越少。为了提高虫草的产量，满足医药市场的需要，20 世纪 70 年代后期，我国各相关研究所展开了对虫草的组织分离、培养、成分测定等工作，并在虫草的食、药用方面进行了深入研究。

一、虫草的营养及保健功能

冬虫夏草除含有大量的蛋白质、脂肪、糖类外，还含有虫草酸、冬虫夏草素以及维生素 B_2 等有效成分，对多种病原体，尤其对结核菌有明显的抑制力，并且具有扩张支气管、加强肾上腺素的作用。

冬虫夏草是一味强壮滋补药，有保肺补肾，止咳化痰，补虚损，治虚喘、咯血等功能，是治虚劳咯血、阳痿遗精、腰膝酸痛等症的良药。医学研究发现，冬虫夏草还有对心脏病、肝病，甚至抗癌等多方面的药用价值，使市场需求量大大增加，虫草由此而紧俏。

二、虫草的加工

（一）虫草冲剂

1．工艺流程

斜面母种→固体原种→固体培养→烘干→粉碎→配料→称量包装→成品

2．操作方法

培养基的制作同常规，按无菌操作接种，在 18℃～20℃下遮光培养。斜面菌种 7～10 d 可长满，原种和菇体培养料 20～30 d 长至瓶底。固体培养长至瓶底后给以散射光，菌丝即逐渐转为橘黄色或橘红色，此时终止培养，挖出培养物，于 60℃～70℃烘干，粉碎过 60 目筛，加甜味剂拌匀，按每小袋 10 g 分装并封口。为进一步提高营养保健功效，可适当添加钙、锌等矿物质元素或其他营养强化剂。

上述虫草固体培养物，烘干粉碎后还可压成片剂或装胶囊。所得冬虫夏草冲剂和蛹虫草冲剂，均有虫草的清香味，冲调性能很好，口感甚佳。通常片剂或胶囊中，也都是添加淀粉等作为赋形剂或稀释（填充）剂，而虫草的固体培养物中，既含丰富有效成分的菌丝体，又有尚未被菌丝分解的淀粉，可直接压片或装胶囊，大大简化了生产工艺，降低了生产成本。亦可将固体培养物用热水浸提出有效成分，然后加工成虫草饮料，或浓缩后制口服液。还可在提取液中加酒药发酵，加工成饮料酒，或直接加食用酒精勾兑成饮料酒等。本法不仅可用于生产虫草冲剂等，还可用来生产灵芝、猴头菇、香菇等食用菌的冲剂和相关制品，因此具有广泛的应用前景。

（二）保健型虫草蜜汁饮料

1. 工艺流程

虫草菌种→斜面培养→发酵液→加热处理→胶体磨反复研磨→过滤→调配→过滤→均质→灭菌→真空灌装→成品

2. 操作要点

（1）斜面培养。

把虫草菌种接种于灭菌的 PDA 培养基上，于 24℃ 下培养 7 天左右，至斜面长满菌丝。

（2）液体培养。

液体培养基配方为去皮土豆 30%，葡萄糖 1.5%，蛋白胨 0.5%，硫酸镁 0.1%，氯化钙 0.1%，磷酸二氢钾 0.05%。

把配好的液体培养基分装于 250 mL 的三角瓶中，分装量为 100 mL，在 1.176×10^5 Pa 压力下灭菌 50~60 min，冷却后在无菌条件下，采用多点接种法接种斜面菌种 1 cm^2，使菌丝体浮在液面上，于 24℃~26℃ 静止培养 24 h，然后上摇床培养，180~200 转/分钟，24℃~26℃ 培养 3~4 d。镜检菌丝体开始老化，发酵液呈淡黄色，有特殊的虫草菌香味，即可停止培养。此时测定菌丝体湿重为 25%~30%。把发酵液加热到 65℃~70℃ 维持 30 min，促使菌丝体自溶，让较多的营养物质溶解于发酵液中。

（3）研磨。

热处理后的菌丝体发酵液趁热进入胶体磨，反复研磨 20 min，然后下胶体磨进行过滤，得滤液。滤渣可重复研磨一次。

（4）调配。

经过试验确定虫草蜜汁饮料的最佳组合为虫草发酵研磨滤液 50%，白砂糖 9%，蜂蜜 5%，柠檬酸 0.3%，稳定剂（CMC-Na 和海藻酸钠按 1:1 混合）0.2%。

（5）均质。

上述溶液混合均匀后进行过滤，再均质，均质压力 15~20 MPa。通过均质可以增强饮料的稳定性，并使饮料体态滑润。

（6）灭菌及真空灌装。

采用高温瞬时灭菌，灭菌条件，115℃，5 秒钟。灭菌后进行真空灌装，并密封即得成品虫草蜜汁饮料。

3. 产品质量要求

虫草蜜汁饮料呈淡黄色或金黄色，无沉淀，有特殊的虫草菌清香的气味，酸甜适口，体态滑润。

（三）冬虫夏草蜜

1. 工艺流程

原蜜选择→药材浸提→调配→过滤→浓缩→检验→封装→成品

2. 技术要点

（1）原蜜选择。

视当地资源情况，酌选质地纯正的刺槐、紫云英、桂花等蜜种作为原蜜。原蜜的感官、理化指标应达到以下要求：水分<17%，色泽13~14，澄清度清晰透明，酸度1~2.7，酶值59，蔗糖2.2%~3%，总还原糖80%，果糖40%，花粉无，味道具有该蜜种的典型香味。

（2）药材浸提。

冬虫夏草加10倍量水进行热水回流提取，过滤后，在滤液中加入75%乙醇进行醇析。经低温沉淀后，吸取上层清液，过滤，滤液回收乙醇，加入离子水，配制成10%浓度热水提取液。将肉桂、党参、当归，分别加5倍量75%乙醇进行渗漏提取，过滤，在滤液中加入75%乙醇，分别配制成20%浓度肉桂、党参、当归乙醇浸出液。

（3）调配。

在原蜜中加入10%浓度的冬虫夏草热水提取液10%（重量比，下同），20%浓度的肉桂乙醇浸出液0.5%，20%浓度的党参乙醇浸出液0.1%，20%浓度的当归乙醇浸出液0.001%。搅拌均匀，半成品应具有较明显的虫草清香。

（4）过滤。

采用竖式滤糖机进行过滤。以纸浆加石棉为滤材，并上下加毛毡和滤布，滤层厚度为0.36 g/cm²，过滤压力为0.25 MPa，原蜜浓度为30°Bé，过滤时加温至60℃。采用上述工艺条件，能有效地除去原蜜中的花粉、树脂质、蜂蜡、糊精、淀粉以及其他杂质，提高其透明度。

（5）浓缩。

浓缩温度控制在50℃，真空度在0.1 MPa以上，时间控制在30 min左右，产品质量较好。若浓缩温度超过65℃，时间超过100 min，各项指标明显恶化。

（6）检验、包装。

产品经检验合格后，进行分装（250或300 g棕色瓶或25 g安部瓶）即为成品。

3. 质量要求

（1）理化指标。

符合GB012—1982"蜂蜜"各项指标，冬虫夏草及药材含量（折干固形物）应分别为冬虫夏草0.1%，肉桂0.1%，党参0.02%，当归2 mg/kg。

（2）卫生指标。

应符合GB239—1984"蜂蜜卫生指标"。

（四）冬虫夏草金银花果茶

1. 操作要点

（1）山楂汁的浸提。

①挑选、清洗。选取成熟适度的山楂，除去腐烂果、虫蛀果，然后用流动水洗掉果实表面泥沙等污物。

②热烫、打浆。洗净的山楂倒入夹层锅内保持水温95℃左右热烫3~5 min，烫软即

可，然后采用筛孔直径为 1mm 的打浆机打成浆状。

③离心分离。将山楂浆通过离心分离机 3000～4000 转/分钟除去残渣。

④酶处理。将山楂浆加入 0.02% 的果胶酶，充分搅拌，反应 2 h 后备用。

（2）金银花浸提液的制备。

①原料选择。选用市售一级品金银花，花蕊整齐，不得有烂花头、杂叶残枝及其他异物。

②破碎。将选好的金银花压碎，以充分破坏组织结构，但不能压得太碎，做到基本破碎分开即可。

③提取。将处理好的金银花投入 20 倍的纯净水中，快速煮沸 3 min，以钝化金银花中的过氧化物酶和多酚氧化酶，然后停止加热，煮 20 min，过滤，得可溶性固形物为 1.5%～2.0% 的金银花汁。

④澄清、稳定。提取汁液中加入 1/万的果胶酶和 2/万复合纤维素酶，立即快速搅拌，在 40℃～45℃ 下酶解 2 h，然后用硅藻土过滤，滤液中加 0.02%～0.03% 的稳定剂，得到清亮透明的金银花汁。

（3）冬虫夏草液的制备.

将冬虫夏草捣碎，用 10 倍左右 40℃ 的温水浸泡 2 h，然后进行热水回流提取，过滤后在滤液中加入 75% 乙醇进行醇析，经低温沉降后，吸取上层清液，过滤，滤液回收乙醇，即得冬虫夏草提取液，备用。

（4）调配。

将山楂汁、金银花提取液、冬虫夏草提取液按一定比例（无固定比例，生产者可以根据口味自行调整）打入调配罐内然后加入蔗糖、柠檬酸、稳定剂进行混合调配。

（5）均质、脱气。

用高压均质机在压力为 15～20 MPa，温度为 60℃～80℃ 条件下进行均质化处理，然后在真空度为 0.0078～0.0105 MPa，温度为 40℃～50℃ 条件下脱气。

（6）灌装、杀菌。

脱气后趁热进行灌装，然后采用超高温瞬时杀菌法，即温度 137℃、时间 21 秒进行杀菌，之后冷却即为成品。

2. 产品质量标准

（1）感官指标。

色泽呈淡鲜红色，均匀一致；具有山楂和金银花特有的浓郁香味；口感滑润，酸甜可口，无异味；均匀胶体混浊状态，久置后无沉淀。

（2）理化指标。

可溶性固形物（以折光计）220%；总糖（糖度计测，20℃）11%～12%；总酸（以柠檬酸计）≥0.1%；砷（以 As 计）≤0.5 mg/kg；铅（以 Pb 计）≤1.0 mg/kg；铜（以 Cu 计）≤1.0 mg/kg。

（3）微生物指标。

细菌总数（个/毫升）≤100；大肠菌群（个/100 mL）≤2；致病菌不得检出。

第十四节　灵芝

灵芝是多孔菌科植物紫芝的实体。是一种很名贵的药用及食用菌，俗称"灵芝草"，古代称为长生不老的"仙草"。灵芝含有多种人体必需氨基酸，20多种微量元素和多种多核苷、甾醇和生物碱。

一、灵芝的营养价值及保健功能

据现代医学研究表明和有关资料记载，灵芝对肝炎、肝硬化、肾炎、肾盂肾炎、风湿性关节炎、慢性支气管炎、哮喘、胃病、十二指肠溃疡、心脑血管疾病、心肌炎、神经衰弱、鼻炎、糖尿病、前列腺肥大、高山病、心悸、手足冰冷、高血压、低血压、湿疹、汗疹、寒症瘀血、尿急尿频、盗汗、脑震荡后遗症、失眠、痔疮、便血、盆腔炎、子宫内膜炎等症有疗效。灵芝还具有嫩肤美容白净皮肤的作用，特别是消除面部雀斑、色斑、黄褐斑、粉刺及调剂内分泌失调方面有很好的效果，长期食用可清除人体血中杂质，降低胆固醇，促进血液循环，治疗更年期疾病，对提高人体免疫力，防止老年性痴呆等都有一定的作用。

二、灵芝的加工

（一）灵芝保健酒

1. 工艺流程

灵芝分选→粉碎→浸泡→配料→冷却→发酵→分离→灵芝原酒→后发酵→热处理→调配→过滤→陈酿→装瓶→贴标→成品

2. 操作要点

（1）选料与粉碎。

选择无虫害、无泥沙、无霉变的干灵芝，形状与大小不限，先经切片，再粉碎成15～20目的灵芝粉。

（2）热水浸提。

以75℃左右的热水保温浸泡灵芝粉2 h在右，灵芝与水之质量比为2.2：100，提取灵芝中水溶性成分。为了达到一定的酒度，并使成品酒具有一定的糖度，可在灵芝热水浸提液中加入适量白糖，配成糖化液，使白糖完全溶解后冷却至38℃左右。

（3）活化干酵母。

按糖化液0.08%的用量称取活性干酵母，并用少量葡萄糖调成2%的糖液，在38℃左右温度下使活性干酵母活化3 h以上。

（4）醪液发酵。

当发酵液冷却到38℃左右时，进行投料，即将已活化的酵母液倒入发酵液中进行主发酵。在发酵的0～9 h间，要严格控制醪液温度在38℃以内，以后只要保持醪液温度不超过42℃即可。在发酵期间，隔日对醪液进行酸度、还原糖、总糖的测定，并经常观察发酵情况，了解发酵过程。7～8 d即可结束主发酵。

（5）分离及后发酵。

发酵7～8 d时，酒度达到9～11度，即可结束主发酵，分离所得灵芝原酒再倒回发酵缸进行 2～3 d 的后发酵。

（6）酒的热处理和调配后。

发酵结束则进行热处理，杀死酵母细胞，处理温度为 78℃ 左右。热处理再冷却后灵芝原酒呈淡黄色，酒度为 9～11 度。为使产品达到一定的保存期，并具有一定风味，需用 95% 的食用酒精合理调配，将酒度调至 16 度 ±1 度。用甲罗蜜色素进行色泽调节，使成品酒既具有灵芝的典型风味，又具有接近灵芝的琥珀色。

（7）灵芝酒的陈酿。

陈酿的时间需 6 个月以上，目的在于使灵芝酒中醇酸间发生酯化反应，使酒体更融洽，酒香更浓郁。在陈酿过程中要加强管理，注意换缸和添缸，保证酒缸充满，添缸时要注意酒龄的长短，新酒不能添入老酒中，但老酒可以添入新酒中。

3. 产品质量指标

（1）感官指标。

色泽琥珀色，清亮透明；酒香较浓郁；口味纯正，甜酸适中，清凉爽口，稍带灵芝苦味，后味绵长。

（2）理化指标。

酒度（20℃）为 15.9 度；总酸（以乙酸计）0.26 g/100 mL；总糖（以葡萄糖计）4.28 g/100 mL；杂醇油 0.08 g/100 mL。

（二）灵芝黄芪酒

灵芝黄芪酒是以灵芝、黄芪、党参、白术为原料，以大曲酒为酒基的保健酒。可诱发人体产生干扰素，对慢性气管炎、慢性胃炎、神经衰弱等多种疾病均有疗效。

1. 操作要点厂

（1）药材泡制酒的制备。

取灵芝 2 kg、黄芪 2 kg、党参 106 kg，白术 1 kg，洗净晒干，切成薄片，浸泡在 100L 大曲酒中，浸泡 20～30 d，然后过滤得药材泡制酒备用。

（2）糖、水处理。

灵芝黄芪酒糖度较高，糖、水处理不好，不但影响过滤，而且影响酒的质量稳定性和透明度。对水质的要求是应经过离子交换树脂处理，并经过紫外线灭菌。糖应用无菌水溶解，采用间接加温，恒温净化 30 min 后经多层棉纱过滤，取过滤液冷却备用。

（3）灵芝黄芪酒的调配。

总的要求是酒度不宜太高，既突出酒香，又不掩盖药香，既要酒品的药理保健作用，又不能使药味太浓，还要保持酒质的稳定。基本做法是对酒的酒度、糖度、酸度、药物量及色泽，采取由低到高的原则进行勾兑。在色泽上保持药物浸泡液的原色，并根据糖、酒、酸的浓度，适当加重色量，使味感、色感协调一致。

（4）灭菌。

酒调配好后用不锈钢夹层锅间接加热灭菌，然后装瓶。为保证酒品质量，装瓶后需再经过蒸汽杀菌槽加热灭菌，使酒体外观澄清透明。

2. 质量指标

（1）感官指标。

色泽澄清透明，呈橘黄色，无悬浮物，无沉淀；酒香纯正，药香适中，和谐完美；醇香柔和，酸甜可口，无异味。

（2）理化指标。

酒度 20 度，糖分（容量）20 g/100 mL，总酸（按乙酸计）0.3 g/100 mL。

（三）灵芝米酒

1. 工艺流程

上等糯米→淘洗→浸米→蒸饭→冷却→拌酒曲、加灵芝发酵液→发酵过滤→装瓶→杀菌→成品

2. 操作方法

糯米 2.5 kg，洗净，于清水中浸泡 2 d，然后置于蒸笼中蒸 30 min，要求米饭外硬内软，无生心（若蒸煮时间短，蒸不熟，内有生淀粉，糖化不完全，发酵后期易酸败；若蒸煮时间过长，米蒸得过烂，易黏结成团，降低酒质）。米蒸熟后冷却至 30℃～35℃，然后加酒曲（自制湿酒曲 50 g，市售干品酒曲 6 g）和灵芝发酵液 100 mL 混合发酵，在 26℃～27℃下发酵至第 3 d 加入糯米重量 20% 的水分，1 周后过滤，即为灵芝米酒。将灵芝米酒装入洗净的玻璃瓶中，用封口机封口。采用巴氏消毒法杀菌，温度为 80℃～85℃，维持 20～30 min。

（四）灵芝泡腾茶

茶叶中含咖啡因，茶碱，多种维生素，氟、锌、硒等多种微量元素，具有强心利尿、兴奋中枢神经、抗动脉血管硬化、降血压、助消化、除口臭、抗衰老、防癌等作用。灵芝含麦角甾醇、多糖类、香豆素、生物碱和多种酶类等，具有抑制中枢神经、降血压、增加心肌收缩力、护肝等作用。灵芝与茶叶配伍，制成的灵芝泡腾保健茶，既可用于补益身体，增强机体免疫功能，又可减少或消除茶叶易引起失眠的作用，是一种较为理想的保健饮品。

1. 工艺流程

第一步，茶叶干燥粉末制备：

茶叶→提取→过滤→浓缩→沉淀→回收→干燥

第二步，灵芝干燥粉末制备：

灵芝→提取→过滤→沉淀→干燥

第三步，泡腾茶制备：

原辅料混合→过筛→制软材→干燥→再混合→包装→产品

2. 操作要点

（1）茶叶干燥粉末的制备。

①提取。茶叶加水（1∶10）煮沸 5～10 min，提取两次，合并两次提取液。

②浓缩。将滤液置微火上浓缩成浓缩茶汁（1∶1）。

③沉淀。在浓缩茶汁中加入氢氧化钾溶液调节 pH 至 10～11，加热至 80℃～100℃，保温 10～15 min。冷却后加入柠檬酸调茶汁 pH 至 5，静置、过滤，滤液加入食用乙醇，调整乙醇含量达 60%～70%，充分搅匀，絮状沉淀析出后，常温下静置 24 h（或 0～4℃静置 4 h）。

④回收。将上层澄清液用虹吸管吸出，上清液过滤得纯净茶汁，回收乙醇后得浓缩茶汁。

⑤干燥。将浓缩茶汁喷雾干燥，得干燥粉末。

（2）灵芝干燥粉末的制备。

①提取过滤。灵芝粉碎成 1～2 cm 碎块，加入 8 倍灵芝量沸水煮沸 2～2.5 h，过滤，滤液保留。滤渣加清水浸没煮 1～1.5 h，过滤。滤渣再加清水浸没煮沸 1 h，过滤，合并三次滤液。

②沉淀。将上述合并的滤液浓缩至最初的近 8 倍量水的体积后，加入 2.8 倍灵芝量食用乙醇，使溶液含醇量达 70%，静置 8 h，过滤得滤液。

③干燥。回收滤液中乙醇后，水浴蒸去残余醇得无醇灵芝液，经喷雾干燥可得干燥粉末。

（3）泡腾茶的制备。

①配方（3 g/包）。灵芝干燥粉末 0.5 g，茶叶干燥粉末 1 g，碳酸氢钠 0.5 g，柠檬酸 0.5 g，可溶性淀粉 0.3～0.5 g，乙醇适量。

②加工过程。灵芝干燥粉末、茶叶干燥粉末、柠檬酸、可溶性淀粉混合过 40 目筛 3 次，混匀后加乙醇适量制软材，过 10 目筛制粒，60℃～80℃干燥后加入干燥的碳酸氢钠细粉，混合均匀后，分装成 3 g/包即可。

（五）灵芝固体发酵茶

本产品是利用灵芝菌在茶叶基质中培养生长，使茶叶与灵芝有机地结合，制成的新型灵芝保健茶。

1. 工艺流程

茶叶→沸水浸泡→加入添加物→装瓶→灭菌→接种→培养→烘干→初包揉→复烘→复包揉→烘焙→摊晾→粉碎—包装→成品

2. 操作要点

（1）菌质的制备。

灵芝菌在茶叶组成的固体发酵基质上生长，对基质进行分解并摄取所需营养，同时也合成新成分如灵芝多糖等。一方面基质为菌丝体生长提供营养；另一方面菌丝体产生各种次生代谢物分泌于基质中，经过发酵后基质含有大量菌丝体和各种次生代谢产物，称为菌质。其制备过程为：培养料配方为茶叶 95%，天然无污染的添加物 5%，pH 自然，拌料含水量 60%～65%；茶叶用沸水浸泡搅拌使茶叶吃水均匀，加入添加物充分搅拌；称取 180 g 培养料装蘑菇瓶，压平，料高 7 cm，121℃灭菌 50 min，等料温降至 25℃～30℃时，接入一块灵芝斜面菌种（0.9 cm×2 cm），置 28℃暗条件下培养 35 d，菌丝长满瓶即可收取。

（2）菌质的处理。

加工挑选长好无污染的菌质，挖出后于 110～120℃下烘至六成半干，即茶条不粘手时进行初包揉；再于 90～100℃烘 1.5 h，烘至茶条有微感刺手时下机进行复包揉处理，退火，采用"低温慢烤"，温度 70℃～80℃，烘焙至茶梗手折断脆，稍经摊晾即可粉碎加工成袋泡茶。

（六）灵芝豆奶

1. 操作要点

（1）原料预处理。

将灵芝干品精选，去除虫蛀、霉变灵芝，剪去柄部带有培养基的部分，然后粉碎待用。大豆原料以色泽光亮、颗粒饱满、无虫蛀、无霉变的为佳，将其清洗干净，除去杂质和砂粒，放入 0.2％小苏打溶液中浸泡 10 h 左右（视温度而定）。

（2）灵芝液的提取。

将已粉碎的灵芝在 35～60℃的温水浸泡 48 h，然后加水稀释，搅拌后继续浸泡 10 h，过滤分离灵芝残渣。再将灵芝残渣按此工艺重复浸提一遍，最后将两次提取液混合后离心分离，得到纯净的灵芝液。1 kg 灵芝提取浸出液 10 kg 左右。灵芝液也可经真空浓缩备用。

（3）豆奶基料的制备。

将浸泡好的大豆脱皮，加入 80～90℃热水磨浆，豆水比为 1：30。浆汁加热至 80℃以上 10 min。

（4）调配。

将灵芝液与豆浆按 1：9 比例混合，然后加入奶粉、白糖、甜味剂等辅料，搅拌使之溶解，再加入稳定剂搅拌均匀，用 120 目纱布过滤。稳定剂用热水预先溶解。

（5）均质、脱气。

将调配好的浆液加热到 60℃～70℃，经两次高压均质，均质压力为 18～22 MPa。脱气后加入豆奶香精少许。

（6）装瓶、杀菌。

将热浆液装入瓶中压盖，高压灭菌锅灭菌，灭菌公式：10—30—20 min，121℃。杀菌结束后，逐渐冷却至常温。包装入库时去除变质及分层产品。

2. 产品质量标准

（1）感官指标。

色泽均一乳黄色；浓郁的豆奶香味中略带有灵芝特有的苦味，无豆腥味、酸败味和其他不良风味，口感细腻；呈均匀的乳浊液，无悬浮物，无分层，无沉淀，无杂质。

（2）理化指标。

蛋白质≥1％，总固形物≥6.5％，pH 为 7，砷（以 As 计）≤0.5 mg/kg，铅（以 Pb 计）≤1 mg/kg，铜（以 Cu 计）≤10 mg/kg。

（3）微生物指标。

细菌总数≤10 个/毫升，大肠菌群≤5 个/100 mL，致病菌不得检出。

（七）灵芝酸奶

本品是以全脂奶粉、灵芝深层发酵培养物为原料制成的凝固型酸奶。产品营养丰富，调节人体肠胃功能，帮助消化，有防治便秘、肠炎、食欲不振及贫血等保健功能，老少皆宜。

1. 工艺流程

母种试管培养基→液体摇瓶培养→匀浆→过滤→配料→分装→灭菌→接种→发酵→后熟→成品

2. 操作要点

（1）母种培养。将灵芝母种接入 PDA（马铃薯、葡萄糖、琼脂培养基）试管斜面培养。

（2）液体摇瓶培养。将母种接入综合 PDA 液体培养基中，于 26℃～28℃摇瓶，菌丝球为培养液的 2/3 即可。

（3）匀浆。菌丝球和发酵液一并置于匀浆器内，匀浆 10～15 min。

（4）过滤。用 4 层纱布过滤匀浆后的发酵液。

（5）配料。奶料：发酵液：水按 1∶3∶5 或 1∶2∶6 的比例混匀，若为鲜奶，可按发酵液与鲜奶之比为 1∶2 混匀即可，并加入配料总量 5% 的白糖。

（6）分装。配好的原料分装于酸奶瓶或无色玻璃瓶内，装量为容器的 4/5。

（7）灭菌。装瓶后的配料置 90℃ 水浴 5 min 或 80℃ 水浴 10 min，取出放在干净通风处冷却。

（8）接种。等瓶壁温度降至室温时，按 5%～10% 的接种量接入市售新鲜酸奶；或按 1∶1 比例接入嗜热链球菌和保加利亚乳杆菌，接种量为 2.5%～3.0%。

（9）发酵。接种后的发酵瓶口覆盖一张洁净的防水纸，并用线扎好，于 42℃～43℃ 恒温发酵 3～4 h，注意观察凝乳情况。检查时切忌摇动发酵瓶，以免出现固、液分层和大量乳清析出，影响产品质量。待全部出现凝乳后，取出进行后熟处理。

（10）后熟。将发酵好的酸奶置 10℃ 以下后熟 12～18 h，即为成品灵芝酸奶。

3. 产品质量指标

外观乳白色，凝块均匀细腻，表面有一层具光泽的乳脂，偶有少量乳清；口感酸味道口，略带甜味，稍具后苦味，菇味浓郁；酸度 96～104°T。

（八）灵芝保健醋

传统酿造醋本身是一种保健食品，再加上中国药学宝典中之极品灵芝，使食醋保健功能大大增强，无疑将受到消费者青睐。

1. 操作要点

（1）灵芝菌丝体培养。

将玉米 40 kg 放入 pH 为 10 的水中浸泡 18 h，捞起沥干后加入 0.1% 石灰煮至无硬心为止，沥干摊晾至表皮稍干，然后拌入米糠 30 kg 及麸皮 25 kg，并加入石膏 1 kg，调节含水量达 65%。装袋灭菌，高压灭菌 3 h。等袋温降至 30℃ 以下时接种，保持温度在 25℃～28℃ 发菌，一般经 25～30 d 可发满菌，经 5～7 d 后熟后即可使用。

（2）蒸煮。

将剩余固态原料米糠、玉米等粉碎，对水浸泡 24 h，加水适量，大锅蒸煮至熟烂。这样可使原料与微生物接触面扩大，促使糊化均匀，加速糖化进程。

（3）拌曲。

将蒸熟原料闷放 10～20 min 后推开晾凉。将培养好的菌块脱袋，粉碎成细粒，待蒸熟的原料降温至 50℃ 左右时拌入大曲及酵母液、醋酸液，搅拌均匀，温度降到 17～18℃ 时装缸酿制。较低的温度能促使糖化完全，有利于抑制杂菌，提高醋的品质。

（4）发酵。

原料拌曲装缸后，开始进入糖化与酒精发酵阶段，此时温度以 25℃～30℃ 为宜。约经 36 h，料温升至 39℃ 进入醋酸发酵阶段，此时温度应控制在 40℃ 左右。与此同时，掺谷糠 40 kg，搅拌均匀。1 周后料温下降，酒精氧化结束，醋化完成。

（5）陈酿。

缸内醋化后，加水降低醋液中的酒精浓度，有利于空号中的醋酸菌进行繁殖生长，自然酿制。一般每 kg 料加水 300～350 kg，夏季需 20～30 d，冬春季节 40～50 d，醋液变酸成熟。此时醋面有一薄层菌膜，发生刺鼻酸味，上层清亮，中下层显原料色，略呈浑浊状。

（6）淋醋、杀菌、装瓶。

将上层和中下层相拌，经过滤除固态悬浮物，然后杀菌、密封包装。

2. 产品质量指标

（1）感官指标。

呈黄色或淡黄色；具灵芝香气和传统酿造醋香气，无其他气味，味美质解，酸味柔和，微甜；体态澄清，无沉淀，无悬浮物。

（2）理化指标。

总酸（以醋酸计）＞5.0 g/100 mL，还原糖（以葡萄糖计）＞1.5 g/100 mL，氨基酸态氮＞0.3 g/100 mL。

（九）赤灵芝膨化玉米粉面包

1. 配料

赤灵芝提取液 20 kg，膨化玉米粉 2.5 kg，小麦粉 35 kg，食盐 0.75 kg，鲜酵母 0.09kg，白砂糖 1.5 kg。

2. 工艺流程

原料混合→第一次调制面团→第一次发酵→第二次调制面团→第二次发酵→切块搓圆→醒发→烘烤→出炉刷面油→产品

3. 操作要点

（1）活化酵母。

将鲜酵母加 25℃～35℃左右的温水溶化，静置 20～30 min 促其活化，然后再放入面粉中使用。

（2）调制面团与发酵。

第一次调制面团只加入小麦粉，用量为面粉总量的 70％，全部酵母和适量赤灵芝提取液，面团调制时间为 40～50 min，使面团的面筋充分形成，软硬适中，温度为 26℃～28℃时停止。第二次调制面团时，将剩余的小麦粉、赤灵芝提取液和全部的膨化玉米粉及白砂糖、食盐加入，混合均匀调至面团软硬适中即可。发酵的温度第一次掌握在 26℃～28℃，时间 3～4 h。发酵成熟的标准是面团中部出现松散塌陷，面团带有醇香气味。

（3）醒发与烘烤。

醒发室温度控制在 30℃～35℃，相对湿度 85％～90％，醒至面包坯体积达面包最大体积 65％～70％为适，醒发过度易使面包表皮开裂。经醒发的面包坯应立即入炉烘烤，烘烤的温度可控制为前期低（150℃）、中期高（220℃）、后期低（160℃），烘烤的时间可根据面包坯适当延长。也可在面包坯表层涂一层糖面糊后再入炉烘烤，面包出炉后可趁热在其表皮刷一层面油，以增加美观和起到保持水分、延长货架寿命的作用。

4. 产品质量标准

色泽棕黄，松软可口，富有弹性，带有赤灵芝特有的苦香味。

（十）赤灵芝膨化玉米粉压缩饼干

1. 配料

赤灵芝提出液 1.5 kg，膨化玉米粉 10 kg，白糖 1.5 kg，花生油 1.5 kg，食盐 45 g，

可可粉适量，瓜儿豆胶适量。

2. 工艺流程

原料混合→调粉→辊轧→压模成型→烘烤→成品

3. 操作要点

（1）调粉。

将玉米粉放于面板上围成圈，然后将油、糖、盐和提取液按要求放入圈中，慢慢将玉米粉与各种配料混合均匀制成面团。注意调粉时粉温最好控制在40℃～50℃，温度过低易产生结块；调粉的时间不要过长，以15～20 min内完成为好。

（2）辊轧与压模成型。

辊轧是将面块用辊轧机压成大小适中的薄面片，然后将薄面片放入模具内加压成型，压力可控制在8.33～8.82 MPa。

（3）烘烤。

炉温控制在220℃～240℃，时间5～10 min。烤熟即可出售。

4. 产品质量标准

色泽浅褐色，表面有光泽，酥松可口，带有灵芝香味。

（十一）赤灵芝烘干玉米片

1. 配料

玉米10 kg，糖0.2 kg，盐0.1 kg，赤灵芝提取液6 kg。

2. 工艺流程

玉米→破碎→去皮→去胚→蒸煮→烘干→产品

3. 操作要点

（1）选料、破碎与去皮去胚。

选用新鲜、无病无霉的黄玉米作原料，先经过清理去杂去劣，再经过破碎机破碎成2～3瓣，分离除去壳和胚芽。

（2）蒸煮、压轧和烘干。

将去皮去胚的玉米渣送入旋转滚筒型的高压大蒸锅内蒸煮1～2 h，同时加入糖、盐、提取液和其他添加剂。蒸煮过程中，玉米渣吸收水蒸气，使水分增至30％～45％。当玉米渣呈半透明状时，减少蒸锅的压力，并通过离心作用将玉米渣从网状出口清出，蒸煮过程中黏结的玉米渣团块在网状出口处被打散。玉米渣再经传送带送入烘干机中，使水分降至20％左右，然后用滚轧设备将玉米渣轧成薄片。最后将薄片送入滚筒烘干机中烘干1～2 min，使其成棕黄色的松脆产品，水分含量低于3％。经传送带输送冷却，袋入容器中，并撒入维生素或香料，可作休闲食品，也可作早餐食品。

4. 产品质量标准

松脆可口，香味浓厚。

（十二）赤灵芝膨化玉米粉糕馅

1. 配料

膨化玉米粉4 kg，饴糖350 g，白糖5 kg，红小豆细粉适量，赤灵芝提取液7.5 kg。

2. 工艺流程

配料→通气拌料→加糖拌馅

3．操作要点

（1）配料。

先将饴糖拌入玉米粉中，再依次加入红小豆细粉和提取液，搅拌均匀。

（2）通气拌料。

将拌匀的馅料放入密封电动搅拌器中，进行缓慢搅拌，同时通入蒸汽，使气压逐渐升至 0.05 MPa。然后继续搅拌，慢慢降温，直到冷却为止。

（3）加糖拌馅。

将冷却后的馅取出，加入白糖拌匀，即成玉米糕馅。

4．产品质量标准

味甜可口，食而不腻，是做月饼、糕点的好馅料。

（十三）赤灵芝玉米米

1．配料

玉米籽粒、赤灵芝提取液适量。

2．工艺流程

选料脱皮→磨粉造型→烘干分级→成品包装

3．操作要点

（1）选料。

脱皮选用不霉烂、无尘土、无杂质的干净玉米粒，进行脱皮去胚。

（2）磨粉造型。

将去皮去胚后的玉米，磨成粗细适当的粉粒（过 60～80 目筛），放入搅拌机内，加入适量的提取液（加入量以全部渗入粉粒内为度）搅拌均匀，移进成型机造成大米粒状，取出摊开晾凉，并将粘在一起的米粒拨分成单粒状。

（3）烘干分级。

将晾凉的玉米粒移入 60℃ 的烘房内烘干，烘至含水量下降到 14% 以下，即成玉米米成品。然后用分层筛选机，将成粒筛分成完粒、粘连粒和破碎粒三级，按需要重量分别包装，即可暂存或出售。

4．产品质量标准

形似大米，色黄白；有一定透明度和灵芝香味，可以和大米一起焖饭、熬粥，也可单独食用。

（十四）灵芝芦笋可乐

1．原料选择

选用风干的灵芝，芦笋选用制罐头的下脚料及碎块，去除腐烂料、杂物等。

2．清洗

选好的原料放入洗涤槽中，用流动清水进行充分洗涤，洗净杂质、沙土。

3．预煮

芦笋与水按 1∶1 的比例，在夹层锅内用 100℃ 水煮 15～20 min。

4．打浆

采用打浆机打浆，用 0.5 mm 的筛孔过滤，再用多层细纱布过滤，为第一次浸提液；把余渣加水搅拌，再打浆过滤取汁，将两次滤液合并。

5. 离心提汁

将混合液用离心机提汁，把杂质、纤维等过滤干净。

6. 辅料配制

按每升加灵芝 5 g、甘草 7 g、桂皮 3 g、当归 7 g、陈皮 3 g、豆蔻 3 g、枸杞 200 g、何首乌 7 g、川芎 7 g，混合粉碎，过 10 目筛，以热水回流提取 2 h，趁热过滤出浸汁液备用。

7. 调配、灌装、加气

灵芝辅料汁 600 g、芦笋汁 500 g、蔗糖 100 g、柠檬酸 1 g。于夹层锅里混合，慢慢加热，使糖完全溶解，当温度上升到 85℃～95℃时，打去泡沫出锅，再用白细布过滤一次。灌入饮料瓶中，再注入碳酸化水，压盖，即为成品。

（十五）灵芝银耳保健口服液

灵芝银耳保健口服液含有丰富的营养物质及功效成分，具有补肺益肾、提高机体免疫力、增强体质等作用，对改善呼吸系统及肺功能具有独特保健功效。

1. 操作要点

（1）灵芝菌丝提取液制备。

在含水量约为 65% 的菌丝培养基质中，加入蔗糖、硫酸钙、磷酸二氢钾等营养物质混合均匀，经高压灭菌（126℃，1 h）处理，冷却后接入活化的试管菌种进行菌体发酵培养，培养温度以 25℃～27℃ 范围较合适。温度过低，菌丝生长缓慢，温度过高也不利于菌丝生长。菌丝要求健壮有力，色泽纯正、洁白、有光泽，具有一定清香味，无任何杂菌污染，生命力强。待菌丝长满培养基质后（约 22 d），发酵菌体用常规水提工艺提取，并用质量分数为 0.1% 的淀粉酶及质量分数为 0.1% 的复合蛋白酶进行酶解处理（50℃，2 h，pH 为 6.0），灭酶、过滤后即可获得灵芝菌丝提取液。

（2）银耳提取液制备。

选用无杂质银耳子实体干品，浸泡用水量与银耳的重量比为 80：1，在室温下浸泡 30 min，置高速打浆机中充分破碎，制成银耳浆。将银耳浆液 pH 调至 6.5，加入质量分数为 1% 复合酶制剂（复合蛋白酶、果胶酶），控制温度在 50℃～55℃ 之间，酶解 60 min，然后升温至 85℃ 以上灭酶，热水浸提 2 遍，合并浸提液，过滤备用。

（3）中草药提取。

将配方中其他中草药原料预处理后，投入提取罐中，加入 6 倍水浸泡 3～5 h，然后热水煎煮 60～80 min，第 2 遍提取时，在药渣中再加入 3 倍水煎煮 40～60 min，合并 2 次提取液，过滤备用。

（4）混合浓缩。

将灵芝菌丝提取液、银耳及中草药提取液按 5：3：2 比例混合均匀，注入低温真空浓缩罐中浓缩。可溶性固形物 ≥80%（20℃，折光计测定），pH 为 4.5 左右。

（5）调配均质。

料液经过 50 MPa 高压均质机处理，使物料细微化，形成直径为 0.2～1 μm 的小分子，可有效解决口服液沉淀问题以及改善口感。

（6）灌装杀菌。

将调配均质后的料液用 250 mL 棕色营养液瓶灌装，封盖后杀菌，杀菌公式为

20—30—20 min，118℃，经检验，贴标，包装至成品。

2．产品质量指标

（1）感官指标。

色泽呈棕褐色，均匀一致；具有本品固有的香气，无异味，风味独特；组织形态呈浑浊液，底部有少量可摇匀的沉淀物。

（2）理化指标。

可溶性固形物（以 20℃折光计）11.68%，pH 为 4.8，总糖 4.3%，氨基氮 1.2 mg/mL，砷（以 As 计）<0.2 mg/L，铅（以 Pb 计）<0.1 mg/L。

（3）微生物指标。

菌落总数≤100 个/毫升；大肠菌群≤3.0 个/100 mL；霉菌≤10 cfu/mL；酵母≤10 cfu/mL；致病菌（指金黄色葡萄球菌、沙门氏菌、志贺氏菌）不得检出。

参考文献

[1] 杜萍，曹天旭. 食用菌栽培技术[M]. 北京：化学工业出版社，2021.

[2] 朱建明. 食用菌栽培与病虫害防治技术[M]. 北京：中国农业科学技术出版社，2021.

[3] 黄晓辉，徐宁，冯立国. 食用菌轻简化栽培技术[M]. 长沙：湖南科学技术出版社，2021.

[4] 陈青君，程继鸿，朱青艳. 食用菌栽培技术问答[M]. 北京：中国农业大学出版社，2016.

[5] 袁学军. 食用菌栽培加工学[M]. 北京：中国农业科学技术出版社，2018.

[6] 姜性坚. 食用菌栽培加工新技术[M]. 长沙：中南大学出版社，2013.

[7] 郝涤非，许俊齐. 食用菌栽培与加工技术[M]. 北京：中国轻工业出版社，2019.

[8] 任清，李守勉. 食用菌栽培与加工[M]. 北京：中国农业科学技术出版社，2014.

[9] 邹彬，吕晓滨. 食用菌高产栽培与加工技术[M]. 石家庄：河北科学技术出版社，2014.

[10] 吕作舟. 食用菌 300 问——菌种 栽培 保鲜 加工[M]. 北京：化学工业出版社，2014.

[11] 林静. 食用菌栽培加工生产技术与机械设备[M]. 北京：中国农业出版社，2015.

[12] 孟庆国，侯俊，高霞. 食用菌规模化栽培技术图解[M]. 北京：化学工业出版社，2021.

[13] 张金霞，蔡为明，黄晨阳. 中国食用菌栽培学[M]. 北京：中国农业出版社有限公司，2021.

[14] 才晓玲. 常见食用菌简介[M]. 北京：中国农业大学出版社，2019.

[15] 陈福如，杨峻. 食用菌高效栽培及病虫害诊治图谱[M]. 北京：中国农业出版社，2016.

[16] 方金山，等. 食用菌林下高效栽培新技术[M]. 北京：金盾出版社，2019.

[17] 陈惠. 食用菌与健康[M]. 上海：上海科学普及出版社，2021.

[18] 贾天慧，陈秀华，王志龙. 食用菌高效种植技术与病虫害防治图谱[M]. 北京：中国农业科学技术出版社，2020.

[19] 胡化广，赵庆新. 食用菌栽培实训指导[M]. 南京：南京大学出版社，2013.

[20] 吴圣进. 食用菌栽培致富图解[M]. 南宁：广西科学技术出版社，2018.

［21］ 国淑梅，牛贞福. 食用菌高效栽培关键技术［M］. 北京：机械工业出版社，2019.

［22］ 余养健，涂改临，黄贺. 食用菌绿色栽培 10 项关键技术［M］. 北京：金盾出版社，2013.

［23］ 肖自添，何焕清. 食用菌病虫害安全防治［M］. 北京：中国科学技术出版社，2017.

［24］ 孟庆国，侯俊，刘国宇. 食用菌工厂化栽培技术图解［M］. 北京：化学工业出版社，2018.

［25］ 高霞，高瑞杰. 珍稀食用菌安全高效栽培技术［M］. 北京：中国农业出版社，2021.

［26］ 张绍升. 食用菌病虫害速诊快治［M］. 福州：福建科学技术出版社，2020.

［27］ 谭伟. 食用菌优质生产关键技术［M］. 北京：中国科学技术出版社，2019.

［28］ 宫志远. 食用菌高效栽培技术有问必答［M］. 北京：中国农业出版社，2020.

［29］ 王贺祥，刘庆洪. 食用菌栽培手册［M］. 北京：中国农业大学出版社，2015.

［30］ 杜连启. 新型食用菌食品加工技术与配方［M］. 北京：中国纺织出版社，2018.